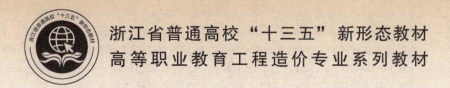

浙江省普通高校"十三五"新形态教材

高等职业教育工程造价专业系列教材

市政工程计量与计价

主　编　何　琦　　马知瑶　　马成龙
副主编　孔晓露　　张杭丽　　冯忠新
　　　　周雪娇
参　编　方　圆　　周　超　　齐国舟
　　　　赵轶群　　夏柯伟　　黄　青
主　审　李　颖

机械工业出版社

本书是浙江省普通高校"十三五"新形态教材，依据教育部《高等职业学校工程造价专业教学标准》、最新版规范与定额，包括《建设工程工程量清单计价规范》（GB 50500—2013）、《市政工程工程量计算规范》（GB 50857—2013）、《浙江省市政工程预算定额》（2018版）和《浙江省建设工程计价规则》（2018版），及浙江省相关文件通知要求，采用真实项目案例编写而成。

本书分为八个情境，主要内容包括：市政工程计价概述、市政通用项目计量计价、市政道路工程计量计价、市政桥涵工程计量计价、市政隧道工程计量计价、市政给水工程计量计价、市政排水工程计量计价、市政燃气工程计量计价。

本书可作为高职高专院校市政工程技术专业、工程造价专业、建设工程管理专业及相关土建专业的学习用书，也可作为工程造价初学者及二级造价工程师考试参考用书。

图书在版编目（CIP）数据

市政工程计量与计价/何琦，马知瑶，马成龙主编. —北京：机械工业出版社，2022.11（2025.1重印）

浙江省普通高校"十三五"新形态教材. 高等职业教育工程造价专业系列教材

ISBN 978-7-111-71872-7

Ⅰ.①市… Ⅱ.①何…②马…③马… Ⅲ.①市政工程-工程造价-高等职业教育-教材 Ⅳ.①TU723.3

中国版本图书馆CIP数据核字（2022）第196225号

机械工业出版社（北京市百万庄大街22号　邮政编码100037）
策划编辑：王靖辉　　　　　责任编辑：王靖辉　陈将浪　陈紫青
责任校对：张　薇　李　杉　封面设计：王　旭
责任印制：单爱军
北京虎彩文化传播有限公司印刷
2025年1月第1版第3次印刷
184mm×260mm·15.75印张·387千字
标准书号：ISBN 978-7-111-71872-7
定价：47.00元

电话服务　　　　　　　　　网络服务
客服电话：010-88361066　　机　工　官　网：www.cmpbook.com
　　　　　010-88379833　　机　工　官　博：weibo.com/cmp1952
　　　　　010-68326294　　金　书　网：www.golden-book.com
封底无防伪标均为盗版　机工教育服务网：www.cmpedu.com

前 言

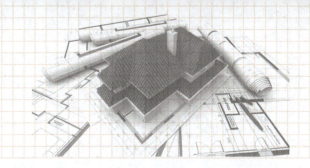

教育、科技、人才是全面建设社会主义现代化国家的基础性、战略性支撑。随着国家经济从高速发展向高质量发展的转型，我国建筑行业也进入高质量发展的转型阶段，对工程造价从业人员的要求不断提高。为满足新形势下工程造价及相关专业的教学需要，编者依据高职高专工程造价、市政工程技术等相关专业的教学目标、培养方案，以及现行的规范、标准、定额和相关文件，依托市政工程造价员的岗位标准和职业能力需求，编写了本书。在编写过程中，力求体现内容完整性、数据权威性、过程引导性、信息全面性、操作实用性；内容循序渐进、层层展开，以情境导向形式做到通俗易懂，理论联系实际；注重突出地方特色，注重校企合作。

本书情境设置清晰明确，遵循"定额工程量清单计价"与"国标工程量清单计价"两种模式的建筑工程造价计价方法，结合浙江省实际工程现状及涉及基础知识作了详细阐述，内容涵盖市政常见专业工程。

本书根据新形态教材相关要求，在主要知识点设置了二维码教学资源（详见"微课视频列表"），便于读者自主学习，并且各个情境后给出了对应的复习思考与练习题，由浅至深，由易及难，重点情境给出了综合完整计价案例。同时，针对不同专业工程特点，综合融入思政元素，将社会主义核心价值观、科学家精神、优良学风、创新理念贯穿始终，促进学生形成正确的价值观、人生观、职业观。

本书内容注重实践性，并通过专业工程实例提高使用者对专业知识的实践运用能力，除本书包含案例外，还包括大量专业工地实录视频及照片，并配套道路桥梁工程完整电子图纸及计价案例（使用本书作为教材的教师可登录机械工业出版社教育服务网 www.cmpedu.com 注册下载）。

本书由浙江同济科技职业学院何琦、浙江同济科技职业学院马知瑶、浙江同济科技职业学院马成龙任主编，由浙江同济科技职业学院孔晓露、浙江同济科技职业学院张杭丽、中纬工程管理咨询有限公司冯忠新、浙江耀信工程咨询有限公司周雪娇任副主编，由浙江建设职业技术学院李颖任主审。具体编写分工如下：何琦编写情境一、情境二、情境四、情境五的任务一，马知瑶编写情境五的任务二和任务三、情境六的任务一，孔晓露编写情境三、情境七，马成龙编写情境八，绿城乐居建设管理集团有限公司赵轶群编写情境六的任务二和任务三，马成龙、张杭丽编写本书综合计价案例，浙江同济科技职业学院方圆、浙江同济科技职业学院周超编写本书复习思考与练习题，赵轶群、无锡市锡山三建实业有限公司夏柯伟、孔晓露编写本书图样与图表，浙江浙坤工程管理有限公司齐国舟、冯忠新、周雪娇、杭州信达投资咨询估价监理有限公司黄青进行资料整理及校核工作，浙江浙坤工程管理有限公司提供部分章节工程实例素材。何琦编制本书微课视频资源。

由于工程计价依据的不断更新，加上编者水平所限，在本书的内容与编写方法上，难免存在不足之处，欢迎读者提出中肯建议，以便我们不断改进。

编 者

微课视频列表

页码	图形	页码	图形	页码	图形
22	招投标阶段建安工程施工费计算	93	道路面层材料换算	128	桥梁工程的基础与承台
23	竣工结算阶段建安工程施工费计算	98	人行道及其他部分定额的应用及材料换算	201	排水平面图识读
40	沟槽土石方工程量计算	100	人行道及其他清单编制	213	管道铺设定额计量
86	路基部分识图	100	道路路面计量要点	226	管道铺设清单列项及计量
86	道路（面层、基层）识图	101	道路基层计量	226	管道附属构筑物清单列项与计量
88	路床项目计量	111	桥梁分类		
90	道路基层定额应用及换算	114	桥梁组成		

目 录

前言
微课视频列表
情境一　市政工程计价概述 ……………… 1
　　任务一　市政工程概述 ………………… 1
　　　　一、市政工程的概念 ………………… 1
　　　　二、市政工程的分类 ………………… 1
　　　　三、市政工程建设项目组成 ………… 1
　　任务二　市政工程计价依据 …………… 3
　　　　一、计价规范 ………………………… 4
　　　　二、计价依据 ………………………… 4
　　　　三、定额依据 ………………………… 5
　　　　四、预算定额的应用 ………………… 8
　　任务三　市政工程造价的确定 ………… 10
　　　　一、市政工程造价组成（按费用构成
　　　　　　要素划分） ……………………… 10
　　　　二、市政工程造价组成（按造价内容
　　　　　　形成划分） ……………………… 14
　　　　三、市政工程施工费率的取定 ……… 17
　　　　四、市政工程施工费用计算程序 …… 21
　　任务四　市政工程计价方法 …………… 25
　　　　一、工程量清单计价方法 …………… 25
　　　　二、计价方法说明 …………………… 26
　　　　三、国标工程量清单编制 …………… 27
　　　　四、国标工程量清单计价应用特点 … 31
　　复习思考与练习题 ……………………… 32
情境二　市政通用项目计量计价 ………… 34
　　任务一　土石方工程 …………………… 34
　　　　一、土石方工程基础知识 …………… 34
　　　　二、土石方工程预算定额应用 ……… 36
　　　　三、土石方工程清单编制 …………… 47
　　任务二　护坡、挡土墙工程 …………… 48
　　　　一、护坡、挡土墙基础知识 ………… 48
　　　　二、护坡、挡土墙定额应用 ………… 51
　　　　三、护坡、挡土墙清单编制 ………… 52
　　任务三　地基加固、围护工程 ………… 55
　　　　一、地基加固、围护基础知识 ……… 55
　　　　二、地基加固、围护定额应用 ……… 58
　　　　三、地基加固、围护清单编制 ……… 61
　　任务四　钢筋工程 ……………………… 63
　　　　一、钢筋工程定额应用 ……………… 63
　　　　二、钢筋工程清单编制 ……………… 65
　　任务五　拆除工程 ……………………… 69
　　　　一、拆除工程定额应用 ……………… 69
　　　　二、拆除工程清单编制 ……………… 70
　　任务六　措施项目 ……………………… 70
　　　　一、打拔工具桩 ……………………… 70
　　　　二、支撑工程 ………………………… 73
　　　　三、脚手架工程 ……………………… 74
　　　　四、围堰工程 ………………………… 75
　　　　五、降水排水工程 …………………… 78
　　任务七　其他项目 ……………………… 80
　　　　一、构件半成品运输基础知识 ……… 81
　　　　二、构件半成品运输定额应用 ……… 81
　　　　三、构件半成品运输清单编制 ……… 81
　　复习思考与练习题 ……………………… 82
情境三　市政道路工程计量计价 ………… 83
　　任务一　基础知识 ……………………… 83
　　　　一、城市道路的分类 ………………… 83
　　　　二、道路工程基本组成 ……………… 84
　　　　三、道路工程识图 …………………… 86
　　任务二　定额工程量清单计价 ………… 88
　　　　一、定额说明 ………………………… 88
　　　　二、路基处理 ………………………… 88
　　　　三、道路基层 ………………………… 90
　　　　四、道路面层 ………………………… 92
　　　　五、人行道及其他 …………………… 98
　　任务三　国标工程量清单计价 ………… 100
　　　　一、工程量清单项目设置 …………… 100
　　　　二、清单工程量计算规则 …………… 100
　　　　三、道路工程实例 …………………… 102
　　复习思考与练习题 ……………………… 109
情境四　市政桥涵工程计量计价 ………… 111
　　任务一　基础知识 ……………………… 111
　　　　一、桥梁的分类 ……………………… 111
　　　　二、桥梁基本组成 …………………… 114
　　　　三、涵洞 ……………………………… 120
　　　　四、桥涵工程中的临时工程 ………… 121
　　任务二　定额工程量清单计价 ………… 121
　　　　一、定额说明 ………………………… 121
　　　　二、打桩工程 ………………………… 122
　　　　三、钻孔灌注桩工程 ………………… 124
　　　　四、砌筑工程 ………………………… 127

五、钢筋及钢结构安装工程 …………… 127
六、现浇混凝土工程 …………………… 128
七、预制混凝土工程 …………………… 131
八、立交箱涵工程 ……………………… 132
九、安装工程 …………………………… 133
十、临时工程 …………………………… 133
十一、装饰工程 ………………………… 136
任务三 国标工程量清单计价 …………… 137
一、工程清单项目设置 ………………… 137
二、清单工程量计算规则 ……………… 139
三、技术措施清单项目 ………………… 142
四、桥梁工程实例 ……………………… 142
复习思考与练习题 ………………………… 145

情境五 市政隧道工程计量计价 146

任务一 基础知识 ………………………… 146
一、隧道分类 …………………………… 146
二、隧道结构构成 ……………………… 146
三、隧道施工方法 ……………………… 147
四、岩石隧道 …………………………… 151
五、软土隧道 …………………………… 155
任务二 定额工程量清单计价 …………… 157
一、定额说明 …………………………… 157
二、岩石隧道 …………………………… 158
三、软土隧道 …………………………… 161
任务三 国标工程量清单计价 …………… 166
一、工程清单项目设置 ………………… 166
二、清单工程量计算规则 ……………… 166
三、工程量清单编制注意事项 ………… 174
复习思考与练习题 ………………………… 175

情境六 市政给水工程计量计价 176

任务一 基础知识 ………………………… 176
一、管道通用知识 ……………………… 176
二、常用管材分类 ……………………… 177
三、常用法兰、螺栓及垫片分类 ……… 179
四、常用控件分类 ……………………… 180
五、给水管道工程施工 ………………… 184
任务二 定额工程量清单计价 …………… 188
一、定额说明 …………………………… 188
二、管道安装 …………………………… 189
三、管道防腐 …………………………… 190
四、管件制作、安装 …………………… 191
五、管道附属构筑物 …………………… 192

六、取水工程 …………………………… 193
任务三 国标工程量清单计价 …………… 193
一、工程量清单项目设置 ……………… 193
二、市政管网工程编制注意事项 ……… 194
三、给水工程实例 ……………………… 195
复习思考与练习题 ………………………… 200

情境七 市政排水工程计量计价 201

任务一 基础知识 ………………………… 201
一、市政管道工程分类 ………………… 201
二、管道设施结构形式 ………………… 203
三、管道附属构筑物 …………………… 204
四、排水管道闭水试验 ………………… 206
五、不开槽施工 ………………………… 207
六、排水构筑物 ………………………… 211
任务二 定额工程量清单计价 …………… 212
一、定额说明 …………………………… 212
二、管道铺设 …………………………… 213
三、井、渠（管）道基础及砌筑 ……… 214
四、不开槽施工管道工程 ……………… 216
五、给排水构筑物 ……………………… 218
六、给排水机械设备安装 ……………… 222
七、模板、井字架工程 ………………… 225
任务三 国标工程量清单计价 …………… 225
一、工程量清单项目设置 ……………… 225
二、清单工程量计算规则 ……………… 226
三、排水工程实例 ……………………… 228
复习思考与练习题 ………………………… 231

情境八 市政燃气工程计量计价 232

任务一 基础知识 ………………………… 232
一、燃气管道系统组成 ………………… 232
二、城市燃气管道布置 ………………… 233
三、燃气管道分类 ……………………… 234
四、燃气管材及附属设备 ……………… 235
五、燃气管道构造 ……………………… 238
任务二 定额工程量清单计价 …………… 239
一、定额说明 …………………………… 239
二、管道安装 …………………………… 239
三、管件制作、安装 …………………… 240
四、法兰、阀门安装 …………………… 240
五、燃气用设备安装 …………………… 241
六、管道试压、吹扫 …………………… 242
复习思考与练习题 ………………………… 243

参考文献 244

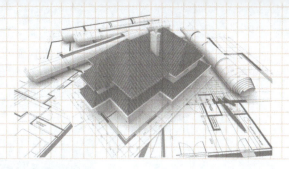

情境一

市政工程计价概述

【学习目标】

1. 了解市政工程的计价依据。
2. 掌握市政工程造价的构成及取费。
3. 了解浙江省市政工程计价方法。

任务一 市政工程概述

一、市政工程的概念

市政工程主要是指城市基础设施建设工程。

市政设施是指在城（市）区、镇（乡）规划建设范围内设置，基于政府责任和义务为居民提供有偿或无偿公共产品和服务的各种建筑物、构筑物、设备等。与城市生活配套的各种公共基础设施建设都属于市政工程范畴，比如常见的城市道路、桥梁、地铁，与人们生活紧密相关的各种管线（雨水、污水、上水、中水、电力、电信、热力、天然气等），还有广场、园林等的建设，都属于市政工程范畴。市政工程既是国家工程建设的一个重要组成部分，也是城市发展和建设水平的一个衡量标准。

二、市政工程的分类

市政工程按照专业不同，主要包括道路工程、桥涵工程、隧道工程、管网工程、水处理工程、生活垃圾处理工程、城市轨道交通工程等，如图 1-1 所示。

三、市政工程建设项目组成

市政工程建设与工业民用工程建设的特点一样，按照国家主管部门的统一规定，将一项建设工程划分为建设项目、单项工程、单位工程、分部工程、分项工程五个等级，这个规定适用于任何领域的基本建设工程（图 1-2）。

（一）建设项目

建设项目一般是指在一个总体设计范围内，由一个或几个工程项目组成，经济上实行独立核算，行政上实行独立管理，并且具有法人资格的建设单位，如一个工厂、一所学校等。

凡属于一个总体设计中分期分批建设的主体工程、水电气供应工程、配套或综合利用工程都应合并为一个建设项目。既不能把不属于一个总体设计的几个工程归为一个建设项目，

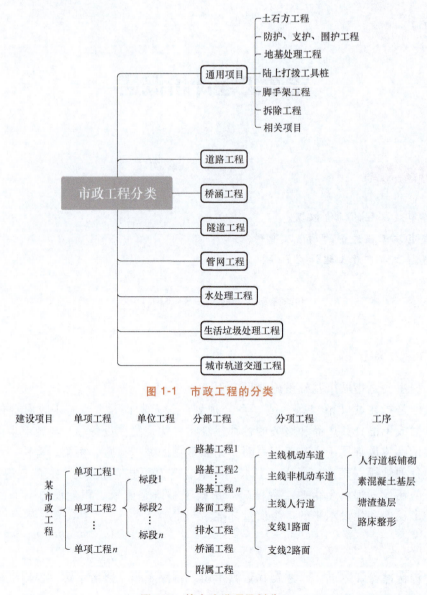

图 1-1 市政工程的分类

图 1-2 基本建设项目划分

也不能把同一个总体设计内的工程按地区或施工单位分为几个建设项目。如快速路工程就是一个建设项目，地铁一号线也是一个建设项目。

（二）单项工程

单项工程又称为工程项目，它是建设项目的组成部分，是指具有独立的设计文件，竣工后可以独立发挥生产能力或使用效益的工程。如一个工厂的各个主要生产车间、辅助生产车间、行政办公楼等，一所学校中的教学楼、办公楼、图书馆、宿舍楼等，市政建设中的防洪渠、隧道、地铁售票处等。

（三）单位工程

单位工程是单项工程的组成部分。单位工程是指具有独立设计文件，可以独立组织施工，但建成后一般不能独立发挥生产能力和使用效益的工程。通常按照单项工程所包含的不同性质的工程内容，以及能否独立施工的要求，将一个单项工程划分为若干个单位工程，如市政建设中的一段道路工程、一段排水管网工程等。

（四）分部工程

分部工程是单位工程的组成部分，一般是按照单位工程的主要结构、主要部位划分的。如工业与民用建筑中将土建工程作为单位工程，而将土石方工程、砌筑工程等作为分部工程；市政工程中将一段道路划分为路基工程、路面工程、附属工程等若干个分部工程；公路工程中将路基工程划分为单位工程，路基工程中的土石方工程、小桥工程、排水工程、涵洞工程、砌筑防护工程、大型挡土墙工程划分为分部工程。一个单位工程是由一个或几个分部工程组成的。

（五）分项工程

一个分部工程是由一个或几个分项工程组成的。分项工程是将分部工程按照不同的施工方法、不同的工程部位、不同的材料、不同的质量要求和工作难易程度更细地划分为若干个分项工程。如土石方工程划分为挖土、运土、回填土等；小型桥梁划分为基础及下部构造预制与安装、上部构造预制与安装，或浇筑、桥面、栏杆、人行道等分项工程。

分项工程又可划分为若干工序，分项工程是预算定额的基本计量单位，故也称为工程定额子目或工程细目。

各个分项工程的造价合计形成分部工程造价，各分部工程造价合计形成单位工程造价，各单位工程造价合计形成单项工程造价，各单项工程造价合计形成建设项目造价。

工程造价的计算过程是：分部分项工程造价→单位工程造价→单项工程造价→建设项目总造价。

任务二 市政工程计价依据

计价依据是指运用科学合理的调查、统计和分析测算方法，从工程建设经济技术活动和市场交易活动中获取的可用于测算、评估和计算工程造价的参数、量值、方法等，具体包括由政府设立的有关机构编制的工程定额、指标等指导性计价依据；建筑市场价格信息及其他能够用于科学、合理地确定工程造价的计价依据。

《浙江省建筑工程预算定额》《浙江省通用安装工程预算定额》《浙江省市政工程预算定额》《浙江省园林绿化及仿古建筑工程预算定额》《浙江省建设工程施工取费定额》，以及本省工程造价管理机构发布的人工、材料、施工机械台班市场价格信息，工程造价指数等，是本省计价活动的基础性依据（以下简称"计价依据"），是根据国家和浙江省的有关规定，结合本省建筑产品物化劳动和劳动消耗的社会平均水平编制的。

浙江省目前市政工程计价涉及的计价依据主要有《建设工程工程量清单计价规范》（GB 50500—2013）（以下简称《计价规范》）、《浙江省建设工程计价规则（2018版）》（以下简称《计价规则》）、《浙江省市政工程预算定额（2018版）》（以下简称《市政定额》）、《浙江省建设工程工程量清单计价指引：市政工程》等。

一、计价规范

本书基于《计价规范》和《房屋建筑与装饰工程工程量计算规范》（GB 50854—2013）编写。

《计价规范》是统一工程量清单编制，规范工程量清单计价的国家标准，是调整建设工程工程量清单计价活动中发包人和承包人各种关系的规范性文件。

（一）《计价规范》编制的指导思想与原则

《计价规范》是按照"政府宏观调控、企业自主报价、市场形成价格、社会全面监督"的改革目标制定的。

1）政府宏观调控体现在制定有关工程发（承）包价格的竞争规则，引导市场计价行为；加强对市场中不规范和违法计价行为的监督管理。具体地讲，工程建设的各方主体必须遵守统一的建设工程计价规则、方法，全部使用国有资金投资或国有资金投资为主的建设工程必须采用工程量清单计价。工程量清单计价采用综合单价法，工程量清单实行五个统一，即统一项目编码、统一项目名称、统一项目特征、统一计量单位、统一工程量计算规则。其中，规费和税金不得参与竞争。

2）企业自主报价体现在企业自行制定工程施工方法、施工措施；企业根据自身的施工技术、管理水平和自己掌握的工程造价资料自主确定人工、材料、施工机械台班消耗量，根据自己采集的价格信息，自主确定人工、材料、施工机械台班的单价；企业根据自身状况和市场竞争激烈程度并结合拟建工程实际情况，自主确定各项管理费、利润等。

3）市场形成价格体现在《计价规范》不规定人工、材料、机械的消耗量，这为企业报价提供了自主空间。投标企业可结合自身的生产效率、消耗水平和管理能力与自己储备的报价资料，按照《计价规范》规定的原则和方法投标报价。工程造价的最终确定，由承（发）包双方在市场竞争中按价值规律通过合同确定。

4）社会全面监督体现在工程建设各方的计价活动都是在有关部门的监督下进行的，如绝大多数合同价的确定是通过招（投）标的形式确定的，在工程招（投）标过程中，招（投）标管理机构、公证处、项目主管部门等都参与监督中标单位公示、合同的鉴证等。

（二）《计价规范》的主要内容

《计价规范》正文共15章，包括总则、术语、一般规定、招标工程量清单、招标控制价、投标报价、合同价款约定、工程计量、合同价款调整、合同价款中期支付、竣工结算与支付、合同解除的价款结算与支付、合同价款争议的解决、工程计价资料与档案及计价表格。

相应的计量规范分为九大专业：房屋建筑与装饰工程；通用安装工程；市政工程；园林绿化工程；矿山工程；仿古建筑工程；构筑物工程；城市轨道交通工程；爆破工程。

二、计价依据

本书基于《计价规则》编写。

（一）适用范围

《计价规则》适用于浙江省行政区域范围内的从事房屋建筑工程和市政基础设施工程的计价活动，其他专业工程可参照执行。

（二）主要内容

《计价规则》共设10章、3个附件和7个附表。具体内容如下：

1）总则：共13条，主要阐述了本规则制定的目的、依据、适用范围、计价活动的类型、计价活动应遵循的原则以及计价依据的作用和强制实行工程量清单计价的范围等内容。

2）术语：共26条，对本规则中涉及的特有的或计价时常用的术语给予定义，尽可能避免本规则在贯彻执行时由于不同理解而造成的争议。

3）工程造价组成及计价方法：共3条，主要规定了建筑安装工程费用构成要素、建筑安装工程造价组成内容、建筑安装工程计价方法。

4）建筑安装工程施工取费费率：房屋建筑与装饰工程、通用安装工程、市政工程等专业工程的施工取费费率。各专业工程的施工取费费率均包括企业管理费费率、利润费率、施工组织措施项目费费率、其他项目费费率、规费费率和税金税率。

5）建设工程计价要素动态管理：包括工作分工、使用规定、价差调整、工期延误的责任担当等。

6）设计概算：共6条，内容包括设计概算编制的基本要求、编制依据、设计概算文件组成、设计总概算表的内容组成、单位工程概算包括的内容以及工程建设其他费用等规定。

7）工程量清单及计价：共5条，主要阐述了工程量清单编制、工程量清单计价一般规定以及招标控制价、投标报价、成本价的相关要求。

8）合同价款调整与工程结算：共7条，内容主要包括合同价款的确定、合同价款的类型、合同价款调整、不可抗力事件、工程索赔、合同价款期中支付、工程结算与支付。

9）工程计价纠纷处理：共2条，主要阐述了处理方式、纠纷处理的依据。

10）标准（示范）格式：为浙江省工程建设各阶段计价提供统一的标准格式，分为工程前期计价表式、工程建设实施期计价表式和其他表式。

三、定额依据

本书基于《市政定额》编写。

（一）定额编制内容

《市政定额》各册包括册说明、章节说明、工程量计算规则和预算定额项目。《市政定额》共分九册，其中第一册为《通用项目》（包括附录）、第二册为《道路工程》、第三册为《桥梁工程》、第四册为《隧道工程》、第五册为《给水工程》、第六册为《排水工程》、第七册为《燃气与集中供热工程》、第八册为《路灯工程》、第九册为《生活垃圾处理工程》。

（二）定额的作用和适用范围

《市政定额》是指导设计概算、施工图预算、招标控制价的编审以及工程合同价约定、竣工结算办理、工程计价纠纷调解处理、工程造价鉴定等的依据。它适用于浙江省城镇管辖范围内的新建、改建和扩建市政工程。

（三）编制依据

《市政定额》是在《市政工程消耗量定额》（ZYA 1—31—2015）、《浙江省市政工程预算定额（2010版）》的基础上，依据国家、浙江省有关现行的产品标准、设计规范和施工验收规范、质量评定标准、安全技术操作规程进行编制的；它是按正常的施工条件，目前多数企业的施工机械装备程度，合理的施工工期、施工工艺和劳动组织进行编制的，反映的是浙江省市政工程的社会平均消耗量水平。

（四）人工、材料、机械台班消耗量说明和规定

1. 人工消耗量的说明和规定

《市政定额》的人工按定额用工的技术含量综合为一类人工和二类人工，其内容包括基本用工、辅助用工、超运距用工和人工幅度差。其中，土石方工程人工为一类人工，其余均为二类人工。

基本用工是指根据施工工序套用劳动定额计算的工日数。辅助用工是指材料在现场加工所需的用工，如筛砂、洗石子、整理等用工。超运距用工是指除规定材料场内运距外超运100m所增加的工日数，也就是定额中材料已包括了150m的场内运输。人工幅度差是指在劳动定额中未包括而在预算定额中应考虑的用工，也是在正常施工条件下所必须发生的而无法计量的零星用工，内容包括：各工种之间工序搭接及交叉作业互相配合所发生的停歇用工；施工机械的转移及临时水电线路移动所发生的停工；质量检查和隐蔽工程验收工作的影响；班组操作地点转移用工；工序交接时对前一工序不可避免的修整用工；施工过程中不可避免的行人、车辆干扰对工人操作的影响；施工中临时交通指挥、安全清理、排除障碍等零星用工。

2. 材料消耗量的说明和规定

《市政定额》中的材料分为主要材料和辅助材料。主要材料是指直接构成工程实体的材料，包括成品和半成品；辅助材料是指用量较少，但也构成工程实体的材料，如垫铁、铅丝等。定额中难以计量的零星材料合并为其他材料，以其他材料费形式表示，其他材料费以"元"为单位。定额中的材料、成品、半成品均按品种、规格逐一列出用量，其中已包括相应的损耗，不得重复计算。损耗的内容和范围包括：从工地仓库、现场集中堆放地点或现场加工地点至操作或安装地点的现场损耗、施工操作损耗、施工现场堆放损耗。材料场外运输损耗已列入材料价格之中。

周转性材料是指脚手架、模板、钢管支撑等可多次周转使用，但不构成工程实体的工具性材料；周转性材料已按规定的材料周转次数摊销计入定额内，并包括回库维修的消耗量。

3. 机械台班消耗量的说明和规定

《市政定额》中的机械以台班为单位，机械台班消耗量已包括机械幅度差；定额中机械的类型、规格是在正常施工条件下，按常用机械类型确定的。定额中均已包括材料、成品、半成品从工地仓库、现场集中堆放地点或现场加工地点至操作安装地点的水平和垂直运输所需要的人工和机械消耗量。如需要再次搬运，应在二次搬运费项目中列支。

（五）单价的确定

《市政定额》的定额用工按技术含量分为一类人工和二类人工。人工单价：一类人工为125元/工日，二类人工为135元/工日；材料单价：按照《浙江省建筑安装材料基期价格（2018版）》取定；机械台班单价：根据《浙江省施工机械台班费用定额（2018版）》进行取定。

（六）混凝土相关说明和规定

1. 混凝土单价的确定

《市政定额》中的混凝土、沥青混凝土、厂拌三渣等均按商品价考虑。其单价中除包括

产品出厂价外，还包括了至施工现场的运输、装卸费用。采用泵送混凝土的，其单价包括泵送费用。

2. 商品混凝土和现拌混凝土之间的换算

定额中现浇混凝土项目分为现拌混凝土和商品混凝土，本定额中混凝土项目按运至施工现场的商品混凝土编制。若实际按现拌混凝土浇捣的，人工、机械消耗量具体调整如下：

1) 人工增加 0.392 工日/m³。
2) 增加 500L 混凝土搅拌机 0.03 台班/m³。

3. 泵送商品混凝土和非泵送商品混凝土之间的换算

商品混凝土定额中已按结构部位取定泵送或非泵送，如果定额所列混凝土形式与实际不同时，除混凝土单价换算外，人工消耗量具体调整如下：

1) 泵送商品混凝土调整为非泵送商品混凝土：定额人工乘以系数 1.35。
2) 非泵送商品混凝土调整为泵送商品混凝土：定额人工乘以系数 0.75。

【例 1-1】 试求非泵送 C20 商品混凝土台帽相应定额基价。

【解】 非泵送 C20 商品混凝土台帽定额编号：3-210H，计量单位：10m³。换算后定额基价=（376.92×1.35）元/10m³+4388.68 元/10m³+4.91 元/10m³=4902.43 元/10m³。

4. 混凝土养护

混凝土养护已根据不同定额子目综合考虑养护材料。若定额按塑料薄膜考虑，实际使用土工布养护时，土工布消耗量按塑料薄膜定额用量乘以系数 0.4，其他不变；若定额按土工布考虑，而实际使用塑料薄膜养护时，塑料薄膜消耗量按土工布定额用量乘以系数 2.5，其他不变。

（七）普通预拌砂浆和商品砂浆之间的换算

定额中各类砌体所使用的砂浆均为干混预拌砂浆编制，若实际使用不同砂浆（现拌或湿拌预拌）的，按以下方法调整：

1) 实际使用现拌砂浆的，除将定额中的干混预拌砂浆调换为现拌砂浆外，另按相应定额中每立方米砂浆增加人工 0.382 工日、200L 灰浆搅拌机 0.167 台班，同时扣除原定额中干混砂浆罐式搅拌机台班数量。
2) 实际使用湿拌预拌砂浆的，除将定额中的干混预拌砂浆调换为湿拌预拌砂浆外，另按相应定额中每立方米砂浆扣除人工 0.20 工日，并扣除干混砂浆罐式搅拌机台班数量。

（八）周转材料的回库维修费及场外运输费的计算

《市政定额》中周转材料的回库维修费及场外运输费按以下规定计算：

1) 钢模板（含钢支撑）回库维修费已按其他材料单价的 8% 计入消耗量。
2) 钢模板（含钢支撑）、木模板、脚手架的场外运输费已按机械台班形式计入定额子目，不另单独计算。

（九）预制构件损耗率的计算

定额中混凝土及钢筋混凝土预制桩、小型预制构件等制作的工程量计算，应按施工图构件净用量另加 1.5% 损耗率。

【例 1-2】 某桥梁工程中预制立柱 80mm×80mm×1200mm，共 10 根，计算预制混凝土立柱制作及安装工程量。

【解】 制作工程量=0.08×0.08×1.2×100×1.015m³=0.780m³

安装工程量 = 0.08×0.08×1.2×100m³ = 0.768m³

（十）其他有关规定

1)《市政定额》施工用水、用电是按现场有水、电考虑的，它已包括在临时设施费内。如现场无水、电时，业主方请施工单位接通临时水、电，费用应另计。

2)《市政定额》的工作内容中已说明了主要的施工工序，次要工序虽未说明，均已考虑在定额内。

3)《市政定额》与浙江省其他工程预算定额的关系：凡《市政定额》包含的项目，应按《市政定额》项目执行；《市政定额》缺项的项目，可按其他工程预算定额的有关册、章说明执行。

4)《市政定额》中用括号"( )"表示的消耗量，均未列入基价。

5)《市政定额》中注有"×××以内"或"×××以下"的，均包括×××本身；"×××以外"或"×××以上"的，则不包括×××本身。

6) 工程量计量单位按下列规定计算：

① 以体积计算的为立方米（m³）。
② 以面积计算的为平方米（m²）。
③ 以长度计算的为米（m）。
④ 以质量计算的为吨或千克（t 或 kg）。
⑤ 以座（台、套、组或个）计算的为座（台、套、组或个）。

其中，以"吨"为单位的，应保留小数点后三位数字，第四位四舍五入；以"立方米""平方米""米"为单位的，应保留小数点后两位数字，第三位四舍五入；以"个""项"等为单位的，应取整数。

四、预算定额的应用

（一）定额编号说明

在编制施工图预算时，对工程项目均需填写定额编号，其目的是便于检查在使用定额时，项目套用是否正确合理，以起到减少差错、提高管理水平的作用。

为了方便查阅，《市政定额》目录的项目编制排序为

$$\boxed{A-B}$$

其中，A 为《市政定额》册号，用阿拉伯数字 1，2，3，…表示（与房屋建筑与装饰工程的设置不同）；B 为分部分项工程号，用阿拉伯数字 1，2，3，…表示。

目录中都注明各分项工程的所在页数。项目表中的项目号按分部工程各自独立的顺序编排，用阿拉伯数字书写。在编制工程预算书套用定额时，应注明所属分部工程的编号和项目编号。例如：

1) 干砌块石护坡，定额编号：1-165，说明该分项工程位于《市政定额》第一册通用工程中第165项，属于第二章内容。

2) 4cm 中粒式沥青混凝土路面，人工摊铺，定额编号：2-195，说明该分项工程位于《市政定额》第二册道路工程中第195项，属于第三章内容。

（二）预算定额的查阅方法

查阅定额表的目的是在定额表中找出所需的项目名称，人工、材料、机械名称，以及它们所对应的数值，一般可分为三步查阅：

1) 按分部—定额节—定额表—项目的顺序找到所需项目名称，并从上向下查找。
2) 在定额表中找出所需的人工、材料、机械的名称，并从左向右查找。
3) 两行数据交点的数值，就是所找数值。

（三）预算定额的应用

预算定额是编制施工图预算、确定工程造价的主要依据，定额应用正确与否直接影响建筑工程造价。在编制施工图预算应用定额时，通常会遇到以下三种情况：定额的直接套用、换算和补充。

1. 预算定额的直接套用

在应用预算定额时，要认真地阅读并掌握定额的总说明、各分部工程说明、定额的适用范围、已经考虑和没有考虑的因素以及附注说明等。当分项工程的设计要求与预算定额条件完全相符时，可以直接套用定额（这种情况是编制施工图预算中的大多数情况）。

在编制单位工程施工图预算的过程中，大多数项目可以直接套用预算定额。套用时应注意以下几点：

1) 根据施工图、设计说明和做法说明、分项工程施工过程划分来选择定额项目。
2) 要从工程内容、技术特征和施工方法及材料规格上仔细核对，才能较准确地确定相应的定额项目。
3) 分项工程的名称和计量单位要与预算定额相一致。

2. 预算定额的换算

当设计要求与定额的工程内容、材料规格、施工方法等条件不完全相符时，不可直接套用定额。可根据编制总说明、分部工程说明等有关规定，在定额规定范围内加以调整与换算。

定额换算的实质是按定额规定的换算范围、内容和方法，对某些分项工程内容进行调整与换算。通常只有当设计选用的材料的品种和规格与定额规定有出入，并规定允许换算时，才能换算。经过换算的定额编号一般在其右侧写上"换"或"H"。

常见的预算定额换算类型有以下五种：

1) 砂浆换算。砂浆换算是指砌筑砂浆的强度等级和砂浆类型的换算。砌筑砂浆换算的特点是砂浆的用量、人工费、机械费不发生变化，只换算砂浆配合比或品种。砌筑砂浆换算式

换算后定额基价 = 原定额基价 + （设计砂浆单价 − 定额砂浆单价）× 定额砂浆用量

2) 混凝土换算。混凝土换算是指构件混凝土的强度等级、混凝土类型的换算。混凝土强度等级换算式

换算后定额基价 = 原定额基价 + （设计混凝土单价 − 定额混凝土单价）× 定额混凝土用量

【例1-3】 C35泵送商品混凝土施工钢筋混凝土实心板梁（C35泵送商品混凝土市场信息价为555元/m^3），试求换算后定额基价。

【解】 该项目定额编号：3-234H，计量单位：$10m^3$；基价：4943.10元。商品混凝土定额用量：$10.10m^3$。原定额子目中C30混凝土单价为461元/m^3，已知C35混凝土市场单

价为 555 元/m³，则

换算后定额基价 = 4943.10 元/10m³ + [(555−461)×10.10] 元/10m³ = 5892.50 元/10m³

3）木材换算。木材换算是指木材断面和种类不同的换算。

4）系数换算。系数换算是指在使用某些预算项目时，定额的一部分或全部乘以规定系数。例如，浙江省预算定额规定，钻孔灌注桩使用旋挖桩机成孔时，工程量小于 150m³ 时，定额的人工和机械乘以系数 1.25。

【例 1-4】 陆上钻孔灌注桩使用旋挖桩机成孔，桩径为 1200mm，总工程量为 120m³，试求换算后定额基价。

【解】 该项目定额编号：3-133H；计量单位：10m³；基价：2319.52 元，则

换算后定额基价 = 2319.52 元/10m³ + [(495.86+1711.58)×(1.25−1)] 元/10m³ = 2871.38 元/10m³

5）其他换算。其他换算是指除上述四种情况以外的定额换算。

3. 预算定额的补充

当分项工程的设计要求与定额条件完全不相符或者由于设计采用新结构、新材料及新工艺施工，在预算定额中没有这类项目，属于定额缺项时，可编制补充预算定额。

编制补充预算定额的方法通常有两种：一种方法是按照本章预算定额的编制方法，计算人工、材料和机械台班消耗量指标，然后乘以人工工资、材料价格及机械台班使用单价并汇总得到补充预算定额基价；另一种方法是以补充项目的人工、机械台班消耗定额的方法来确定。

任务三　市政工程造价的确定

一、市政工程造价组成（按费用构成要素划分）

市政工程造价按费用构成要素划分，由人工费、材料费、机械费、企业管理费、利润、规费和税金组成，具体构成如图 1-3 所示。

浙江省市政工程预算定额的预算基价由人工费、材料费和机械费组成。定额基价的确定方法主要是由定额所规定的人工、材料、机械台班消耗量（"三量"）乘以相应的地区日工资单价、材料价格和机械台班价格（"三价"），即

人工费 = ∑（各项目定额工日消耗量×地区相应人工工日单价）

材料费 = ∑（各项目定额材料消耗量×地区相应材料单价）

机械费 = ∑（某定额项目机械台班消耗量×地区相应施工机械台班价格）

（一）人工工资单价（人工费）的确定

人工工资单价是指按工资总额构成规定，支付给从事市政工程施工的生产工人和附属生产单位工人的各项费用（包含个人缴纳社会保险费与住房公积金）。

内容包括：

1）计时工资或计件工资：是指按计时工资标准和工作时间或对已做工作按计件单价支付给个人的劳动报酬。

2）奖金：是指对超额劳动和增收节支支付给个人的劳动报酬，如节约奖、劳动竞赛

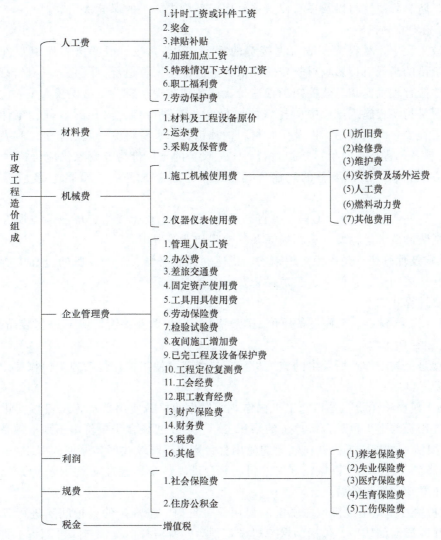

图1-3 市政工程造价组成（按费用构成要素划分）

奖等。

3）津贴补贴：是指为了补偿职工特殊或额外的劳动消耗和因其他特殊原因支付给个人的津贴，以及为了保证职工工资水平不受物价影响支付给个人的物价补贴，如流动施工津贴、特殊地区施工津贴、高温（寒）作业临时津贴、高空津贴等。

4）加班加点工资：是指按规定支付的在法定节假日工作的加班工资和在法定工作日时间外延时工作的加点工资。

5）特殊情况下支付的工资：是指根据国家法律法规和政策规定，因病、工伤、产假、计划生育假、婚丧假、事假、探亲假、定期休假、停工学习、执行国家或社会义务等原因按计时工资标准或计时工资标准的一定比例支付的工资。

6）职工福利费：是指企业按规定标准计提并支付给生产工人的集体福利费、夏季防暑降温费、冬季取暖补贴、上下班交通补贴等。

7）劳动保护费：是指企业按规定标准发放的生产工人劳动保护用品的支出，如工作服、手套、防暑降温饮料以及在有碍身体健康的环境中施工的保健费用等。

(二) 材料费的确定

在市政工程中，材料费一般占直接费的60%~70%，在一般特殊工程中所占比重还要大，材料价格的高低直接影响材料费的高低，进而影响工程造价。因此，只有合理地制定材料价格，才能合理确定和有效控制工程造价，避免和减少材料费用出现较大偏差。

材料费是指工程施工过程中所耗费的原材料、辅助材料、构（配）件、零件、半成品或成品和工程设备等的费用，以及周转材料的摊销费用。材料费一般由下列三项费用组成：

1) 材料及工程设备原价：是指材料、工程设备的出厂价格或商家供应价格（供应价），还包括为方便材料、工程设备的运输（运输费）和保护而进行必要的包装所需要的费用（包装费）。

2) 运杂费：是指材料、工程设备自来源地运至工地仓库或指定堆放地点所发生的全部费用，包括装卸费、运输费、运输损耗及其他附加费等费用。

3) 采购及保管费：是指为组织采购、供应和保管材料、工程设备的过程中所需要的各项费用，包括采购费、仓储费、工地保管费、仓储损耗等费用。

材料费计算式如下：

材料预算价格=（材料及工程设备原价+运杂费）×（1+采购及保管费费率）-包装品回收价值

(三) 机械费的确定

机械费是指施工作业所发生的施工机械、仪器仪表使用费，包括施工机械使用费和仪器仪表使用费。其中：

1) 施工机械使用费：是指施工机械作业所发生的机械使用费。施工机械使用费以施工机械台班耗用量与施工机械台班单价的乘积表示，施工机械台班单价由下列七项费用组成：

① 折旧费：是指施工机械在规定的耐用总台班内，陆续收回其原值的费用。

② 检修费：是指施工机械在规定的耐用总台班内，按规定的检修间隔进行必要的检修，以恢复其正常功能所需的费用。

③ 维护费：是指施工机械在规定的耐用总台班内，按规定的维护间隔进行各级维护和临时故障排除所需的费用，包括为保障机械正常运转所需替换设备与随机配备工具附具的摊销费用、机械运转及日常维护所需润滑与擦拭的材料费用，以及机械停滞期间的维护费用等。

④ 安拆费及场外运费：安拆费是指施工机械（大型机械除外）在现场进行安装与拆卸所需的人工、材料、机械和试运转费用，以及机械辅助设施的折旧、搭设、拆除等费用。场外运费是指施工机械（大型机械除外）整体或分体自停放地点运至施工现场或由一施工地点运至另一施工地点的运输、装卸、辅助材料等费用。

⑤ 人工费：是指机上司机（司炉）和其他操作人员的人工费。注意与前面提及的人工费内容不同。

⑥ 燃料动力费：是指施工机械在运转作业中所耗用的燃料及水、电等费用。

⑦ 其他费用：是指施工机械按照国家和有关部门规定应缴纳的车船使用税、保险费及年检费用等。

2) 仪器仪表使用费：是指工程施工所需仪器仪表的使用费。仪器仪表使用费以仪器仪表台班耗用量与仪器仪表台班单价的乘积表示，仪器仪表台班单价由折旧费、维护费、校验费和动力费组成。

关于人工、材料及施工机械使用费的计算式中的项目是指工程定额项目或分部分项工程量清单项目及施工技术措施项目。在实际工程费用计算时，人工、材料、机械台班消耗量可根据现行建设工程造价管理机构编制的工程定额或施工企业根据自身情况编制的企业定额来确定项目的定额人工、材料、机械台班消耗量；而人工、材料、机械台班单价一般根据建设工程造价管理机构发布的人工、材料、机械台班市场价格信息确定，施工企业在投标报价时也可根据自身的情况结合建筑市场的人工、材料、机械台班价格等因素自主决定。

(四) 企业管理费的确定

企业管理费是指企业组织施工生产和经营管理所需的费用，内容包括：

1) 管理人员工资：是指按规定支付给管理人员的计时工资、奖金、津贴、补贴、加班加点工资、特殊情况下支付的工资及相应的职工福利费、劳动保护费等。

2) 办公费：是指企业管理办公用的文具、纸张、账表、印刷、邮电、书报、办公软件、现场监控、会议、水电、烧水和集体取暖降温（包括现场临时宿舍取暖降温）等费用。

3) 差旅交通费：是指职工因公出差、调动工作的差旅费、住勤补助费、市内交通费和误餐补助费，职工探亲路费，劳动力招募费，职工退休、退职一次性路费，工伤人员就医路费，工地转移费，以及管理部门使用的交通工具的油料、燃料等费用。

4) 固定资产使用费：是指管理和试验部门及附属生产单位使用的属于固定资产的房屋、设备、仪器（包括现场出入管理及考勤设备仪器）等的折旧、大修、维修或租赁费。

5) 工具用具使用费：是指企业施工生产和管理使用的不属于固定资产的工具、器具、家具、交通工具和检验、试验、测绘、消防用具等的购置、维修和摊销费。

6) 劳动保险费：是指由企业支付的离退休职工易地安家补助费、职工退职金、六个月以上的病假人员工资、职工死亡丧葬补助费、抚恤费、按规定支付给离休干部的各项经费等。

7) 检验试验费：是指施工企业按照有关标准规定，对建筑以及材料、构件和建筑安装物进行一般鉴定、检查所发生的费用，包括自设实验室进行试验所耗用的材料等费用，不包括新结构、新材料的试验费。对构件做破坏性试验及其他特殊要求检验试验的费用和建设单位委托检测机构进行专项及见证取样检测的费用，对此类检测所发生的费用，由建设单位在工程建设其他费用中列支，但对施工企业提供的具有合格证明的材料进行检测，不合格的，该检测费用应由施工企业支付。

8) 夜间施工增加费：是指因施工工艺要求必须持续作业而不可避免的夜间施工所增加的费用，包括夜班补助费、夜间施工降效、夜间施工照明设备摊销及照明用电等费用。

9) 已完工程及设备保护费：是指竣工验收前，对已完工程及工程设备采取的必要保护措施所发生的费用。

10) 工程定位复测费：是指工程施工过程中进行全部施工测量放线和复测工作的费用。

11) 工会经费：是指企业按《中华人民共和国工会法》规定的全部职工工资总额比例计提的工会经费。

12) 职工教育经费：是指按职工工资总额的规定比例计提，企业为职工进行专业技术和职业技能培训，专业技术人员进行继续教育、职工职业技能鉴定、职业资格认定，以及根据需要对职工进行各类文化教育所发生的费用。

13）财产保险费：是指施工管理用财产、车辆等的保险费用。

14）财务费：是指企业为施工生产筹集资金或提供预付款担保、履约担保、职工工资支付担保等所发生的各种费用。

15）税费：是指根据国家税法规定应计入市政工程造价内的城市维护建设税、教育费附加和地方教育附加，以及企业按规定缴纳的房产税、车船使用税、土地使用税、印花税、环保税等。

16）其他：包括技术转让费、技术开发费、投标费、业务招待费、绿化费、广告费、公证费、法律顾问费、审计费、咨询费、危险作业意外伤害保险费等。

企业管理费以"人工费+机械费"为计算基数乘以企业管理费费率计算。《计价规范》中取消了工程类别，企业管理费费率根据项目类型，参考弹性费率区间确定。在编制概算、施工图预算（标底）时，应按弹性区间中值计取；施工企业投标报价时，企业可参考该弹性区间费率自主确定，并在合同中予以明确。

（五）利润的确定

利润是指施工企业完成所承包工程获得的盈利。利润以"人工费+机械费"为计算基数乘以利润率计算。利润率使用说明同企业管理费，参考弹性费率区间确定。在编制概算、施工图预算（标底）时，应按弹性区间中值计取；施工企业投标报价时，企业可参考该弹性区间费率自主确定，并在合同中予以明确。

（六）规费的确定

规费是指按国家法律法规规定，由省级政府和省级有关权力部门规定必须缴纳或计取的，应计入市政工程造价内的费用。当前浙江省建设工程中的规费主要包括：社会保险费和住房公积金。

1）社会保险费包括：
① 养老保险费：是指企业按照规定标准为职工缴纳的基本养老保险费。
② 失业保险费：是指企业按照规定标准为职工缴纳的失业保险费。
③ 医疗保险费：是指企业按照规定标准为职工缴纳的基本医疗保险费。
④ 生育保险费：是指企业按照规定标准为职工缴纳的生育保险费。
⑤ 工伤保险费：是指企业按照规定标准为职工缴纳的工伤保险费。

2）住房公积金：是指企业按照规定标准为职工缴纳的住房公积金。

根据现行的计价规则，规费可按下述方法计算：以"人工费+机械费"为计费基础，规费费率应按照《计价规范》的规定计取。

（七）税金的确定

税金是指国家税法规定的应计入市政工程造价内的建筑服务增值税。

二、市政工程造价组成（按造价内容形成划分）

市政工程造价按造价内容形成划分，由分部分项工程费、措施项目费、其他项目费、规费和税金组成，具体构成如图1-4所示。

（一）分部分项工程费

分部分项工程费是指根据设计规定，按照施工验收规范、质量评定标准的要求，完成构成工程实体所耗费或发生的各项费用，包括人工费、材料费、机械费、企业管理费和利润。

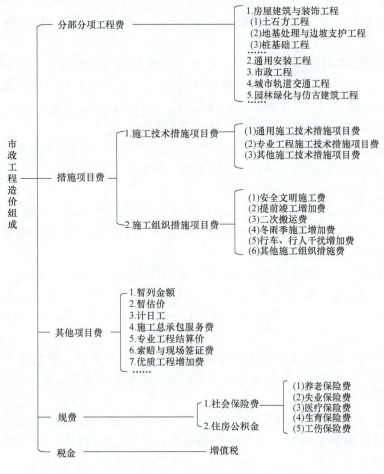

图 1-4　市政工程造价组成（按造价内容形成划分）

（二）措施项目费

措施项目费是指为完成市政工程项目施工，发生于该工程施工准备和施工过程中的技术、生活、安全、环境保护等方面的非工程实体项目的费用，一般可划分为施工技术措施项目费和施工组织措施项目费两项。

1. 施工技术措施项目费

1）通用施工技术措施项目费包括：

① 大型机械设备进出场及安拆费：是指大型机械整体或分体自停放场地运至施工现场或由一个施工地点运至另一个施工地点所发生的机械进出场运输、转移费用，以及机械在施工现场进行安装、拆卸所需的人工费、机械费、材料费、试运转费和安装所需的辅助设施费用。

② 脚手架工程费：是指施工需要的各种脚手架搭、拆、运输费用，以及脚手架购置的摊销费用。

2）专业工程施工技术措施项目费：是指根据《计价规范》和浙江省的有关规定，列入各专业工程措施项目的属于施工技术措施项目的费用。

3) 其他施工技术措施项目费：是指根据各专业工程特点补充的施工技术措施项目的费用。由于市政工程所涉及的施工技术措施项目费种类较多，在计算该项费用时，应依据实际所发生的具体项目分别对待。

对于大型机械设备进出场及安拆费，混凝土、钢筋混凝土模板及支架费，脚手架工程费，施工排水、降水费，围堰、筑岛、现场施工围栏，洞内施工的通风、供水、供气、供电、照明及通信设施等较为具体的技术措施项目，可直接套用《市政定额》中各册相关子目及附录的有关规定，或套用企业自行编制的施工定额。

对于便道、便桥、驳岸块石清理等技术措施项目，应针对具体工程的施工组织设计所采取的具体技术措施方案，进行工序划分后套用相应的工程定额。

2. 施工组织措施项目费

1) 安全文明施工费：是指按照国家现行的建筑施工安全、施工现场环境与卫生标准，以及有关规定，购置和更新施工安全防护用具及设施、改善安全生产条件和作业环境所需要的费用。安全文明施工费的内容包括：

① 环境保护费：是指施工现场为达到环保部门要求所需要的各项费用。

② 文明施工费：是指施工现场文明施工所需要的各项费用，一般包括施工现场的标牌设置，施工现场地面硬化，现场周边设立围护设施，现场安全保卫及保持场貌、场容整洁等发生的费用。

③ 安全施工费：是指施工现场安全施工所需要的各项费用，一般包括安全防护用具和服装，施工现场的安全警示、消防设施和灭火器材，安全教育培训，安全检查及编制安全措施方案等发生的费用。

④ 临时设施费：是指施工企业为进行建筑工程施工所必须搭设的生活和生产用的临时建筑物、构筑物和其他临时设施等发生的费用。临时设施包括：临时宿舍、文化福利及公用事业房屋与构筑物、仓库、办公室、加工厂（场），以及在规定范围内的道路、水、电、管线等临时设施和小型临时设施。临时设施费包括临时设施的搭设、维修、拆除费或摊销费。

安全文明施工费以实施标准划分，可分为安全文明施工基本费和创建安全文明施工标准化工地增加费（以下简称"标化工地增加费"）。

2) 提前竣工增加费：是指因缩短工期要求发生的施工增加费，包括夜间施工增加费、周转材料加大投入量所增加的费用等。

3) 二次搬运费：是指因施工场地狭小等特殊情况，材料、设备等一次到不了施工现场而发生的二次搬运费用。

4) 冬雨季施工增加费：是指在冬季和雨季施工，为保证工程质量和安全生产所需增加的费用。

5) 行车、行人干扰增加费：是指边施工边维持通车的市政道路工程（包括道路绿化）、排水工程受行车、行人干扰影响而增加的费用。

6) 其他施工组织措施费：是指根据各专业工程特点补充的施工组织措施项目的费用。

上述各项施工组织措施费可根据《计价规则》计算。

(三) 其他项目费

其他项目费的构成内容应依据工程实际情况按照不同阶段的计价需要进行列项。其中，编制招标控制价和投标报价时，由暂列金额、暂估价、计日工、施工总承包服务费构成；编制竣工结算时，由专业工程结算价、计日工、施工总承包服务费、索赔与现场签证费以及优质工程增加费构成。

三、市政工程施工费率的取定

根据建设工程造价（费用）组成，《计价规则》对其中的五项费用制定了费率，其中市政工程按照市政土建工程和市政安装工程分类计取企业管理费、利润、施工组织措施项目费、规费的费率。

（一）市政土建工程分类

市政土建工程划分为道路、排水、河道护岸、水处理构筑物及城市综合管廊、生活垃圾处理工程，桥梁工程，隧道工程，专业土石方工程。其中：

1) 道路工程适用于城市地面高速干道、主干道、次干道、支路、街道以及园林景区、公园、居民区（厂区、校区）等区域内按市政标准设计的道路、广场、停车场、运动场、操场、跑道等，并包括交通标志标线等相应的附属工程。

2) 排水工程适用于城市雨水、污水、排水管网以及园林景区、公园、居民区（厂区、校区）等区域内按市政标准设计的雨水、污水、排水管道，并包括管道土石方挖填、检查井等相应的附属工程。

3) 河道护岸工程包括单独排洪工程（含明渠、暗渠及截洪沟）、护岸护坡及土堤等工程，并包括相应的附属工程。

4) 水处理构筑物及城市综合管廊工程适用于城市各类水处理构筑物（含自来水厂、排水泵站、污水处理厂等市政设施的构筑物）以及采用开槽施工的城市地下综合管廊工程，并包括相应的附属工程。采用不开槽施工的城市地下综合管廊按隧道工程的相应费率执行。

5) 生活垃圾处理工程适用于生活垃圾填埋场、生活垃圾焚烧厂内的相关设施及附属工程。

6) 桥梁工程适用于城市水域桥梁、城市地面桥梁（含立交桥、高架路、人行天桥等）、车行（或人行）箱涵等工程，并包括相应的附属工程。

7) 隧道工程适用于城市岩石山体隧道以及软土地带的地下（或水下）隧道工程，并包括相应的装饰等附属工程。

8) 专业土石方工程仅适用于市政工程中单独承包的土石方专业发包工程。

（二）市政安装工程分类

市政安装工程适用于城市给水管网（含自来水厂内给水管道、长距离城市供水管道等）、燃气管网、供热管网、路灯及智能交通设施等工程，并包括相应的附属工程。遇单独管网改造工程时，还包括各类管线的开挖与回填。

水处理构筑物、城市综合管廊和隧道工程中的机电、照明、消防等相关设备安装工程按通用安装工程相应费率及其规定执行。

（三）市政工程各项费用的费率

市政工程各项费用费率的表现形式如下：

1) 市政工程企业管理费费率见表1-1。

表 1-1 市政工程企业管理费费率

定额编号	项目名称		计算基数	费率(%)					
				一般计税			简易计税		
				下限	中值	上限	下限	中值	上限
C1	企业管理费								
C1-1	市政土建工程								
C1-1-1	其中	道路、排水、河道护岸、水处理构筑物及城市综合管廊、生活垃圾处理工程	人工费+机械费	12.78	17.04	21.30	12.11	16.15	20.19
C1-1-2		桥梁工程		14.69	19.58	24.47	6.93	9.24	23.49
C1-1-3		隧道工程		7.17	9.56	11.95	6.93	9.24	23.49
C1-1-4		专业土石方工程		2.48	3.30	4.12	2.29	3.05	3.81
C1-2	市政安装工程		人工费+机械费	12.59	16.78	20.97	12.40	16.53	20.66

2）市政工程利润费率见表 1-2。

表 1-2 市政工程利润费率

定额编号	项目名称		计算基数	费率(%)					
				一般计税			简易计税		
				下限	中值	上限	下限	中值	上限
C2	利润								
C2-1	市政土建工程								
C2-1-1	其中	道路、排水、河道护岸、水处理构筑物及城市综合管廊、生活垃圾处理工程	人工费+机械费	7.49	9.99	12.49	7.10	9.46	11.82
C2-1-2		桥梁工程		5.69	7.58	9.47	5.47	7.29	9.11
C2-1-3		隧道工程		4.87	6.49	8.11	4.70	6.26	7.82
C2-1-4		专业土石方工程		2.03	2.70	3.37	1.87	2.49	3.11
C2-2	市政安装工程		人工费+机械费	8.58	11.44	14.30	8.42	11.23	14.04

3）市政工程施工组织措施项目费费率包括：

① 市政土建工程施工组织措施项目费费率见表 1-3。

表 1-3 市政土建工程施工组织措施项目费费率

定额编号	项目名称	计算基数	费率(%)					
			一般计税			简易计税		
			下限	中值	上限	下限	中值	上限
CJ3	施工组织措施项目费							
CJ3-1	安全文明施工基本费							

（续）

定额编号	项目名称		计算基数	费率(%)					
				一般计税			简易计税		
				下限	中值	上限	下限	中值	上限
CJ3-1-1	其中	非市区工程	人工费+机械费	6.57	7.30	8.03	6.62	7.35	8.08
CJ3-1-2		市区工程		7.66	8.51	9.36	7.70	8.56	9.42
CJ3-2	标化工地增加费								
CJ3-2-1	其中	非市区工程	人工费+机械费	1.19	1.40	1.68	1.20	1.41	1.69
CJ3-2-2		市区工程		1.40	1.65	1.98	1.41	1.66	1.99
CJ3-3	提前竣工增加费								
CJ3-3-1	其中	缩短工期比例10%以内	人工费+机械费	0.01	0.56	1.11	0.01	0.57	1.13
CJ3-3-2		缩短工期比例20%以内		1.11	1.38	1.65	1.13	1.40	1.67
CJ3-3-3		缩短工期比例30%以内		1.65	1.91	2.17	1.67	1.93	2.19
CJ3-4	二次搬运费		人工费+机械费	0.38	0.48	0.58	0.39	0.49	0.59
CJ3-5	冬雨季施工增加费		人工费+机械费	0.07	0.13	0.19	0.08	0.14	0.20
CJ3-6	行车、行人干扰增加费		人工费+机械费	1.35	1.69	2.03	1.36	1.70	2.04

注：1. 专业土石方工程的施工组织措施项目费费率乘以系数0.35。
　　2. 标化工地增加费费率的下限、中值、上限分别对应设区市级、省级、国家级标化工地，县市区级标化工地的费率按费率中值乘以系数0.7。

② 市政安装工程施工组织措施项目费费率见表1-4。

表1-4　市政安装工程施工组织措施项目费费率

定额编号	项目名称		计算基数	费率(%)					
				一般计税			简易计税		
				下限	中值	上限	下限	中值	上限
CA3	施工组织措施项目费								
CA3-1	安全文明施工基本费								
CA3-1-1	其中	非市区工程	人工费+机械费	4.82	5.35	5.88	5.01	5.57	6.13
CA3-1-2		市区工程		5.63	6.25	6.87	5.85	6.50	7.15

(续)

定额编号	项目名称		计算基数	费率(%)					
				一般计税			简易计税		
				下限	中值	上限	下限	中值	上限
CA3-2	标化工地增加费								
CA3-2-1	其中	非市区工程	人工费+机械费	1.24	1.46	1.75	1.29	1.52	1.82
CA3-2-2		市区工程		1.46	1.72	2.06	1.52	1.79	2.15
CA3-3	提前竣工增加费								
CA3-3-1	其中	缩短工期比例10%以内	人工费+机械费	0.01	0.63	1.25	0.01	0.66	1.31
CA3-3-2		缩短工期比例20%以内		1.25	1.56	1.87	1.31	1.63	1.95
CA3-3-3		缩短工期比例30%以内		1.87	2.20	2.53	1.95	2.29	2.63
CA3-4	二次搬运费		人工费+机械费	0.29	0.41	0.53	0.30	0.42	0.54
CA3-5	冬雨季施工增加费			0.07	0.13	0.19	0.08	0.14	0.20
CA3-6	行车、行人干扰增加费			1.25	1.57	1.89	1.30	1.63	1.96

注：1. 市政安装工程的安全文明施工基本费费率按照与市政土建工程同步交叉配合施工进行测算，不与市政土建工程同步交叉配合施工（即单独进场施工）的给水、燃气、供热、路灯及智能交通设施等市政安装工程，其安全文明施工基本费费率乘以系数1.4。

2. 标化工地增加费费率的下限、中值、上限分别对应设区市级、省级、国家级标化工地，县级、市级、区级标化工地的费率按费率中值乘以系数0.7。

4）市政工程其他项目费费率见表1-5。

表1-5 市政工程其他项目费费率

定额编号	项目名称		计算基数	费率(%)
C4	其他项目费			
C4-1	优质工程增加费			
C4-1-1	其中	县级、市级、区级优质工程	除优质工程增加费外税前工程造价	0.75
C4-1-2		设区市级优质工程		1.00
C4-1-3		省级优质工程		2.00
C4-1-4		国家级优质工程		3.00
C4-2	施工总承包服务费			
C4-2-1	其中	专业发包工程管理费（管理、协调）	专业发包工程金额	1.00~2.00
		专业发包工程管理费（管理、协调、配合）		2.00~4.00
C4-2-2		甲供材料保管费	甲供材料金额	0.50~1.00
C4-2-3		甲供设备保管费	甲供设备金额	0.20~0.50

5) 市政工程规费费率见表1-6。

表1-6 市政工程规费费率

定额编号	项目名称		计算基数	费率(%)	
				一般计税	简易计税
C5	规费				
C5-1	市政土建工程				
C5-1-1	其中	道路、排水、河道护岸、水处理构筑物及城市综合管廊、生活垃圾处理工程	人工费+机械费	18.75	17.75
				22.84	21.96
C5-1-2		桥梁工程		21.02	20.27
C5-1-3		隧道工程		12.62	11.65
C5-1-4		专业土石方工程			
C5-2	市政安装工程		人工费+机械费	27.80	27.30

6) 市政工程税金税率见表1-7。

表1-7 市政工程税金税率

定额编号	项目名称	适用计税方法	计算基数	税率(%)
C6	增值税			
C6-1	增值税销项税	一般计税方法	税前工程造价	9.00
C6-2	增值税征收率	简易计税方法		3.00

四、市政工程施工费用计算程序

市政工程施工费用应根据《计价规则》规定的程序计算。为满足不同计价方法的需要，应根据不同阶段分别设置计算程序，分为招（投）标阶段和竣工结算阶段两种情况。

（一）市政工程概算费用计算程序

市政工程概算费用计算程序见表1-8。

表1-8 市政工程概算费用计算程序

序号	费用项目		计算方法
一	概算分部分项工程费		∑(概算分部分项工程量×综合单价)
	其中	1. 人工费+机械费	∑概算分部分项工程(定额人工费+定额机械费)
二	总价综合费用		1×费率
三	概算其他费用		2+3+4
	其中	2. 标化工地预留费	1×费率
		3. 优质工程预留费	(一+二)×费率
		4. 概算扩大费用	(一+二)×扩大系数
四	税前概算费用		一+二+三
五	税金(增值税销项税)		四×税率
六	市政工程概算费用		四+五

(二) 市政工程施工费用计算程序

1）招（投）标阶段市政工程施工费用计算程序见表1-9。

招投标阶段建安工程施工费计算

表1-9 招（投）标阶段市政工程施工费用计算程序

序号	费用项目		计算方法
一	分部分项工程费		∑（分部分项工程量×综合单价）
	其中	1. 人工费+机械费	∑分部分项工程（人工费+机械费）
二	措施项目费		（一）+（二）
	（一）施工技术措施项目费		∑（技术措施项目工程量×综合单价）
	其中	2. 人工费+机械费	∑技术措施项目（人工费+机械费）
	（二）施工组织措施项目费		按实际发生项之和进行计算
	其中	3. 安全文明施工费	（1+2）×费率
		4. 提前竣工增加费	
		5. 二次搬运费	
		6. 冬雨季施工增加费	
		7. 行车、行人干扰增加费	
		8. 其他施工组织措施费	按相关规定进行计算
三	其他项目费		（三）+（四）+（五）+（六）
	（三）暂列金额		9+10+11
	其中	9. 标化工地暂列金额	（1+2）×费率
		10. 优质工程暂列金额	除暂列金额外税前工程造价×费率
		11. 其他暂列金额	除暂列金额外税前工程造价×估算比例
	（四）暂估价		12+13
	其中	12. 专业工程暂估价	按各专业工程的除税金外全费用暂估金额之和进行计算
		13. 专项措施暂估价	按各专项措施的除税金外全费用暂估金额之和进行计算
	（五）计日工		∑计日工（暂估数量×综合单价）
	（六）施工总承包服务费		14+15
	其中	14. 专业发包工程管理费	∑专业发包工程（暂估金额×费率）
		15. 甲供材料设备保管费	甲供材料暂估金额×费率+甲供设备暂估金额×费率
四	规费		（1+2）×费率
五	税前工程造价		一+二+三+四
六	税金（增值税销项税或征收率）		五×税率
七	市政工程造价		五+六

2）竣工结算阶段市政工程施工费用计算程序见表1-10。

表 1-10　竣工结算阶段市政工程施工费用计算程序

序号	费用项目		计算方法
一	分部分项工程费		Σ分部分项工程(工程量×综合单价+工料机价差)
	其中	1. 人工费+机械费	Σ分部分项工程(人工费+机械费)
		2. 工料机价差	Σ分部分项工程(人工费价差+材料费价差+机械费价差)
二	措施项目费		(一)+(二)
	(一)施工技术措施项目费		Σ技术措施项目(工程数量×综合单价+工料机价差)
	其中	3. 人工费+机械费	Σ技术措施项目(人工费+机械费)
		4. 工料机价差	Σ技术措施项目(人工费价差+材料费价差+机械费价差)
	(二)施工组织措施项目费		按实际发生项之和进行计算
	其中	5. 安全文明施工费	(1+3)×费率
		6. 标化工地增加费	
		7. 提前竣工增加费	
		8. 二次搬运费	
		9. 冬雨季施工增加费	
		10. 行车、行人干扰增加费	
		11. 其他施工组织措施费	按相关规定进行计算
三	其他项目费		(三)+(四)+(五)+(六)+(七)
	(三)专业发包工程结算价		按各专业发包工程的除税金外全费用结算金额之和进行计算
	(四)计日工		Σ计日工(确认数量×综合单价)
	(五)施工总承包服务费		12+13
	其中	12. 专业发包工程管理费	Σ专业发包工程(结算金额×费率)
		13. 甲供材料设备保管费	甲供材料确认金额×费率+甲供设备确认金额×费率
	(六)索赔与现场签证费用		14+15
	其中	14. 索赔费用	按各索赔事件的除税金外全费用金额之和进行计算
		15. 签证费用	按各签证事项的除税金外全费用金额之和进行计算
	(七)优质工程增加费		除优质工程增加费外税前工程造价×费率
四	规费		(1+3)×费率
五	税前工程造价		一+二+三+四
六	税金(增值税销项税)		五×税率
七	建筑安装工程造价		五+六

竣工结算阶段建安工程施工费计算

由表 1-9、表 1-10 可知，招（投）标阶段和竣工结算阶段的市政工程施工费用计算程序之间的区别如图 1-5 所示。

招（投）标阶段：
1. 暂列金额
2. 暂估价：
1）材料及工程设备暂估价
2）专业工程暂估价
3）施工技术专项措施项目暂估价
3. 计日工（暂估数量）
4. 施工总承包服务费

区别 ⟷

竣工结算阶段：
1. 专业工程结算价
2. 计日工
（双方"确认数量"）
3. 施工总承包服务费
4. 索赔与现场签证费
5. 优质工程增加费

图 1-5　招（投）标阶段和竣工结算阶段的市政工程施工费用计算程序之间的区别

(三) 实例

【例 1-5】 某市区拟建设城市高架快速路，一期工程长 3.5km，根据施工图，按正常的施工组织设计、正常的施工工期并结合市场价格计算出工程量清单分部分项工程费为 5600 万元（其中人工费加机械费为 1400 万元），施工技术措施项目费为 1000 万元（其中人工费加机械费为 250 万元），其他项目费为 100 万元。该工程采用一般计税法，试按照综合单价法编制该工程的招标控制价。

【解】 按照《计价规范》，施工组织措施项目费、企业管理费和利润，在编制概算、施工图预算（标底）等时，应按弹性区间费率的中值计取。按综合单价法，该工程的招标控制价计算见表 1-11。

表 1-11 例 1-5 招标控制价计算

序号	费用项目		费率	金额/万元	计算方法
一	工程量清单分部分项工程费		—	5600	—
	其中	1. 人工费+机械费	—	1400	—
二	措施项目费			1161.88	（一）+（二）
	（一）施工技术措施项目费			1000	
	其中	2. 人工费+机械费		250	
	（二）施工组织措施项目费		—	161.88	3+4+5+6
	其中	3. 安全文明施工费	8.51%	140.42	（1+2）×费率
		4. 二次搬运费	0.48%	7.92	
		5. 冬雨季施工增加费	0.13%	2.15	
		6. 行车、行人干扰增加费	0.69%	11.39	
三	其他项目费		—	100	
四	规费		22.84%	376.86	（1+2）×费率
五	税前工程造价			7238.74	一+二+三+四
六	税金		9%	651.49	（一+二+三+四）×费率
七	市政工程造价			7890.23	一+二+三+四+六

注：本案例中高架路属于桥梁工程。

【例 1-6】 项目业主公开招标后，双方签订了单价合同（其中价格波动在结算时不调价差）。施工方入场后积极组织生产，招标时商定创建市级优质工程、市级标化工地。项目最终按时竣工，竣工验收质量评定仅为县区级优质工程（补充协议：优质工程增加费按相应费率 80% 结算，不另罚款），未创建标化工地（合同内无奖罚费用），结算工程量清单分部分项工程费 1000 万元，其中人工费（不含机上人工）270 万元，机械费（不含大型机械，单独计算费用）150 万元；结算施工技术措施项目费 40 万元，其中人工费 12 万元（不含机上人工），机械费 13 万元。施工组织措施项目费根据工程量清单分别列项计算（已知费率：安全文明施工增加费费率 8.57%，提前竣工增加费费率 1%，二次搬运费费率 0.4%，冬雨季施工增加费费率未考虑），规费按 25.78% 考虑；上报索赔费用 0 元，签证费用 150 万元（不含税部分）。本工程无甲供材料或设备；计日工无；税收按一般计税。

根据上述条件，采用综合单价法计算竣工结算价。

【解】 本例竣工结算价计算见表 1-12。

表 1-12 例 1-6 竣工结算价计算

序号	费用项目		计算公式	金额/万元
一	分部分项工程费		1000	1000
	其中	1. 人工费+机械费	270+150	420
		2. 工料机价差	0	0
二	措施项目费			84.3665
	(一)施工技术措施项目费		40	40
	其中	3. 人工费+机械费	12+13	25
		4. 工料机价差	0	0
	(二)施工组织措施项目费			44.3665
	其中	5. 安全文明施工费	(420+25)×8.57%	38.1365
		6. 标化工地增加费	0	0
		7. 提前竣工增加费	(420+25)×1%	4.4500
		8. 二次搬运费	(420+25)×0.4%	1.7800
		9. 冬雨季施工增加费	0	0
三	其他项目费		150+8.0945	158.0945
	(三)专业发包工程结算价		0	0
	(四)计日工		0	0
	(五)施工总承包服务费		0	0
	(六)索赔与现场签证费用			150
	其中	10. 索赔费用	0	0
		11. 签证费用	150	150
	(七)优质工程增加费		(1000+84.3665+150+114.7210)×0.75%×0.8	8.0945
四	规费		(420+25)×25.78%	114.7210
五	税前工程造价		1000+84.3665+158.0945+114.7210	1357.1820
六	税金(增值税)		(1000+84.3665+158.0945+114.7210)×9%	122.1464
七	市政工程造价		1357.1820+122.1464	1479.3284

任务四 市政工程计价方法

一、工程量清单计价方法

市政工程统一按照综合单价法进行计价,包括国标工程量清单计价(下面简称"国标清单计价")和定额项目清单计价(下面简称"定额清单计价")两种。除分部分项工程费、施工技术措施项目费分别依据《市政工程工程量计算规范》(GB 50857—2013)(以下简称《计算规范》)规定的清单项目和专业定额规定的定额项目列项计算外，其他费用的计算原则及方法应当一致。

综合单价根据《计价规范》规定，工程量清单计价应采用综合单价法。

综合单价法是指项目单价采用全费用单价（规费、税金按规定程序另行计算）的一种计价方法。综合单价包括完成一个规定计量单位项目所需的人工费、材料费、施工机械使用费、企业管理费、利润以及风险费用，即

综合单价＝规定计量单位的人工费、材料费、施工机械使用费+取费基数×（企业管理费率+利润率）＋风险费用

项目合价＝综合单价×工程数量

施工技术措施项目费、其他项目费应按照综合单价法计算，即

$$工程造价=\Sigma（项目合价+规费+税金）$$

根据浙江省最新的政策文件，工程造价的构成为

$$工程造价=税前工程造价+增值税销项税额=税前工程造价(1+9\%)$$

其中的税前工程造价由人工费、材料费、施工机械使用费、管理费、利润和规费等费用项目组成。增值税销项税额应按地区行业的最新政策确定。

二、计价方法说明

（一）工程量计算

工程量计算：综合单价法的工程数量应根据《计算规范》或专业定额中的工程量计算规则计算。编制招标控制价和投标报价时，工程数量应统一按照招标人所提供的工程量确定；编制竣工结算时，工程数量应以承包人完成合同工程应予计量的工程量进行调整。

国标清单计价和定额清单计价的区别在于，国标清单计价依据《计价规范》进行立项和计算工程量，本质上可以按照企业定额和市场价格进行计价；而定额清单计价直接根据《市政定额》进行立项和计算工程量，并套用定额中的消耗量，换取市场价格进行计价。

（二）工料机费用确定

规定计量单位项目人工费＝Σ（人工消耗量×价格）

规定计量单位项目材料费＝Σ（材料消耗量×价格）

规定计量单位项目施工机械台班使用费＝Σ（施工机械台班消耗量×价格）

人工、材料、施工机械台班的消耗量，可按照承包人的企业定额或参照预算的专业定额，并结合工程情况分析确定。

人工、材料、施工机械台班的价格，可依据承包人自行采集的市场价格或省、市工程造价管理机构发布的价格信息，并结合工程情况分析确定。例如，招标控制价为基准价格，若未公布，以询价方式确定价格；投标报价时，以当时当地相应市场价格由企业自主决定。

（三）取费基数

取费基数是指综合单价法的规定计量单位中的分部分项工程费、施工技术措施费中的人工费和施工机械使用费的合计。

（四）费用计算

1）企业管理费、利润等的费率，可依据承包人的企业定额或计价依据，并结合工程情况分析确定。例如，招标控制价按计价依据中的中值选取；进行招投标时，企业自主决定；竣工结算时，保持投标报价时的费率。

2）承包人计算风险费用时，应按照发包人要求，根据工程特点并结合市场行情及承包人自身状况，考虑各项可能发生的风险费用，按照计价依据的统一标准和方法计算。以暂估单价计入综合单价的材料不考虑风险费用。

3）规费应根据计价依据参照国家法律法规计取。

4）税金应根据国家税法规定的计税基数和税率计取，不得作为竞争性费用。市政工程计价可采用一般计税法和简易计税法计税，如选择采用简易计税方法计税，应符合税务部门关于简易计税的适用条件，市政工程概算应采用一般计税方法计税。采用一般计税方法计税时，其税前工程造价（或税前概算费用）的各费用项目均不包含增值税的进项税额，相应价格、费率及其取费基数均按除税价格计算或测定，税金按税前工程造价乘以增值税相应税率进行计算。遇税前工程造价包含甲供材料、甲供设备金额的，应在计税基数中予以扣除；增值税税率应根据计价工程按选择的适用计税方法分别按增值税销项税或增值税征收率取定。采用简易计税方法计税时，其税前工程造价的各费用项目均应包含增值税的进项税额，相应价格、费率及其取费基数均按含税价格计算或测定。

三、国标工程量清单编制

工程量清单是表现建设工程的分部分项工程项目、措施项目、其他项目名称和相应数量的明细清单，采用统一格式。工程量清单是一个工程计价中反映工程量的特定内容的概念，根据不同阶段又可以分为招标工程量清单和结算工程量清单等。其中，招标工程量清单是按照招标要求和施工设计图要求，将拟建招标工程的全部项目和内容，依据统一的工程量计算规则、统一的工程量清单项目编制规则，计算拟建招标工程的分部分项工程量的表格。

（一）分部分项工程量清单编制

分部分项工程量清单应根据《计算规范》附录规定的项目编码、项目名称、项目特征、计量单位和工程量计算规则进行编制。其中，规范规定的统一的项目编码、项目名称、计量单位和工程量计算规则，是分部分项工程量清单编制的"四统一"原则。

分部分项工程量清单是不可调整的闭口清单，投标人对招标文件中所提供的分部分项工程量清单逐一计价，对清单所列内容不允许做任何变动。投标人如认为清单内容有不妥或遗漏的，只能通过质疑的方式由招标人做统一的修改、更正，并将修正后的工程量清单发给所有的投标人。分部分项工程量清单编制程序如图1-6所示。

图1-6 分部分项工程量清单编制程序

1. 项目名称

项目名称应按《计算规范》附录中的项目名称并结合拟建工程的实际确定。分部分项工程量清单项目名称的设置，应考虑以下三个因素：

1）附录中的项目名称。

2）附录中的项目特征。

3）拟建工程的实际情况。

编制分部分项工程量清单时，以附录中的项目名称为主体，考虑该项目的规格、型号、材质等特征要求，结合拟建工程的实际情况，使其工程量清单项目名称具体化、细化，能够反映影响工程造价的主要因素。项目名称如有缺项，招标人可按相应的原则，在编制分部分项工程量清单时，补充项目应填写在工程量清单相应分部项目之后，并在"项目编码"栏中以"补"字示之。

补充项目的编码由《计算规范》的代码01与B和三位阿拉伯数字组成，并应从01B001开始顺行编制，同一招标工程的项目不得重码。补充的工程量清单需附有补充项目的名称、项目特征、计量单位、工程量计算规则、工作内容。不能计量的措施项目，需附有补充项目的名称、工作内容及包含范围。

2. 项目编码

分部分项工程量清单的项目编码应采用十二位阿拉伯数字表示，一至九位应按《计算规范》附录的规定设置，十至十二位应根据拟建工程的工程量清单项目名称和项目特征设置，同一招标工程的项目编码不得有重码。十二位项目编码按5级编码设置：

1）第一级编码，一、二位，为专业工程编码。建筑工程为01，装饰装修工程为02，安装工程为03，市政工程为04，园林绿化工程为05。

2）第二级编码：三、四位，为《计算规范》附录的编排顺序编码，附录A为01，附录B为02，附录C为03，以此类推。

3）第三级编码：五、六位，为《计算规范》附录中的分部工程顺序编码。

4）第四级编码：七~九位，为《计算规范》附录中的各分项工程顺序编码。

5）第五级编码：十~十三位，为具体的清单项目编码。

其中，第二~第四级编码按《计算规范》附录编制，不得自行编码；第五级编码需根据附录中的项目名称和项目特征设置，结合拟建工程的实际情况，由工程量清单编制人自行编制。同一附录项目当其项目特征不同时，需分项，由001开始按顺序编制。

以040203006001为例，各级项目编码的划分、含义如图1-7所示。

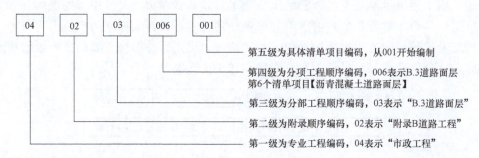

图1-7 清单编码示意图

【例1-7】 某市政道路工程，道路面层自上而下采用3cm厚细粒式沥青混凝土、4cm厚中粒式沥青混凝土、5cm厚粗粒式沥青混凝土，确定该道路面层的清单项目列项。

【解】 该工程道路面层分3层,均采用沥青混凝土,《计算规范》中的项目名称均为"沥青混凝土",但其中2个项目特征"厚度、石料粒径"不同,所以3层路面的具体的清单项目编码不同,应该有3个具体的清单项目。清单项目名称分别为"3cm 细粒式沥青混凝土""4cm 中粒式沥青混凝土""5cm 粗粒式沥青混凝土",清单项目的前4级编码相同。但3个清单项目的项目特征不同,所以3个清单项目的第五级编码不同,从001开始按顺序编制。该道路面层的清单项目编码、项目名称及项目特征如下:

1) 040203006001,沥青混凝土道路面层,3cm,细粒式。
2) 040203006002,沥青混凝土道路面层,4cm,中粒式。
3) 040203006003,沥青混凝土道路面层,5cm,粗粒式。

注意:同一招标项目的项目编码不得有重码,如果项目名称相同,则第一~第四级项目编码是相同的;如果项目特征有一项及以上不同,则第五级项目编码不同,由001开始按顺序编制。

3. 计量单位

计量单位应按《计算规范》附录中规定的计量单位确定。

4. 项目特征

在编制工程量清单时,必须对项目特征进行准确和全面的描述。项目特征应按《计算规范》附录中规定的项目特征,结合拟建工程项目的实际予以描述,应能满足确定综合单价的需要。

进行工程量清单项目特征描述时应注意:

1) 涉及正确计量的内容必须描述,如道路是放坡铺设还是垂直铺设,若是放坡铺设,其坡度是多少等,直接关系工程量计算。

2) 涉及正确计价的内容必须描述,如混凝土的强度等级、砂浆的强度等级及种类、管道的管材及直径、管道接口的连接方式等,均与工程量清单计价有着直接关系。例如,C15、C30混凝土单价不同;M10、M7.5砂浆的强度等级不同;水泥砂浆与干混砂浆种类不同、单价不同;D600混凝土管采用橡胶圈接口与采用水泥砂浆接口的单价不同。

3) 对计量、计价没有实质影响的可以不描述,如桥梁承台的长、宽、高可以不描述,因为桥梁承台混凝土是按 m^3 计算的。

4) 应由投标人根据施工方案确定的可以不描述,例如泥浆护壁成孔灌注桩的成孔方法,可由投标人在施工方案中确定,自主报价。

5) 无法准确描述的可不详细描述,例如由于地质条件变化比较大,无法准确描述土壤类别的话,可注明由投标人根据地质勘探资料自行确定土壤类别,自主报价。

6) 土石方工程中的取土运距、弃土运距等,可不详细描述,但在项目特征中应注明由投标人自行确定。

7) 如施工图或标准图集能够满足项目特征描述的要求,可直接描述为"详见××图号"或"详见××图集××页号"。

8) 规范中有多个计量单位时,清单编制人可以根据具体情况选择。例如沉管灌注桩的计量单位有 m、m^3、根,清单编制人可以选择其中之一作为计量单位。《计算规范》的附录项目中有多个项目特征:地层情况、空桩长度及桩长、复打长度、桩径、沉管方法、桩尖类型、混凝土种类及强度等级,若以 m 为计量单位,项目特征描述时可以不描述桩长,但必须描述桩径；若以 m^3 为计量单位，项目特征描述时可以不描述桩长、桩径；若以根为计量单位，项目特征描述时，桩长、桩径都必须描述。

（二）措施项目清单

措施项目清单是指为完成工程项目施工，发生于该工程施工前和施工过程中技术、生活、安全等方面项目的明细清单。《计价规范》中 4.3.1 条规定，"措施项目清单必须根据相关工程现行国家计量规范的规定编制"。同时，应根据拟建工程的实际情况列项。例如某道路工程施工方案挖方为挖掘机施工、人工辅助开挖，填方为压路机碾压；水泥混凝土路面浇筑时采用钢模板。则施工技术措施项目有挖掘机、压路机等大型机械进出场及安拆，混凝土路面模板 2 项。

措施项目清单编制应考虑多种因素，除工程本身的因素外，还涉及水文、气象、环境、安全等因素，以及施工企业的实际情况，编制时应力求全面。

措施项目清单在编制时分为两类：一类是可以计算工程量的措施项目清单，利用分项工程量清单的方式编制，即利用《计算规范》附录 L1～L7 相应施工技术措施项目列项编制，列出项目编码、项目名称、项目特征、计量单位，并计算工程量。另一类是不能计算出工程量的措施项目清单，则利用《计算规范》附录 L8、L9 和《计价规范》4.3 节中的施工组织措施项目清单与计价表进行编制，例如安全文明施工费、二次搬运费、已完工程及设备保护费等。

编制措施项目清单时应注意：

① 影响措施项目设置的因素太多，在编制工程量清单时，企业可根据工程实际情况、施工方案等增列措施项目，对出现未列的措施项目可作补充。补充项目应列在清单项目最后，并在"序号"栏中以"补"字示之。

② 不发生的措施项目，金额以零计价。

（三）其他项目清单

其他项目清单是指除分部分项工程量清单、措施项目清单外的由于招标人的特殊要求而设置的项目清单。

其他项目清单的具体内容主要取决于工程建设标准的高低、工程的复杂程度、工程的工期、工程的组成内容、发包人对工程管理要求等因素。

其他项目清单应按照下列内容列项：

1. 暂列金额

暂列金额是指招标人在工程量清单中确定并包括在合同价款中的一笔款项。在实际工程结算中只有按照合同约定程序实际发生后，才能成为中标人的应得金额，纳入合同结算价款中，如没有发生或有余额均归招标人所有。

2. 暂估价

暂估价是指招标阶段直至签订合同协议时，招标人在招标文件中提供的用于支付必然要发生但暂时不能确定价格的材料、工程设备的单价，以及需另行发包的专业工程金额。包括材料暂估价和专业工程暂估价两部分。

3. 计日工

计日工是为了解决现场发生的工程合同范围以外零星工程的计价而设立的项目。计日工以完成零星工作所消耗的人工工时、材料数量、机械台班进行计量，并按照计日工表中填报的适用项目的单价进行支付。

4. 总承包服务费

总承包服务费是指招标人按国家有关规定允许对专业工程进行分包，以及自行供应材料、设备时，要求总承包人对发包人和分包方进行协调管理、服务、资料归档工作时向总承包人支付的费用。

（四）规费、税金项目清单

1. 规费项目清单

根据国家法律法规规定，由省级政府或省级有关权力部门规定施工企业必须缴纳的，应计入市政工程造价的费用。

2. 税金项目清单

国家税法规定的应计入市政工程造价内的税金。

四、国标工程量清单计价应用特点

国标工程量清单计价是市场形成工程造价的主要形式，它给企业自主报价提供了空间，实现了从政府定价到市场定价的转变。国标工程量清单计价是一种既符合建筑市场竞争规则、经济发展需要，又符合国际惯例的计价办法。国标工程量清单计价具有以下特点和优势：

（一）充分体现施工企业自主报价，市场竞争形成价格

国标工程量清单计价完全突破了我国传统的定额计价管理方式，是一种全新的计价管理模式。它的主要特点是依据建设行政主管部门颁布的工程量计算规则，按照施工图、施工现场、招标文件的有关规定要求，由施工企业自主报价。计价依据可以不再套用统一规定的定额和单价，所有工程中的人工、材料、机械费用的价格都由市场价格来确定，真正体现了企业自主报价、市场竞争形成价格的崭新局面。

（二）搭建了一个平等竞争平台，满足充分竞争的需要

在工程招（投）标中，投标报价往往是决定是否中标的关键因素，而影响投标报价质量的是工程量计算的准确性。工程预算定额计价模式下，工程量由投标人各自测算，企业是否中标，很大程度上取决于预算编制人员素质；之后的工程招标投标变成施工企业预算编制人员之间的竞争，而企业的施工技术、管理水平无法得以体现。实施国标工程量清单计价模式后，招标人提供工程量清单，对所有投标人都是一样的，不存在工程项目、工程数量方面的误差，有利于公平竞争。所有投标人根据招标人提供的统一的工程量清单，根据企业管理水平和技术能力，考虑各种风险因素，自主确定人工、材料、施工机械台班消耗量及相应价格，自主确定企业管理费、利润，提供了投标人充分竞争的环境。

（三）促进施工企业整体素质提高，增强竞争能力

国标工程量清单计价反映的是施工企业的个别成本，而不是社会的平均成本。投标人在报价时，必须通过对单位工程成本、利润进行分析，统筹兼顾，精心选择施工方案，并根据投标人自身的情况综合考虑人工、材料、施工机械等要素的投入与配置，优化组合后合理确定投标价，以提高投标竞争力。国标工程量清单报价体现了企业施工、技术管理水平等综合实力，这就要求投标人必须加强管理，改善施工条件，加快技术进步，提高劳动生产率，鼓励创新，从技术中要效率，从管理中要利润；注重市场信息的搜集和施工资料的积累，推动

施工企业编制自己的消耗量定额，全面提升企业素质，增强综合竞争能力，才能在激烈的市场竞争中不断发展和壮大，立于不败之地。

（四）有利招标人对投资的控制，提高投资效益

采用工程预算定额计价模式时，发包人对设计变更等原因引起的工程造价变化不敏感，往往等到竣工结算时才知道这些变更对项目投资的影响程度，但为时已晚。而采用了国标工程量清单计价模式后，工程变更对工程造价的影响一目了然，这样发包人就能根据投资情况来决定是否变更或进行多方案比选，以决定最恰当的处理方法。同时，工程量清单为招标人的期中付款提供了便利，只要将完成的工程数量与综合单价相乘，即可计算工程造价。

另一方面，采用国标工程量清单计价模式后，投标人没有以往工程预算定额计价模式下的约束，完全根据自身的技术装备、管理水平自主确定工、料、机消耗量及相应价格和各项管理费用，有利于降低工程造价，节约资金，提高资金使用效益。

（五）风险分配合理化，符合风险分配原则

建设工程一般比较复杂，建设周期长，工程变更多，因而风险比较大，采用国标工程量清单计价模式后，由招标人提供工程量清单，对工程数量的准确性负责，承担工程项目、工程数量的误差风险；投标人自主确定项目单价，承担单价计算风险。这种格局符合风险合理分配与责权利关系对等的一般原则。合理的风险分配，以充分发挥发（承）包双方的积极性，降低工程成本，提高投资效益，达到双赢的结果。

（六）有利于简化工程结算，正确处理工程索赔

施工过程发生的工程变更，包括发包人提出工程设计变更、工程质量标准变更及其他实质性变更，国标工程量清单计价模式为确定工程变更造价提供了有利条件。国标工程量清单计价具有合同化的法定性，投标时的分项工程单价在工程设计变更计价、进度报表计价、竣工结算计价时是不改变的，从而显著减少了双方在单价上的争议，简化了工程项目各个阶段的预（结）算编审工作。除了一些隐蔽工程或一些不可预测的因素外，工程量都可依据图纸或实测实量得到。因此，在结算时能够做到清晰、快捷。

老造价员说

"不以规矩，不成方圆"

造价的计算必须依据规范并遵循一定的计算规则和系统流程。招（投）标阶段，投标人之间不得恶意低价竞争。同时，每项费用的费率应严格按照企业自身情况以及规范要求的上下限进行计取，其中不可竞争费用（包括规费、税金及安全文明施工措施费）不得私自进行调动，不允许随意做压价处理，必须按当地政府规定的费率进行计取。平时，造价员就应该培养严谨、细致、实事求是的工作态度。

复习思考与练习题

1. 市政工程计价涉及的计价依据有哪些？其主要内容、适用范围和特点各是什么？
2. 市政工程按专业工程是怎么分类的？怎么查看不同专业工程的费率？
3. 定额表中的基价是如何计算的？
4. 浙江省市政工程费用由哪几部分组成？

5. 归纳总结招（投）标阶段及竣工结算阶段的市政工程施工费用的计算异同点有哪些？
6. 什么是综合单价法？其计算程序是怎样的？
7. 简述工程量清单的编制流程。
8. 计算题。已知某市区排水工程，按正常的施工组织设计、工程建设合同工期为4个月（定额工期为5个月），拟于10月份开工，考虑材料二次搬运、冬期施工、雨期施工因素，不考虑行车、行人干扰，结合市场价格计算出工程量清单分部分项工程费为120万元（其中人工费加机械费为38万元），施工技术措施项目费为25万元（其中人工费加机械费为10万元），其他暂列金额为20万元，创建省级标化工地，试编制该工程的招标控制价（计算结果保留三位小数）。

情境二

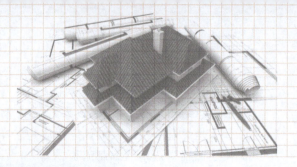

市政通用项目计量计价

▶ 【学习目标】

1. 了解市政通用项目的组成项目和基础知识。
2. 掌握市政通用工程项目的工程量计算。
3. 掌握市政通用工程项目的清单编制方法及定额应用。

通用项目是市政工程各专业中带共性的专业项目,以《市政定额》第一册为例,不适用于市政的养护和维修工程,适用于市政新建、改建和扩建工程,包括土石方工程;护坡、挡墙工程;地基加固、围护工程;钢筋工程;拆除工程;措施项目以及其他项目(图2-1),是市政工程各专业不可或缺的组成内容。

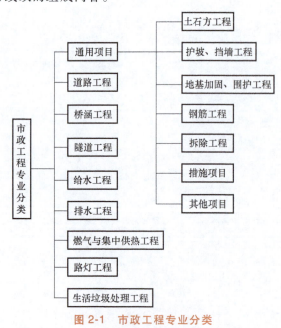

图 2-1 市政工程专业分类

任务一 土石方工程

一、土石方工程基础知识

市政工程土石方工程主要是指在市政道路、桥梁、管道、隧道等工程施工过程中产生的土石方开挖、回填方及土石方运输等项目。土石方工程可分为土方工程和石方工程两类。

（一）土壤及岩石的分类

1）土方工程定额中的土壤按一类、二类土，三类土，四类土分类，从一类土到四类土，土壤的紧固系数越来越大。岩土按软质岩、硬质岩分类，具体分为极软岩、软岩、较软岩、较坚硬岩、坚硬岩五类。从极软岩到坚硬岩，岩石的紧固系数越来越大。土壤和岩石分类分别见表 2-1 和表 2-2。除上述四种土壤外，《市政定额》还考虑了下列两种特殊土壤：淤泥、流砂。

① 淤泥：是指在静水或缓慢流水环境中沉积的含有丰富有机质的细粒土，其天然含水率大于液限，天然孔隙比大于 1.5。

② 流砂：是指在动水压力作用下发生流动的含水饱和的细砂、微粒砂或亚黏土等。

表 2-1 土壤分类

土壤分类	土壤名称	开挖方法
一类、二类土	粉土、砂土（粉砂、细砂、中砂、粗砂、砾砂）、粉质黏土、弱中盐渍土、软土（淤泥质土、泥炭、泥炭质土）、软塑红黏土、冲填土	用锹、少许用镐、条锄开挖。机械能全部直接铲挖满载
三类土	黏土、碎石土（圆砾、角砾）、混合土、可塑红黏土、硬塑红黏土、强盐渍土、素填土、压实填土	主要用镐、条锄，少许用锹开挖。机械需部分刨松方能铲挖满载或可直接铲挖但不能满载
四类土	碎石土（卵石、碎石、漂石、块石）、坚硬红黏土、超盐渍土、杂填土	全部用镐、条锄挖掘，少许用撬棍挖掘。机械需普遍刨松方能铲挖满载

注：本表土的名称及其含义按《岩土工程勘察规范》（GB 50021—2001）（2009 年局部修订版）定义。

表 2-2 岩石分类

岩石分类		代表性岩石	开挖方法	单轴饱和抗压强度 R_c/MPa
软质岩	极软岩	1. 全风化的各种岩石 2. 强风化的软岩 3. 各种半成岩	部分用手凿工具、部分用爆破法开挖	<5
	软岩	1. 强风化的坚硬岩 2. 中等（弱）风化-强风化的较坚硬岩 3. 中等（弱）风化的较软岩 4. 未风化的泥岩、泥质页岩、绿泥石片岩、绢云母片岩等	用风镐和爆破法开挖	5~15
硬质岩	较软岩	1. 强风化的坚硬岩 2. 中等（弱）风化的较坚硬岩 3. 未风化-微风化的；凝灰岩、千枚岩、砂质泥岩、泥灰岩、泥质砂岩、粉砂岩、砂质页岩等	用爆破法开挖	15~30
	较坚硬岩	1. 中等（弱）风化的坚硬岩 2. 未风化-微风化的；熔结凝灰岩、大理岩、板岩、白云岩、石灰岩、钙质砂岩、粗晶大理岩等		30~60
	坚硬岩	1. 未风化-微风化的 2. 花岗岩、正长岩、闪长岩、辉绿岩、玄武岩、安山岩、片麻岩、硅质板岩、石英岩、硅质胶结的砾岩、石英砂岩、硅质石灰岩等		>60

注：本表依据《工程岩体分级标准》（GB/T 50218—2014）进行分类。

2）土石方开挖时，遇同一工程中发生土石方类别不同时，除定额另有规定外，应按类别不同分别进行工程量计算。

（二）土石方工程

1）土方工程按施工方法分人工土方与机械土方。

① 人工土方是采用镐、锄、铲或小型机具施工的土方工程，适用于土方量小、运输距离近或不宜采用机械施工的土方工程。

② 机械土方主要采用挖掘机、推土机、装载机、压路机、自卸汽车等施工机械进行施工，定额既有单种机械施工的机械土方子目，也有多种机械配合施工的机械土方子目。

2）干、湿土划分。一般以地质勘探资料为准，含水率大于25%为湿土；或以地下常水位（地下水位线）为准，常水位以下为湿土，常水位以上为干土。

3）土方体积换算。土方体积按其密实程度分为天然密实体积（自然方）、夯实后体积（实方）、虚方体积、松填体积。定额中土方体积均按天然密实体积（自然方）编制。在计算土方外运、回填时考虑虚方体积。土石方体积换算见表2-3。

表 2-3 土石方体积换算

名称	虚方体积	天然密实度体积	夯实后体积	松填体积
土方	1.00	0.77	0.67	0.83
	1.20	0.92	0.80	1.00
	1.30	1.00	0.87	1.08
	1.50	1.15	1.00	1.25
石方	1.54	1.00	—	1.31

注：虚方体积是指开挖后的松散土方体积；天然密实度体积是指自然状态下的土方体积；夯实后体积是指人工或机械夯填后的土方体积；松填体积是指不夯实而直接将开挖的土方进行回填后的体积。

4）石方工程分为人工凿石与爆破法开挖两项。

① 凿石是指采用铁钎、铁锤或利用风镐将石方凿除，常用于消除小量石方或不宜采用爆破开挖的石方工程，其劳动强度大、效率低。

② 爆破是指采用人工或机械对岩石打孔，装填炸药后用电雷管和导火索起爆，利用炸药的化学反应使岩石破碎。

③ 市政过程中采用的炸药一般为硝铵炸药，该炸药爆破性能好，生产、运输、保管都比较安全，但易受潮产生拒爆。所以，在有地下水或积水时，应取防水措施或其他抗水性能强的炸药。

二、土石方工程预算定额应用

土石方工程分为土方工程和石方工程两部分，包括人工挖一般土方，人工挖沟槽、基坑土方，人工清理土堤基础，人工挖土堤台阶，人工装、运土方等，共2节156个子目。

（一）人工土石方定额说明

1. 挖方

挖方一般分为挖沟槽、挖基坑、挖一般土方以及挖淤泥、流砂。人工挖一般土方定额按2m、4m、6m、8m挖土深度不同设置相应定额子目。

(1) 挖沟槽　是指深度8m以内的沟槽挖土，抛土于沟槽边1m以外堆放，修整沟槽底与壁。一般底宽7m以内、底长大于底宽3倍以上的按沟槽定额执行，如管道土方工程。

(2) 挖基坑　是指深度8m以内的基坑挖土，抛土于坑边1m以外堆放，修整坑底与壁。一般底长小于底宽3倍以内、坑底面积在150m²以内的按基坑定额执行，如给（排）水构筑物中的池、井。

(3) 挖一般土方　是指厚度大于30cm，超过上述槽、坑定额范围的挖方工程，如道路挖方、广场挖方工程。当挖土深度超过1.5m时，应另列人工垂直运输土方项目，按垂直深度每1m折合成水平距离7m，套用相应人工运土定额。

(4) 挖淤泥、流砂　是指挖沟槽或基坑内的淤泥、流砂，并装运淤泥、流砂。人工挖沟槽、基坑内的淤泥、流砂等特殊土方定额是按垂直深度1.5m为界考虑的，如超过1.5m时，另按人工挖运淤泥、流砂定额执行，运距按全高垂直深度每1m折合成水平运距7m确定。

【例2-1】　人工挖基坑淤泥，坑深4m，求定额基价。

【解】　由于挖深超过1.5m的土方需进行换算，超过挖深4m−1.5m=2.5m的折合成水平运距=2.5×7m=17.5m<20m。

所以，在定额子目[1-44]人工挖淤泥、流砂的基础上增加定额子目[1-45]垂直运输增加费，基价为18.64元/m³，即

[1-44]　人工挖淤泥、流砂

基价：47.43元/m³

[1-45]　垂直运输增加费

基价：18.64元/m³

换算后基价=47.43元/m³+18.64元/m³=66.07元/m³

2. 填方、夯实

填方分为松填土与填土夯实两类。松填土就近5m以内取土、铺平，一般多用于绿化带回填土。填土夯实工作内容包括土方回填找平及夯实，并满足压实度要求。原土夯实仅夯实一项工作内容。

取土运距如超过5m，另按土方运输定额执行或按借土按实计算。

3. 平整场地

平整场地是指场地厚度（原地面标高与设计标高之差）30cm以内的就地挖填、原土找平。

4. 清理土堤基础、挖土堤台阶

(1) 清理土堤基础　是指清理厚度30cm以内的堤面，废土运距在30m以内。

(2) 挖土堤台阶　是指按设计要求，在堤坡面画线、挖台阶并抛于堤坡下方。但运土未考虑，应另按运土定额子目执行。

5. 土石方运输

土石方运输定额分人工、人力车、机械翻斗车与人力装土汽车运土。如用手扶拖拉机，可按机械翻斗车定额执行。定额均有基本运距定额与增加运距定额以及对应的最大运距定额。

1) 当人工及人力车运土石方上坡，且坡度大于15%时，运距按斜道长度×系数5。

2）当人工垂直运输土石方时，垂直深度每米折合成水平运距7m计算，套用相应人工运输定额。

6. 人工凿石、打眼爆破

（1）人工凿石　人工凿石分松石、次坚石、普坚石与特坚石等项目，基底应检平，并进行边坡修整，弃石渣于3m以外或槽坑边1m以外。

（2）打眼爆破　定额分为平基、沟槽、基坑等项目，子目对应人工挖土方、沟槽、基坑。

（二）机械土石方定额说明

1. 挖掘机挖土

1）挖掘机挖土方按装车与不装车及土壤类别划分子目，并考虑了推土机配合的工作量以及工作面内的排水。

2）抓铲挖掘机、履带挖掘机挖淤泥、流砂定额子目按装车与不装车及挖土深度列项。

3）挖掘机挖石渣按装车与不装车划分子目，并考虑了推土机配合的工作量。

2. 推土机推土

1）推土机推土按推距与土壤类别、石渣划分子目。定额包括了平均土层厚度30cm以内的推土、弃土、平整、空回及工作面内的排水。

2）推土机运距按推土重心至弃土重心的直线距离计算。当推土机重车上坡且坡度大于5%时，运距按斜道长度乘以推土机上坡斜道运距系数计算，相关系数见表2-4。

表2-4　推土机上坡斜道运距系数

坡度(%)	5~10	15以内	20以内	25以内
系数	1.75	2	2.25	2.5

【例2-2】　推土机推三类土上坡，坡道长度30m，坡度8%，求定额基价。

【解】　运距＝30×1.75m＝52.5m。查定额［1-63］，推土机推三类土，运距60m以内，则基价为4153.19元/1000m³。

3. 机械平整场地、填土夯实、原土夯实

1）平整场地：同人工范围±30cm内。

2）填土碾压、填土夯实（平地与槽坑）：回填土方后，按施工工艺的不同进行碾压与夯实，按施工机械不同划分定额子目。

3）原土碾压、原土夯实：按原有地基情况划分定额子目。

4. 机械运输

（1）装载机装（运）土方　按机械的性能分为装载机装松散土与装运土方，即采用机械铲土与机械铲土结合运土、卸土的定额子目。

（2）自卸汽车运土石方　自卸汽车运土方、石渣定额按运距1km以内及每增加1km列项，工作内容包括土方、石渣的运输与装卸。自卸汽车运土石方只是考虑了运输费用，挖装费用应该在其他定额子目中考虑计取，如需装土或装石渣，应另套用相应定额子目。

【例2-3】　某道路工程需土方外运，运距为6km，采用8t自卸汽车。试计算自卸汽车运土的定额基价。

【解】　由于原定额子目中使用的是15t自卸汽车，查《市政定额》附录可知15t自卸汽

车单价为 516.08 元/台班，则

定额基价 = [1-94H] + [1-95H] × 5

= 5564.89 元/1000m³ + (516.08-794.19) 元/1000m³ × 7.007 +

　　[1556.61 + (516.08-794.19) × 1.96] 元/1000m³ × 5

= 8673.75 元/1000m³

5. 机械打眼爆破石方

机械打眼爆破石方按施工石方所在位置分列平基、沟槽与基坑定额子目，根据软岩、较软岩、较坚硬岩与坚硬岩类别套用相应定额。

6. 大型支撑基坑土方

1）大型支撑基坑土方适用于地下连续墙建成后的基坑开挖，以及混凝土板桩、钢板桩等作围护的跨度大于 8m 的深基坑开挖。定额中已包括湿土排水费用，如实际施工中采用井点降水措施排水，定额中应扣除污水泵台班数量及相应费用，另行计取井点降水费。

2）大型支撑基坑土方开挖由于现场狭小只能单面施工时，挖土机械按表 2-5 进行调整。

表 2-5　大型支撑基坑土方开挖机械调整

基坑宽度	两边停机施工	单边停机施工
15m 以内	履带式起重机 15t	履带式起重机 25t
15m 以外	履带式起重机 25t	履带式起重机 40t

7. 土石方工程常见调整换算

人工、机械土石方定额常见调整换算见表 2-6。

表 2-6　人工、机械土石方定额常见调整换算

施工条件	换算内容及系数
挖运湿土（机械运湿土除外）	（人工+机械）×1.18
除大型支撑基坑土方开挖子目外，在支撑下挖土	人工×1.43、机械×1.20
挖密实的钢渣，按挖四类土定额执行	人工×2.50、机械×1.50
人工开挖沟槽发生一侧弃土或一侧回填时	（人工+机械）×1.13
挖土机在垫板上作业	（人工+机械）×1.25；搭拆垫板的人+材+辅机摊销增加 340/1000m³
推土机推土的平均土层厚度小于 30cm 时	推土机台班×1.25
机械挖槽（坑）土方，需人工辅助开挖时（包括切边、边坡修整），人工开挖套用相应人工土方定额	机械土方量按实计算；人工土方量按实计算，定额子目×1.25
人工装土、汽车运土时，汽车运土 1km 以内定额	自卸汽车工程量×1.10
人工凿沟槽、基坑凿石方时	相应定额子目×1.30

注：1. 人工运湿土，套用定额时也需换算；机械运湿土，套用定额不需要换算。采用井点降水时，不需换算，因为实际施工中需要先把地下水位降到沟槽（基坑）底标高以下一定的安全距离再开挖，所以采用井点降水的土方应按干土计算。

2. 按照《给水排水管道工程施工及验收规范》（GB 50268—2008）的规定，管道在沟槽开挖时，严禁扰动槽底原状土。在采用挖掘机开挖沟槽时，为防止扰动槽底原状土，距离槽底 20~30cm 时用人工辅助开挖。

3. 支撑下挖土是指先支撑后开挖土方的工程，先开挖后支撑的不属于此范围。

雨（污）水管道沟槽开挖时，常用支撑形式主要有钢板桩支撑、竖撑、横撑。钢板桩支撑施工时，先将板桩打入沟槽底以下一定的入土深度，再进行沟槽开挖。竖（横）撑施工时，先开挖部分土方，随挖随支，逐步设置支撑到沟槽底。

【例 2-4】 某雨水管段采用挖掘机挖沟槽土方，土质为三类干土，不装车，采用钢板桩支撑，确定套用的定额子目及基价。

【解】 套用的定额子目：[1-69H]

换算后基价 = 2297.84 元/1000m³ + 360.00 元/1000m³ × (1.43 − 1) + 1937.84 元/1000m³ × (1.20 − 1) = 2840.21 元/1000m³

（三）土石方工程工程量计算

1. 工程量计算通用规则

1）开挖、回填土方工程量按设计图纸以体积计算，单位为"m³"，土方开挖体积已算成天然密实体积（自然方），回填土体积已算成碾压夯实后的体积（实方）。干（湿）土方工程量分别计算。

2）计算土方运输时，体积按天然密实体积（自然方）计算，并依据表 2-3 进行折算。

3）石方工程量按图纸尺寸加允许超挖量计算，人工凿石不得计取超挖量。开挖坡面每侧允许超挖量：极软岩、软岩为 20cm；较软岩、硬质岩为 15cm。

4）计算石方开挖工程量时，工作面宽度与石方超挖量不得重复计算，仅计算坡面超挖，底部超挖不计。

2. 土方开挖

常见的市政工程中，管道工程土方一般属于沟槽土方范围，管道构造物及桥梁墩（台）部分土方一般属于基坑土方，而道路、广场土方则大多归类为一般土方或平整场地（平均填、挖高度小于 30cm）计算，具体计算式分别如下：

（1）沟槽土方（管道工程）

1）开挖沟槽土方计算式为

$$V = (B + 2C + KH) \times H \times L \times (1 + 2.5\%)$$

式中 B——管道结构宽度，有管座的按基础外边缘计算（不包括各类垫层）；无管座的按管道外径计算，如设挡土板则每侧增加 100mm，如图 2-2 所示；

C——工作面宽度，设计无明确时，按表 2-7 取用；

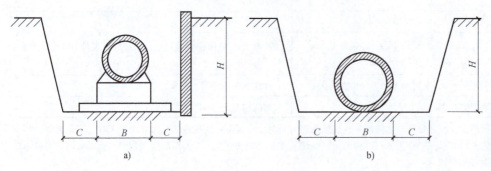

图 2-2 管道沟槽土方示意
a) 有管座 b) 无管座

沟槽土石方工程量计算

$B+2C$——沟槽底宽度,塑料管道无支撑沟槽开挖时,底宽度按管道结构宽度 B 每侧加 30cm 工作面计算;有支撑时,沟槽底宽度按表2-8取用;

K——放坡系数,各类土开挖深度超过表2-9中放坡起点深度时,放坡系数按表2-9取用;如遇同一断面有不同类别土质时,放坡系数按各类土所占全深的百分比加权平均计算;

H——沟槽平均深度,当道路工程与排水管道同时施工时,道路土方按常规计算,管道土方沟槽平均深度按以下方法计取:填方路段从自然地面标高至沟槽底标高,挖方路段从设计路基标高至沟槽底标高;

L——沟槽长度,按管道同一管径两端井室中心线的间距计算;

2.5%——除特殊工艺的管节点开挖外,管道接口作业坑或沿线各种井室所增加的土石方,按沟槽全部土石方量的2.5%计算,即 $V_{增挖量} = V_{挖} \times 2.5\%$。

表2-7 管道沟槽底部每侧工作面宽度　　　　　　　　　　　　　　（单位:mm）

管道结构宽度	混凝土管道基础90°	混凝土管道基础>90°	金属管道	构筑物	
				无防潮层	有防潮层
500 以内	400	400	300	400	600
1000 以内	500	500	400		
2500 以内	600	500	400		
2500 以上	700	600	500		

表2-8 有支撑沟槽开挖宽度　　　　　　　　　　　　　　（单位:mm）

深度/m \ 管径	DN150	DN225	DN300	DN400	DN500	DN600	DN800	DN1000
≤3.00	800	900	1000	1100	1200	1300	1500	1700
≤4.00	—	1100	1200	1300	1400	1500	1700	1900
>4.00	—	—	—	1400	1500	1600	1800	2000

表2-9 挖土放坡系数

土壤类别	放坡起点深度/m	人工开挖	机械开挖		
			沟槽坑内作业	沟槽坑边作业	顺沟槽方向坑上作业
一类、二类土	1.20	1:0.50	1:0.33	1:0.75	1:0.50
三类土	1.50	1:0.33	1:0.25	1:0.67	1:0.33
四类土	2.00	1:0.25	1:0.10	1:0.33	1:0.25

【例2-5】 某雨水管道工程,人工土方开挖,在同一断面中,一类、二类土挖深1.5m,三类土挖深0.8m,计算沟槽开挖的放坡系数 K。

【解】 由于同一断面存在数类土壤(图2-3),需按各类土所占全深的百分比加权平均计算,即

$$放坡系数 K = 1.5 \div 2.3 \times 0.5 + 0.8 \div 2.3 \times 0.33 = 0.44$$

2) 当施工中采用各种管道联合沟槽开挖时（图2-4），应扣除重叠部分体积。不同管道十字或斜向交叉时，沟槽开挖交接处产生的重复工程量不扣除。

图2-3 同断面数类土壤类型示意

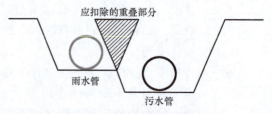

图2-4 联合沟槽开挖断面

3) 干、湿土需分别计算工程量。干、湿土在完成挖运工作时应执行不同的基价，因此需要分别计算干、湿土工程量。由于挖运湿土时要考虑施工降效影响，定额计价中的人工和机械需乘以1.18的湿土系数，设计图纸中对干、湿土的划分一般是以地下水位线为界，其下为湿土，其上为干土。计算时先按沟槽全部开挖方量计算，先根据湿土高度计算湿土方量，干土方量即为全部开挖方量与湿土方量之差，计算式为

$$V_{全} = (B + 2C + KH) \times H \times L$$
$$V_{湿} = (B + 2C + KH_{湿}) \times H_{湿} \times L$$
$$V_{干} = V_{全} - V_{湿}$$

式中 $V_{湿}$ ——挖湿土的方量；

$V_{干}$ ——挖干土的方量；

$H_{湿}$ ——湿土高度。

注意： 采用井点降水施工方法时，土方均按干土考虑。

4) 机械挖槽（坑）时如需人工辅助开挖，机械挖土按实际开挖土方工程量计算；人工挖土的土方量按实套用相应定额乘以系数1.25，挖土深度按沟槽、基坑的总深确定，垂直深度不再折合水平运输距离。

【例2-6】 某排水工程WA段沟槽开挖，沟槽全长2km，采用挖掘机挖土并装车（沿沟槽方向），人工清底。土壤类别为三类，原地面平均标高为4.5m，设计槽（坑）底平均标高为2.3m，开挖深度为2.2m，设计槽坑（底）宽度（含工作面）为1.8m，机械挖土挖至基底标高以上20cm处，其余为人工开挖。试分别计算该工程机械及人工的土方数量及基价。

【解】 该工程土方开挖深度为4.5m-2.3m=2.2m>1.5m，土壤类别为三类干土，需放坡，查定额得放坡系数为0.25。另外，人工辅助开挖，套用定额需乘1.25的系数。

土石方总量：$V_{总} = (1.8 + 0.25 \times 2.2) \times 2.2 \times 2000 \times 1.025 \text{m}^3 = 10599 \text{m}^3$

1) 人工辅助实际开挖量：$V_{人工} = (1.8 + 0.25 \times 0.2) \times 0.2 \times 2000 \times 1.025 \text{m}^3 = 759 \text{m}^3$

套用定额子目 [1-17H]

换算后基价 = 2544 × 1.25 元/100m³ = 3180 元/100m³

2) 机械土方量：$V_{机械} = 10599 \text{m}^3 - 759 \text{m}^3 = 9840 \text{m}^3$

套用定额子目 [1-72]

基价 = 3558.76 元/1000m³

（2）基坑土方（构筑物工程） 基坑土方工程量计算根据平面形状可分为圆形和多边形2种（图2-5），工程量可按设计图示开挖尺寸以体积计算，计算式如下

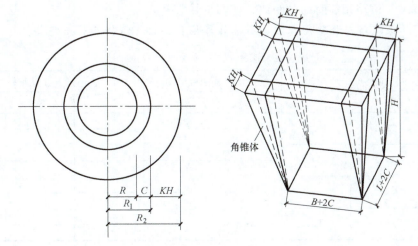

图 2-5 基坑土方

$$V_{通用} = \frac{H}{6}(S_上 + S_下 + 4S_中)$$

$$V_{矩形} = (B+2C+KH) \times (L+2C+KH) \times H \times \frac{1}{3}K^2H^3$$

$$V_{圆形} = \frac{H}{3}\pi[(R+C)^2 + (R+C)(R+C+KH) + (R+C+KH)^2]$$

式中　V——挖基坑土方体积；

　　　H——自然地面标高（或设计地面标高）至构筑物基坑底部标高；

　　B、L——基坑结构宽度与结构长度，即构筑物基础外缘的长与宽，如设挡土板时，设挡土板一侧增加 100mm；

　　　R——基坑底结构圆半径；

　　　C——工作面宽度，构筑物底部设有防潮层时，每侧工作面宽度取 600mm；不设防潮层时，每侧工作面宽度取 400mm；

　　　K——放坡系数，同表 2-9；

　　　$S_下$——基坑底截面面积，按构筑物设计尺寸每侧增加工作面宽度计算；

　　　$S_上$——基坑顶截面面积，每边尺寸较坑底增加 $2KH$；

　　　$S_中$——基坑中截面面积，计算方法同基坑顶截面面积，深度按基坑全深一半计取。

（3）一般土石方（例如道路土方）　在编制预算阶段，道路土石方计算的数据来源于逐桩横断面施工图及与其对应的土石方数量表。道路逐桩横断面施工图表示每个设计桩号处的路基填（挖）高度以及该桩号断面的填方、挖方。计算道路的土方工程量时，填（挖）方体积需分别计算，当道路工程与给（排）水等工程结合施工时，应注意土方工程量计算时的重复或漏算。

计算道路土石方工程量常采用平均断面计算法，计算式如下：

$$V = \sum[(S_1+S_2)/2] \times L$$

式中　S_1、S_2——相邻两桩号的横断面填、挖面积；

　　$(S_1+S_2)/2$——相邻两桩号之间的平均断面面积；

L——道路相邻断面的距离,即两桩号之差。

【例 2-7】 某道路工程路基土方工程量计算见表 2-10,请将其补充完整。

表 2-10 某道路工程路基土方工程量计算

桩号	横断面面积/m²		平均断面面积/m²		距离/m	土方工程量	
	挖方	填方	挖方	填方		挖方	填方
K1+350	25.2	39.4					
K1+390	94.2	54					
K1+420	84.1	—					
K1+440	85	15.2					

【解】 补充完整后的某道路工程路基土方工程量计算见表 2-11。

表 2-11 补充完整后的某道路工程路基土方工程量计算

桩号	横断面面积/m²		平均断面面积/m²		距离/m	土方工程量	
	挖方	填方	挖方	填方		挖方	填方
K1+350	25.2	39.4	—				
K1+390	94.2	54	59.7	46.7	40	2388	1868
K1+420	84.1	—	89.15	27	30	2674.5	810
K1+440	85	15.2	84.55	7.6	20	1691	152
合计	—	—	—	—		6753.5	2830

表格中,K1+350~K1+390 段,挖方体积 $A_W = (25.2+94.2)/2 \text{m}^2 = 59.7 \text{m}^2$

$$\text{填方体积 } A_t = (39.4+54)/2 \text{m}^2 = 46.7 \text{m}^2$$

注意: 市政工程下属的各类专业工程的工程范围可能重复并相互影响,例如桥梁工程和道路工程相交接处;在城市道路下方一般铺设有市政排水管道。如图 2-6 所示,原地面标高高于设计路面路床标高时,挖方不能重复计算。

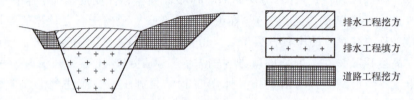

图 2-6 排水工程与道路工程土石方关系示意

(4) 大面积场地平整或平基土方(例如广场) 平整场地工程量按构筑物结构外边缘各增加 2m 计算面积,以 m² 计算。平基土方的挖(填)土方工程量一般采用方格网法计算,方格网法计算过程为:

1) 选择适当的方格尺寸，如 5m×5m、10m×10m、20m×20m、100m×100m 等。方格越小，计算精确度越高；反之，方格越大，精确度越小。

2) 对方格进行编号，标注方格四个角点的自然地坪标高，设计路基标高并计算施工高度。施工标高为设计路基标高与自然地面标高的差值，填方为"+"，挖方为"-"，如图 2-7 所示。

3) 计算两个角点之间的零点。在一个方格网内同时有填方或挖方时，要先算出方格网边的零点位置，并标注于方格网上。当两个角点中一个是"+"值，一个是"-"值时，两点连线之间必有零点，它是填方区与挖方区的分界线。

4) 判断方格挖方区与填方区（即确定零线），如图 2-8 所示。

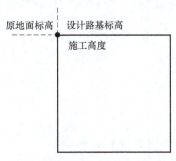

图 2-7 角点标高标注

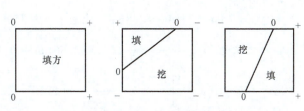

图 2-8 挖、填方区域示意

5) 分别计算各方格填（挖）工程量。填（挖）工程量按各计算图形的底面积×各交点处平均施工高程得出，即

$$V = \sum (H_i/n) \times S$$

式中　n——填方或挖方区域多边体的角点数量；
　　　H_i——填方或挖方区域多边体各角点的施工高度；
　　　S——填方或挖方区域多边体的面积。

【例 2-8】 计算某 20m×20m 方格网工程的挖（填）土方工程量，如图 2-9 所示。

【解】 除了 I 方格全填，其余方格皆有零线，有挖有填。

(1) I 方格

正方形工程量 $V_{\text{I填}} = \left(\dfrac{0.2+0.25+0.25+0.1}{4} \times 20^2\right) \text{m}^3$

$= 80 \text{m}^3$

(2) II 方格

梯形，计算零点：

1) 左边梯形上底 $= \dfrac{0.25 \times 20}{0.25+0.2}\text{m} = 11.11\text{m}$、下底 $= \dfrac{0.1 \times 20}{0.1+0.75}\text{m} = 2.35\text{m}$。

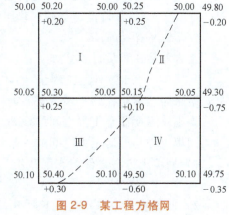

图 2-9 某工程方格网

2) 右边梯形上底 $= 20\text{m} - 11.11\text{m} = 8.89\text{m}$、下底 $= 20\text{m} - 2.35\text{m} = 17.65\text{m}$。

3) 左边梯形工程量 $V_{\text{II填}} = \left[\dfrac{0.1+0.25}{4} \times \dfrac{1}{2} \times 20 \times (2.35+11.11)\right]\text{m}^3 = 11.78\text{m}^3$。

4) 右边梯形工程量 $V_{II挖} = \left[\dfrac{0.2+0.75}{4} \times \dfrac{1}{2} \times 20 \times (17.65+8.89)\right] m^3 = 63.03 m^3$。

(3) III方格

1) 三角形：

下边长 $= \dfrac{0.6 \times 20}{0.3+0.6} m = 13.33 m$，右边长 $= \dfrac{0.6 \times 20}{0.1+0.6} m = 17.14 m$

三角形工程量 $V_{III挖} = \left(\dfrac{0.6}{3} \times \dfrac{1}{2} \times 13.33 \times 17.14\right) m^3 = 22.85 m^3$

2) 五角形工程量 $V_{III填} = \left[\dfrac{0.25+0.1+0.3}{5} \times \left(20^2 - \dfrac{1}{2} \times 13.33 \times 17.14\right)\right] m^3 = 37.15 m^3$

(4) IV方格

三角形：

左边长 $= 20m - 17.14m = 2.86m$，上边长 $= 2.35m$

填方工程量 $V_{IV填} = \left(\dfrac{0.1}{3} \times \dfrac{1}{2} \times 2.35 \times 2.86\right) m^3 = 0.11 m^3$

挖方工程量 $V_{IV挖} = \left[\dfrac{0.75+0.35+0.6}{3} \times \left(20^2 - \dfrac{1}{2} \times 2.35 \times 2.86\right)\right] m^3 = 134.86 m^3$

合计：

工程总挖方量 $V_{挖} = 63.03 m^3 + 22.85 m^3 + 134.86 m^3 = 220.74 m^3$

工程总填方量 $V_{填} = 80 m^3 + 11.78 m^3 + 37.15 m^3 + 0.11 m^3 = 129.04 m^3$

3. 土方回填

土方回填应扣除各类管道、基础、垫层和构筑物所占体积。塑料管道管腔部分常采用黄沙回填，回填工程量应按土方、黄沙分别计算，避免重复计算。计算式为

$$V_{回填} = V_{挖} - V_{应扣}$$

式中　$V_{挖}$——各种管道沟槽的挖方量（包括沿线检查井增加的挖方量）；

$V_{应扣}$——各种管道、基础、垫层和构筑物所占的体积之和。

4. 土方外运与回填

土方外运工程量计算式如下：

$$土方外运工程量 = 开挖工程量(V_{挖}) - 回填工程量 \times 折算系数$$

上式结果为正值时，则有多余土方需外运；上式结果为负值时，则需运入土方用于回填。

弃土外运要注意土方之间的换算，折算系数详见土石方体积换算表（表2-3）。

回填土方与外运土方之间的关系：

1) 回填土方在自然状态下适用

$$V_{弃土外运} = V_{构筑物}$$

2) 回填土方在夯实状态下适用

$$V_{弃土外运} = V_{挖} - V_{回填} \times 1.15$$

式中　$V_{弃土外运}$——土方外运工程量；

$V_{构筑物}$——地下构筑物体积；

$V_{挖}$——开挖工程量；

$V_{回填}$——回填工程量。

【例 2-9】 某土方工程,按施工图计算得到挖方工程量为 10000m³,填方工程量为 3000m³(需夯实回填),则弃土外运的工程量是多少?

【解】 外运土方应按自然方计算,填方工程量 3000m³ 为夯实后工程量,应转换成自然方体积,查表 2-3 得夯实后体积:自然方体积 = 1:1.15,则填土所需自然方工程量为 3000m³×1.15 = 3450m³,土方外运工程量为 10000m³ - 3450m³ = 6550m³。

三、土石方工程清单编制

(一) 土石方工程清单项目适用范围

沟槽、基坑、一般土方的划分为:
1) 底宽≤7m 且底长>3 倍底宽的为沟槽。
2) 底长≤3 倍底宽且底面积≤150m² 的为基坑。
3) 超出上述范围则为一般土方。

沟槽、基坑、一般土方的划分与土方工程一致。

(二) 土石方工程清单项目设置

《计算规范》附录 A 土石方工程中设置了 3 个小节共 10 个清单项目:挖一般土方,挖沟槽土方,挖基坑土方,暗挖土方,挖淤泥、流砂,挖一般石方,挖沟槽石方,挖基坑石方,回填方,余方弃置。

(三) 土石方开挖清单工程量计算

1. 挖一般土石方

工程量按原地面线与设计图示开挖线之间的体积计算,即按设计图示尺寸以体积计算。

2. 挖沟槽土石方

工程量按设计图示尺寸以基础垫层底面积乘以挖土深度,以体积计算。

3. 挖基坑土石方

工程量按设计图示尺寸以基础垫层底面积乘以挖土深度,以体积计算。

4. 暗挖土方

工程量按设计图示断面乘以长度,以体积计算。

5. 挖淤泥、流砂

工程量按设计图示位置、土壤分类界限,以体积计算。

注意:
1) 土壤的分类应按照表 2-1 确定,岩石的分类应按照表 2-2 确定。
2) 如土壤类别不能确定时,招标人可注明为综合,由投标人根据地质勘察报告决定报价。
3) 土石方体积应按照挖掘前的天然密实体积计算。
4) 挖沟槽、基坑土方中的挖土深度 = 原地面标高至槽、坑底的平均高度。
5) 挖沟槽、基坑、一般土石方因放坡和工作面增加的工程量是否并入各土方工程量中的问题,按各省、自治区、直辖市或行业建设主管部门的规定实施。根据《关于印发建设工程工程量计算规范(2013)浙江省补充规定的通知》(浙建站计〔2013〕63 号)文件,浙江省在具体贯彻实施时,将挖沟槽、基坑、一般土石方因放坡和工作面增加的工程量并入各土石方工程量中计算。如各专业工程清单提供的工作面宽度和放坡系数与浙江省现行预算定额不一致，则按定额有关规定执行。

增加工程量并入各土方工程量中后在编制工程量清单时，可按表 2-7、表 2-9 的规定计算；办理工程结算时，按经发包人认可的施工组织设计计算。

6）挖方出现淤泥、流砂时，如设计未明确，在编制工程量清单时，其工程数量可为暂估值；结算时，应根据实际情况，由发包人与承包人双方现场签证确认工程量。

7）挖沟槽、基坑、一般土方和暗挖土石方清单项目中的工作内容中仅包括土方场内平衡所需的运输费用，如需土石方外运，按 040103002 "余方弃置" 项目编码列项。

8）石方爆破按《爆破工程工程量计算规范》（GB 50862—2013）相关项目编码列项。

9）挖淤泥、流砂的运距可以不在项目特征中描述，但应注明由投标人根据施工现场实际情况自行考虑决定报价。

（四）回填方及土石方运输清单工程量计算

1. 沟、槽、坑开挖后再进行回填的清单项目

工程量按挖方清单项目工程量加原地面线至设计要求标高之间的体积，减去基础、构筑物等埋入体积计算。

当原地面线高于设计要求标高时，则其体积为负值。

2. 场地填方等清单项目

工程量按设计图示尺寸以体积计算。

注意：

1）填方材料品种为土方时，可以不描述。

2）回填方总工程量中若包括场内平衡和缺方内运两部分时，应分别编码列项。

3）回填方如需缺方内运，且填方材料品种为土方时，是否在综合单价中计入购买土方的费用，由投标人根据工程实际情况自行考虑决定报价。

4）余方弃置和回填方的运距可以不描述，但应注明由投标人根据施工现场实际情况自行考虑决定报价。

（五）余土弃置清单工程量计算

工程量按挖方清单项目工程量减去利用回填方体积（正数）计算。

注意：

1）隧道石方开挖按《计算规范》附录 D 隧道工程中相关项目编码列项。

2）废料及余方弃置清单项目中，如需发生弃置、堆放费用的，投标人应根据当地有关规定计取相应费用，并计入综合单价中。

3）余方弃置的运距可以不描述，但应注明由投标人根据施工现场实际情况自行考虑决定报价。

任务二　护坡、挡土墙工程

一、护坡、挡土墙基础知识

（一）护坡

护坡是指为防止边坡冲刷或风化，确保岸坡的稳定，在坡面上做适当的铺砌和种植的统

称。一般情况下护坡不承受侧向土压力,仅为抗风化及抗冲刷的坡面提供坡面保护。工程防护利用各种材料和方式进行护坡,常见有浆砌片石和混凝土护坡、格状框条护坡、喷浆或喷混凝土护坡、干砌片石和混凝土砌片护坡、锚固护坡等,如图 2-10 所示。

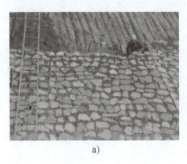  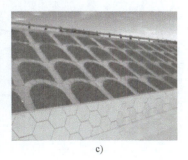

a)　　　　　　　　　　　b)　　　　　　　　　　　c)

图 2-10　常见的护坡形式

a) 浆砌片石护坡　b) 现浇混凝土护坡　c) 格状框条护坡

(二) 挡土墙

挡土墙是指为了防止路基填土或山坡岩土失稳塌滑,或为了收缩坡脚,减少土石方和占地数量而修建的支挡结构物,承受墙背侧向土压力。

1. 挡土墙构造

挡土墙一般由墙身、基础、压顶、填料、排水设施和沉降伸缩缝等构成,如图 2-11、图 2-12 所示。在挡土墙横断面中,与被支承土体直接接触的部位称为墙背;与墙背相对的临空的部位称为墙面;与地基直接接触的部位称为基底;与基底相对的墙的顶面称为墙顶;基底的前端称为墙趾;基底的后端称为墙踵。

挡土墙需设置排水设施,排水设施通常由地面排水和墙身排水两部分组成。

1) 地面排水主要是防止地表水渗入墙后土体或者地基,地面排水有以下几种方式:

① 设置地面排水沟,截引地表水。

② 夯实回填土顶面和地表松土,防止雨水和地面水下渗,必要时可设铺砌层。

图 2-11　挡土墙构造

③ 路堑挡土墙墙趾前的边沟应予以铺砌加固,以防边沟水渗入基础。

2) 墙身排水主要是为了排除墙后积水,通常在墙身的适当高度处布置一排或数排泄水孔 (图 2-12)。泄水孔的尺寸可依据泄水量的大小分别采用 0.05m×0.1m、0.1m×0.1m、0.15m×0.2m 的方孔或直径为 0.05~0.1m 的圆孔。孔眼间距一般为 2~3m,干旱地区可增大间距,多雨地区则可减小间距。

设计挡土墙时,一般将沉降缝和伸缩缝合并设置,沿路线方向每隔 10~15m 设置一道,兼起两者的作用,缝宽一般为 2~3cm,缝内一般可用胶泥填塞,但在渗水量大、填料容易流失或冻害严重的地区,则宜用沥青麻筋或涂以沥青的木板等具有弹性的材料,沿内、外、顶三方填塞,填深不宜小于 0.15m。当墙后为岩石路堑或填石路堤时,可设置空缝。

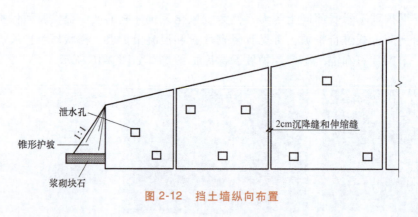

图 2-12 挡土墙纵向布置

2. 挡土墙的分类

1) 根据设置位置不同,挡土墙分为路堑墙、路堤墙和路肩墙等。设置于路堑边坡的挡土墙称为路堑墙;设置于路堤边坡的挡土墙称为路堤墙;墙顶位于路肩的挡土墙称为路肩墙(图 2-13)。

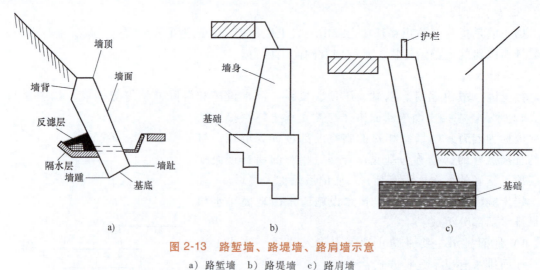

图 2-13 路堑墙、路堤墙、路肩墙示意
a)路堑墙 b)路堤墙 c)路肩墙

2) 根据结构特点不同,挡土墙分为重力式、薄壁式、锚固式、加筋土式等(图 2-14)。

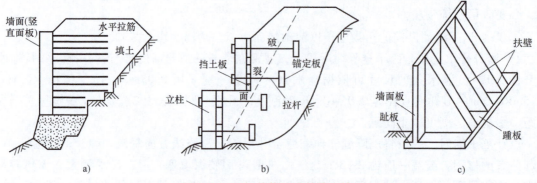

图 2-14 不同结构形式的挡土墙
a)加筋土式 b)锚固式 c)薄壁式(扶壁式)

① 重力式挡土墙靠自身重力平衡土体，一般形式很简单、施工方便，但圬工量大，对基础要求比较高。重力式挡土墙还有衡重式和半重力式两种类型。重力式挡土墙大多采用片（块）石浆砌或干砌而成。干砌挡土墙的整体性较差，仅适用于地震烈度较低、不受水流冲击、地质条件良好的地段。一般干砌挡土墙的墙高为 5~6m，大多采用结构简单的梯形截面形式。对于超高重力式挡土墙（一般指 6m 以上的挡土墙）还有半重力式、衡重力式等多种形式。

② 薄壁式挡土墙（图 2-15）是用钢筋混凝土就地浇筑或用钢筋混凝土拼装而成，所承受的侧向土压力主要依靠底板上的土重来平衡。悬臂式挡土墙是由立板（墙面板）和底板（墙趾和墙踵）两部分组成的。当挡土墙的墙高>10m 时，为了增加悬臂的抗弯刚度，沿墙长纵向每隔 0.8~1.0m 设置一道扶壁，形成扶壁式挡土墙。薄壁式挡土墙的墙高在 6m 以内的，采用悬臂式；在 6m 以上的，采用扶壁式。

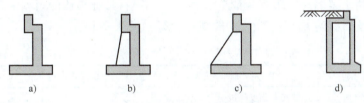

图 2-15 薄壁式挡土墙的形式
a）悬臂式 b）扶壁式 c）撑墙式 d）箱式

③ 锚固式挡土墙属于轻型挡土墙，是由钢筋混凝土墙板与锚固件连接而成的，依靠埋设在稳定岩石土层内锚固件的抗拔力支撑从墙板传来的侧压力。

④ 加筋土式挡土墙是一种由竖直面板、水平拉筋和内部填土三部分组成的加筋体，它通过拉筋与填土之间的摩擦阻力拉住面板，稳定土体形成一种复合结构，再依靠自重抵抗墙厚及侧向土压力。

二、护坡、挡土墙定额应用

护坡、挡墙工程定额包括抛石、石笼，滤层、泄水孔，护坡、台阶，基础、护底，压顶，挡墙，勾缝，伸缩缝，共 8 节 45 个子目。其适用于市政工程道路、城市内河及砌筑高度在 8m 以内的桥涵护坡、挡墙工程。

（一）定额说明

1）石笼以钢筋和铁丝制作，每个体积按 $0.5m^3$ 计算，设计的石笼体积和制作材料不同时，可按实调整。

2）块石如需冲洗（利用旧料），每立方米块石增加人工 0.12 工日，水 $0.5m^3$。

3）护坡、挡土墙的基础、钢筋可套用《市政定额》第一册第四章"钢筋工程"相应子目。

4）挡土墙工程需搭设脚手架时，执行《市政定额》第一册第六章"措施项目"中脚手架定额。

（二）工程量计算规则

1）抛石工程量按设计断面以"m^3"计算。

2）滤沟、滤层按设计尺寸以"m³"计算。

3）台阶以设计断面的实砌体积计算。

4）块石护脚砌筑高度超过1.2m需搭设脚手架时，可按脚手架工程相应项目计算；块石护脚在自然地面以下砌筑时，不计算脚手架费用。

5）勾缝工程量按砌体表面积计算。

6）伸缩缝按缝宽及实际铺设高度×铺设深度，以"m²"计算，铺设高度以护坡、挡土墙基础底部至压顶上部按全高计算。

三、护坡、挡土墙清单编制

混凝土垫层、基础、挡土墙的工程量清单项目设置、项目特征描述的内容、计量单位及工程量计算规则，应按《计算规范》表C.3的规定执行，见表2-12。

预制混凝土挡土墙墙身的工程量清单项目设置、项目特征描述的内容、计量单位及工程量计算规则，应按《计算规范》表C.4的规定执行，见表2-13。

表2-12 现浇混凝土构件（编码：040303）

项目编码	项目名称	项目特征	计量单位	工程量计算规则	工程内容
040303001	混凝土垫层	混凝土强度等级	m³	按设计图示尺寸以体积计算	1. 模板的制作、安装、拆除 2. 混凝土的拌和、运输、浇筑 3. 养护
040303002	混凝土基础	1. 混凝土强度等级 2. 嵌料（毛石）比例			
……	……	……			
040303015	混凝土挡土墙墙身	1. 混凝土强度等级 2. 泄水孔材料的品种、规格 3. 滤水层要求 4. 沉降缝要求	m³	按设计图示尺寸以体积计算	1. 模板的制作、安装、拆除 2. 混凝土的拌和、运输、浇筑 3. 养护 4. 抹灰 5. 泄水孔的制作、安装 6. 滤水层铺筑 7. 沉降缝
040303016	混凝土挡墙压顶	1. 混凝土强度等级 2. 沉降缝要求			
……	……	……	……	……	……

表2-13 预制混凝土构件（编码：040304）

项目编码	项目名称	项目特征	计量单位	工程量计算规则	工程内容
……	……	……	……	……	……
040304004	预制混凝土挡土墙墙身	1. 图集、图纸名称 2. 构件的代号、名称 3. 结构形式 4. 混凝土强度等级 5. 泄水孔的材料种类、规格 6. 滤水层要求 7. 砂浆强度等级	m³	按设计图示尺寸以体积计算	1. 模板的制作、安装、拆除 2. 混凝土的拌和、运输、浇筑 3. 养护 4. 构件安装 5. 接头灌缝 6. 泄水孔的制作、安装 7. 滤水层铺设 8. 砂浆制作 9. 运输
……	……	……	……	……	……

非混凝土类垫层、护坡、砌筑挡土墙的工程量清单项目设置、项目特征描述的内容、计量单位及工程量计算规则，应按《计算规范》表 C.5 的规定执行，见表 2-14。注意，干砌块料、浆砌块料和砖砌体应根据工程部位不同，分别设置清单编码。

表 2-14 砌筑（编码：040305）

项目编码	项目名称	项目特征	计量单位	工程量计算规则	工程内容
040305001	垫层	1. 材料的品种、规格 2. 厚度	m³	按设计图示尺寸以体积计算	垫层铺筑
040305002	干砌块料	1. 部位 2. 材料的品种、规格 3. 泄水孔的材料品种、规格 4. 滤水层要求 5. 沉降缝要求			1. 砌筑 2. 砌体勾缝 3. 砌体抹面 4. 泄水孔的制作、安装 5. 滤层铺设 6. 沉降缝
040305003	浆砌块料	1. 部位 2. 材料的品种、规格 3. 砂浆强度等级 4. 泄水孔的材料品种、规格 5. 滤水层要求 6. 沉降缝要求			1. 砌筑 2. 砌体勾缝 3. 砌体抹面 4. 泄水孔的制作、安装 5. 滤层铺设 6. 沉降缝
040305004	砖砌体				
040305005	护坡	1. 材料品种 2. 结构形式 3. 厚度 4. 砂浆强度等级			1. 修整边坡 2. 砌筑 3. 砌体勾缝 4. 砌体抹面

【例 2-10】 根据图 2-16、表 2-15、表 2-16 的挡土墙基本数据，计算挡土墙结构各部分工程量。已知该挡土墙每 15m 设置一条沉降缝。

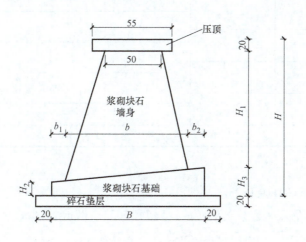

图 2-16 挡土墙示意图

表 2-15　挡土墙基本数据（一）　　　　　　　　　　　　　（单位：cm）

H	100	150	200	250
b_1	0	15	20	30
b_2	6	13	17	21
b	77	89	106	127
B	83	117	143	178
H_1	63	90	130	167
H_2	0	25	30	48
H_3	17	40	50	63

表 2-16　挡土墙基本数据（二）

挡土墙设置桩号	墙高/m	平均墙高/m	间距 L/m	侧立面面积 A/m²
3+224	1.5	—	—	—
		1.5	16	1.5×16=24
240	1.5			
		1.25	20	25
260	1			
		1.75	20	35
280	2.5			
		2.5	20	50
300	2.5			
		2.5	15	37.5
3+315	2.5	—	—	—
		$\sum L_1 = 91\text{m}$		$\sum A_1 = 171.5\text{m}^2$
3+319	1	—	—	—
		1	21	1×21=21
340	1			
		1.5	20	30
360	2			
		1.75	15.79	27.63
375.79	1.5			
		1.25	23.15	28.94
398.94	1			
		1	11.06	11.06
410	1	—	—	—
		$\sum L_2 = 91\text{m}$		$\sum A_2 = 118.63\text{m}^2$

【解】

挡土墙总长＝91m+91m＝182m

挡土墙平均高度 $H_{平均} = \sum A / \sum L = (171.5+118.63)/182\text{m} = 1.6\text{m}$

用插入法计算得到 $H = 1.6\text{m}$ 时挡土墙的基本数据为

$$B = (1.43-1.17)/5 \times 1 + 1.17 = 1.22\text{m}$$

同理，$b_1=16cm$，$b_2=14cm$，$b=92cm$；$H_1=98cm$，$H_2=26cm$，$H_3=42cm$。

（1）定额工程量

1）碎石垫层工程量 $=(1.22+0.4)\times 0.2\times 182m^3=58.97m^3$。

2）浆砌块石基础工程量 $=(0.26+0.42)/2\times 1.22\times 182m^3=75.49m^3$。

3）浆砌块石墙身工程量 $=[(0.5+0.92)/2\times 0.98+0.14]\times 182m^3=152.12m^3$。

4）压顶工程量 $=0.55\times 0.2\times 182m^3=20m^3$。

5）墙面水泥砂浆勾缝（挡土墙外露面的侧面面积）工程量 $=0.98\times 182m^2=178.36m^2$。

6）沉降缝工程量（每条沉降缝断面面积）$=(0.26+0.42)/2\times 1.22m^2$（基础）$+(0.5+0.92)/2\times 0.98m^2+0.14m^2$（墙身）$+0.55\times 0.2m^2$（压顶）$=1.36m^2$。

每15m设一条沉降缝，则沉降缝总数 $=(91/15-1)\times 2$ 条 $=10$ 条，沉降缝工程量 $=1.36\times 10m^2=136m^2$。

（2）清单工程量　碎石垫层、浆砌块石基础、浆砌块石墙身、压顶清单工程量与定额工程量一致，需按分部分项分开列项。沉降缝按《计算规范》附录F.1中040601029沉降（施工）缝进行列项，按设计图示尺寸以长度计算，以"m"计算。墙面勾缝定额项目套用在浆砌块石墙身清单项目里。

注意： 上述例题中按道路两侧的挡土墙的平均高度计算挡土墙各部的工程量，也可以逐段按资料表中各段挡土墙的高度、长度进行计算，最后合计得到该工程挡土墙的总工程量。

任务三　地基加固、围护工程

根据常见的地基加固与围护工法与工具，本任务包括地基注浆、高压旋喷桩、水泥搅拌桩、地下连续墙、渠式切割深层搅拌地下水泥土连续墙（TRD）、咬合灌注桩、碎石振冲桩、钢筋锚杆（索）、土钉、喷射混凝土（护坡）等部分。

一、地基加固、围护基础知识

在软土地层修筑地下构筑物时，可采用地基加固、围护等方法来控制地表沉降，提高土体承载力，降低土体渗透系数，以保证结构强度及施工安全。

地基加固的原理是，在软弱地基的部分土体中掺入水泥、水泥砂浆以及石灰等物，形成加固体，与未加固体部分形成复合地基，以提高地基承载力和减小沉降。

常用地基加固的方法及其适用范围如下：

（一）分层注浆法

分层注浆法的原理是用压力泵把水泥或其他化学浆液注入土体，以达到提高地基承载力、减小沉降、防渗、堵漏等目的。

适用范围：地下工程的防渗堵漏。

（二）高压喷射注浆法

高压喷射注浆法（图2-17）的原理是将带有特殊喷嘴的注浆管，通过钻孔注入要处理土层的预定深度，然后将水泥浆液以高压冲切土体，在喷射浆液的同时，以一定速度旋转、提升，形成水泥土圆柱体；若喷嘴提升而不旋转，则形成墙状固结体。高压喷射注浆法可以提高地基承载力、减少沉降、防止砂土液化、管涌和基坑隆起。

高压喷射注浆法可分为双重管旋喷和三重管旋喷两种。双重管旋喷是在注浆管端部的侧面有一个同轴双重喷嘴，从内喷嘴喷出20MPa左右的水泥浆液，从外喷嘴喷出0.7MPa的压缩空气，在喷射的同时旋转和提升浆管，在土体中形成旋喷桩。三重管旋喷使用的是一种三重注浆管，这种注浆管由三根同轴的不同直径的钢管组成，内管输送压力为20MPa左右的水流，中管输送压力为0.7MPa左右的气流，外管输送压力为25MPa的水泥浆液，高压水流、气流、水泥浆液同轴喷射切割土体，使土体和

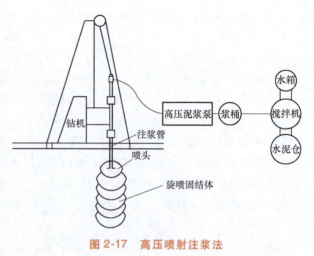

图2-17 高压喷射注浆法

水泥浆液充分拌和，边喷射、边旋转和提升注浆管形成较大直径的旋喷桩。

适用范围：地基加固和防渗，或作为稳定基坑和沟槽边坡的支挡结构。

（三）水泥土搅拌法（包括SMW法）

1. 水泥土搅拌法（水泥搅拌桩）

水泥土搅拌法的原理是利用水泥、石灰或其他材料作为固化剂的主剂，通过特别的深层搅拌机械，在地基深处就地将软土和固化剂强制搅拌，形成坚硬的拌合柱体，与原地层共同形成复合地基。

适用范围：适用于处理正常固结的淤泥、淤泥质土、粉土和含水率较高且地基承载力标准值不大于120kPa的黏性土地基。

2. SMW工法（三轴水泥搅拌桩）

SMW工法类似于水泥搅拌桩，施工时在水泥搅拌桩内插入型钢，施工完毕后再拔出型钢，形成一道具有一定强度和刚度的、连续完整的、无接缝的地下墙体，施工顺序如图2-18所示（图中阴影部分为重复套钻部分）。运用SMW工法可缩短工期、节约资源、降低造价、降低能耗、提高施工安全性，并拥有很好的滞水防渗、防污环保的能力。SMW工法的布置规则有：

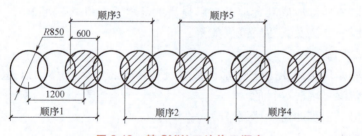

图2-18 某SMW工法施工顺序

（1）桩径规则 三轴水泥搅拌桩的内插芯材宜采用H型钢，H型钢截面型号宜按下列规定选用：

1) 当搅拌桩直径为650mm时，内插H型钢截面宜采用H500×300、H500×200。

2）当搅拌桩直径为 850mm 时，内插 H 型钢截面宜采用 H700×300。

3）当搅拌桩直径为 1000mm 时，内插 H 型钢截面宜采用 H800×300。

（2）型钢的间距和平面布置形式　型钢的间距和平面布置形式应根据计算确定，常用的内插型钢布置形式可采用密插型、插二跳一型和插一跳一型三种。

适用范围：适用于处理高水位强渗透地层、铁板砂土层、碎石土层、风化岩层、淤泥质土层、硬塑黏土层和单轴抗压强度 6.0MPa 以下的岩石，开挖深度在 6~16m 的基坑更为合适。

（四）地下连续墙

地下连续墙是在地面以下用于支承建筑物荷载、截水防渗或挡土支护而构筑的连续墙体，可以用作防渗墙、临时挡土墙、永久挡土（承重）墙，或作为基础。

1. 地下连续墙施工工艺

施工时，在挖基槽前先施工保护基槽上口的导墙，用泥浆护壁，再按设计的墙宽与墙深分段挖槽，放置钢筋骨架（钢筋笼），然后用导管灌注混凝土置换出护壁泥浆，形成一段钢筋混凝土墙；逐段连续施工成为连续墙（图 2-19）。地下连续墙施工的主要施工工艺为导墙、泥浆护壁、成槽施工、水下灌注混凝土、墙段接头处理等。

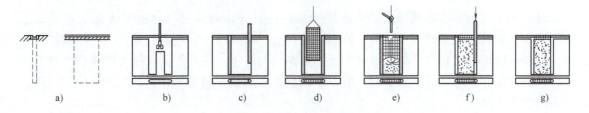

图 2-19　地下连续墙施工过程
a）导墙施工　b）挖槽　c）安放接头管　d）安放钢筋笼
e）浇筑混凝土　f）拔出接头管　g）墙段施工完毕

（1）导墙　导墙通常为就地灌注的钢筋混凝土结构，主要作用是保证地下连续墙设计的几何尺寸和形状；容蓄部分泥浆，保证成槽施工时液面稳定；承受挖槽机械的荷载，保护槽口土壁不发生破坏，并作为安装钢筋骨架的基准。导墙深度一般为 1.2~1.5m，墙顶高出地面 10~15cm，以防地表水流入。导墙底不能设在松散的土层或地下水位波动的部位。

（2）泥浆护壁　泥浆护壁的作用是通过泥浆对槽壁施加压力以保护挖成的深槽形状不变，然后灌注混凝土把泥浆置换出来。泥浆的作用是在槽壁上形成不透水的泥皮，从而使泥浆的静水压力有效地作用在槽壁上，防止地下水的渗水和槽壁的剥落，保持壁面的稳定；同时，泥浆还有悬浮土渣和将土渣携带出地面的功能。

泥浆的使用方法分静止式和循环式两种。泥浆以循环式使用时，应使用振动筛、旋流器等净化装置。

（3）成槽施工　施工时应依据地质条件和筑墙深度选用合适的施工机械。一般土质较软，深度在 15m 左右时，可选用普通导板抓斗；对密实的砂层或含砾土层可选用多头钻或加重型液压导板抓斗；在有大颗粒卵砾石或岩基中成槽，以冲击钻为宜。槽段的单元长度一一般为 6~8m，通常结合土质情况、钢筋骨架及结构尺寸、划分段落等取值。成槽后需静置 4h，并使槽内泥浆的相对密度小于 1.3。

（4）水下灌注混凝土　一般采用导管法按水下混凝土灌注标准进行水下混凝土施工，但在用导管开始灌注混凝土前，为防止泥浆混入混凝土，可在导管内吊放管塞，依靠灌入的混凝土压力将管内泥浆挤出。混凝土要连续灌注并测量灌注量及上升高度，所溢出的泥浆应送回泥浆沉淀池。

（5）墙段接头处理　地下连续墙是由许多墙段拼组而成的，为保持墙段之间连续施工，接头一般采用锁口管工艺，即在灌注槽段混凝土前，在槽段的端部预插一根直径和槽宽相等的钢管（接头管）；待混凝土初凝后将钢管徐徐拔出，使端部形成半凹榫状。也有根据墙体结构受力需要而设置刚性接头的，以使先后两个墙段连成整体。

2. 地下连续墙的适用范围

地下连续墙适用于：水利水电、露天矿山、尾矿坝（池）和环保工程的防渗墙；建筑物地下室（基坑）；地下构筑物（如地下铁道、地下道路、地下停车场和地下街道、地下商店以及地下变电站等）；市政管沟和涵洞；盾构等工程的竖井；泵站、水池；各种深基础和桩基础；地下油库和仓库等。

（五）TRD 工法

TRD 工法又称为深层地下水泥土连续墙工法或渠式切割深层搅拌地下水泥土连续墙工法，该连续墙具有很好的止水效果，兼具挡土功能。施工时，在地面上垂直插入链锯型刀端口，连接刀链锯，在其水平横向推进的同时切割出沟槽体，注入固化液使沟槽体和原位土混合，并进行搅拌，形成等厚的水泥土地下连续墙，起到止水的功能，再插入 H 型钢等芯材，形成刚性挡土墙。

TRD 工法与旋挖钻机、高压旋喷桩机等设备组合施工，可适应各类复杂地层，可进入基岩，确保止水效果。采用 TRD 工法施工的桩基础，基础最大高度可达 10m，施工深度可达 60m。相比于 SMW 工法，TRD 工法是等厚无缝、无缺陷的连续墙体，止水效果更好；相比于地下连续墙和灌注桩，TRD 工法泥浆排放少、施工速度快、成本相对较低。

适用范围：TRD 工法适应的地层有淤泥、黏土、粉土、砂土、砾石、卵石、强风化和中风化岩层，可取代地下连续墙、灌注桩、SMW 工法结构物等围护结构，可广泛用于地下室、地铁、隧道、水库、围堰、填埋场等环境。

二、地基加固、围护定额应用

（一）定额说明

地基加固、围护工程定额按软土地层建筑地下构筑物时采用的地基加固方法和围护工艺进行编制。地基加固定额适用于深基坑底部稳定、隧道暗挖法施工和其他构筑物基础加固等。定额按不掺添加剂编制，如有设计要求可增加相应费用。

1. 水泥搅拌桩及相近工法

1）明确各类桩型的定额水泥掺量，设计用量与定额不同时可以换算：单（双）轴水泥搅拌桩定额已综合考虑了正常施工工艺所需要的重复喷浆（粉）和搅拌。单（双）轴水泥搅拌桩的水泥掺量分别按加固土重（1800kg/m³）的 13% 考虑，三轴水泥搅拌桩、钉型水泥土双向搅拌桩的水泥掺量分别按加固土重（1800kg/m³）的 18% 和 15% 考虑，如设计水泥掺量与定额不同时按每增减 1% 定额计算。

2) 单（双）轴水泥搅拌桩、三轴水泥搅拌桩定额按二搅二喷施工考虑，设计不同时，每增（减）一搅一喷按相应定额人工、机械增（减）系数 0.4。

3) SWM 工法设计要求全断面套打时，相应定额人工、机械乘以系数 1.5，其余不变。

4) 水泥搅拌桩空搅部分费用按相应定额人工、搅拌机台班机乘以系数 0.5 计算。

5) 插、拔型钢定额中已综合考虑了正常施工条件下的型钢施工损耗，型钢的租赁使用费另行计取。若遇设计或场地原因要求只插不拔时，每吨工程量扣除人工 0.26 工日、50t 履带式起重机 0.042 台班，以及立式液压千斤顶、液压机所有台班消耗量，并增加型钢消耗量 950kg。

6) 水泥搅拌桩桩顶凿除执行《市政定额》第三册《桥涵工程》第九章"临时工程"中的凿除灌注桩定额子目并乘以系数 0.1 计算。

2. 地下连续墙定额应用

1) 导墙开挖、挖土成槽土方的运输、回填，套用《市政定额》第一册第一章"土石方工程"相应定额。泥浆池搭拆、废浆处理及外运套用《市政定额》第三册《桥涵工程》相应定额。地下连续墙墙顶凿除执行《市政定额》第三册《桥涵工程》第九章"临时工程"中的凿除灌注桩定额子目。墙底注浆管埋设及注浆定额执行《市政定额》第三册《桥涵工程》钻孔灌注桩的相应定额。

2) 地下连续墙挖土成槽、钢筋笼安放、接头管吊拔、接头箱吊拔等定额按槽深划分为 15m 内、25m 内、35m 内、45m 内、55m 内、55m 以外 6 个步距，实际槽深介于两个步距之间时，按上限套用定额。

3) 挖土成槽的护壁泥浆按普通泥浆编制，若需要采用重晶石泥浆可进行调整。

4) 地下连续墙钢筋笼、钢筋网片、预埋件以及导墙钢筋的制作、安装，执行《市政定额》第一册第四章"钢筋工程"相应定额子目。

5) 地下连续墙在软岩与极软岩中施工时不计入岩增加费。

6) 大型支撑基坑土方定额适用于地下连续墙建成后的基坑开挖，以及混凝土板桩、钢板桩等作围护的跨度大于 8m 的深基坑开挖，系数调整及子目内容详见土石方工程。

7) 渠式切割深层搅拌地下水泥土连续墙（TRD）、咬合灌注桩的导墙按地下连续墙导墙相应定额子目执行。渠式切割深层搅拌地下水泥土连续墙（TRD）施工产生涌土浮浆的清除外运，按成桩工程量乘以系数 0.25 计算，执行《市政定额》第一册第一章中土方外运定额子目。渠式切割深层搅拌地下水泥土连续墙（TRD）墙顶凿除执行《市政定额》第三册《桥涵工程》第九章"临时工程"中的凿除灌注桩定额子目乘以系数 0.1。

3. 地基加固、围护其他方法及说明

1) 地基注浆分为分层注浆和压密注浆两种，定额按其施工工艺划分为钻孔和注浆两项子目。地基加固所用的浆体材料（水泥、粉煤灰、外加剂等）用量应按设计含量调整。

2) 高压旋喷桩定额已综合考虑接头处的复喷工料。高压旋喷桩中设计水泥用量与定额不同时，可根据设计有关规定进行调整。

（二）地基加固、围护定额工程量计算

1. 分层注浆

1) 钻孔按设计图规定的深度以"m"计算。布孔按设计图或批准的施工组织设计施工。

2）分层注浆工程量按设计图注明的体积计算，压密注浆工程量计算按以下规定执行：

① 设计图明确加固土体体积的，应按设计图注明的体积计算。

② 设计图纸上以布点形式图示土体加固范围的，则按两孔间距的一半作为扩散半径，以布点边线各加扩散半径，形成计算平面后计算注浆体积。

③ 设计图上注浆点在钻孔灌注桩之间，按两注浆孔距的一半作为每孔的扩散半径，以此圆柱体体积计算注浆体积。

2. 高压旋喷桩

高压旋喷桩的钻孔按原地面至设计桩底底面的距离以"延长米"计算；喷浆按设计加固桩截面面积×设计桩长，以"m³"计算。

3. 深层水泥搅拌桩

深层水泥搅拌桩的工程量按设计截面面积×桩长，以"m³"计算。对于桩长在设计没有作明确说明的情况下，按以下规定计算：

1）围护桩按设计桩长计算。

2）承重桩按设计桩长增加0.5m计算。

3）空搅部分按原地面至设计桩顶面的高度减去另加长度计算。

4. 地下连续墙

1）导墙开挖工程量 = 设计长度×开挖宽度×开挖深度，以"m³"计算。

2）导墙浇捣混凝土按设计图示以"m³"计算。

3）挖土成槽工程量按设计长度×墙厚×成槽深度（自然地坪至连续墙底深度），以"m³"计算。

4）泥浆池搭拆及泥浆外运工程量=成槽工程量×系数0.2。

5）入岩增加费以"m³"计算，按设计长度×墙厚×入岩长度计算。

6）连续墙混凝土浇筑工程量 = 设计长度×墙厚×（墙深+加灌深度），以"m³"计算。其中，加灌深度有设计要求时，按设计取值；无设计要求时，按0.5计算；若设计墙顶标高至原地面高差小于0.5时，按实际取值。渠式切割深层搅拌地下水泥土连续墙（TRD）工程量计算规则同此。

7）工字钢封口制作工程量按设计图示尺寸及施工规范以"t"计算。

8）接头管、接头箱及清底置换按设计图示连续墙的单元以"段"为单位，其中清底置换按连续墙设计段数计算，接头管、接头箱吊拔按连续墙段数计算。定额中已包括接头管、接头箱的摊销费用。

5. 咬合灌注桩

咬合灌注桩按设计图示单个圆形截面面积×桩长以"m"计算，不扣除重叠部分面积。

6. 砂浆土钉、钢管护坡土钉

砂浆土钉、钢管护坡土钉工程量按设计图示长度以"m"为单位计算。

7. 护坡喷射混凝土

护坡喷射混凝土按设计图示尺寸以"m²"计算，挂网按设计用钢量以"t"计算。

注意：各类桩施工产生涌土、浮浆的清除外运，工程量按表2-17计算，执行《市政定额》第一册第一章中土方外运定额子目。

表 2-17 各类桩型涌土、浮浆或泥浆外运费用计算

桩型	工程量		套用定额
	计算基数	系数	
高压旋喷桩	成桩工程量	0.25	《通用项目》土方外运定额
水泥搅拌桩	成桩工程量	0.2	《通用项目》土方外运定额
渠式切割深层搅拌地下水泥土连续墙（TRD）	成桩工程量	0.25	《通用项目》土方外运定额
振冲碎石桩（泥浆）	成桩工程量	0.2	《桥梁工程》泥浆运输定额
地下连续墙（泥浆）	成槽工作量	0.2	《桥梁工程》泥浆运输定额

三、地基加固、围护清单编制

（一）地基加固、围护清单项目设置

1）地层情况按表 2-1 和表 2-2，并根据岩土工程勘察报告按单位工程各地质层所占比例进行描述。对无法准确描述的地层情况，可注明由投标人根据岩石工程勘察报告自行决定报价。

2）地基加固处理，在清单编制时可以参考《计算规范》B.1 路基处理中相应的清单项目设置、清单项目特征描述的内容、计量单位及工程量计算规则执行。例如 040201013 深层水泥搅拌桩、040201015 高压水泥旋喷桩、040201019 地基注浆等。

项目特征中的桩长应包括桩尖，空桩长度＝孔深－桩长，其中孔深为自然地面至设计桩底的深度。

3）在《计算规范》表 C.2 基坑与边坡支护中，罗列了地下连续墙、锚杆（索）、土钉、喷射混凝土等项目的清单项目设置、项目特征描述的内容、计量单位及工程量计算规则，见表 2-18。

表 2-18 基坑与边坡支护（编码：040302）

项目编码	项目名称	项目特征	计量单位	工程量计算规则	工作内容
……	……	……	……	……	……
040302003	地下连续墙	1. 地层情况 2. 导墙的类型、截面 3. 墙体厚度 4. 成槽深度 5. 混凝土的种类、强度等级 6. 接头形式	m³	按设计图示墙中心线长乘以厚度乘以槽深，以体积计算	1. 导墙的挖填、制作、安装、拆除 2. 挖土成槽、固壁、清底置换 3. 混凝土的制作、运输、灌注、养护 4. 接头处理 5. 土方、废浆外运 6. 打桩场地硬化及泥浆池、泥浆沟
040302004	咬合灌注桩	1. 地层情况 2. 桩长 3. 桩径 4. 混凝土的种类、强度等级 5. 部位	1. m 2. 根	1. 以"m"计量，按设计图示尺寸以桩长计算 2. 以"根"计量，按设计图示数量计算	1. 桩机移位 2. 成孔、固壁 3. 混凝土的制作、运输、灌注、养护 4. 套管压拔 5. 土方、废浆外运 6. 打桩场地硬化及泥浆池、泥浆沟

（续）

项目编码	项目名称	项目特征	计量单位	工程量计算规则	工作内容
040302005	型钢水泥土搅拌墙	1. 深度 2. 桩径 3. 水泥掺量 4. 型钢的材质、规格 5. 是否拔出	m^3	按设计图示尺寸以体积计算	1. 钻机移位 2. 钻进 3. 浆液的制作、运输，压浆 4. 搅拌、成桩 5. 型钢插拔 6. 土方、废浆外运
040302006	锚杆（索）	1. 地层情况 2. 锚杆（索）的类型、部位 3. 钻孔的直径、深度 4. 杆体的材料品种、规格、数量 5. 是否预应力 6. 浆液的种类、强度等	1. m 2. 根	1. 以"m"计量，按设计图示尺寸以钻孔深度计算 2. 以"根"计量，按设计图示数量计算	1. 钻孔，浆液的制作、运输，压浆 2. 锚杆（索）的制作、安装 3. 张拉锚固 4. 锚杆（索）施工，平台的搭设、拆除
040302007	土钉	1. 地层情况 2. 钻孔的直径、深度 3. 置入方法 4. 杆体的材料品种、规格、数量 5. 浆液的种类、强度等			1. 钻孔，浆液的制作、运输，压浆 2. 土钉的制作、安装 3. 土钉施工平台的搭设、拆除
040302008	喷射混凝土	1. 部位 2. 厚度 3. 材料种类 4. 混凝土的类别、强度等级	m^2	按设计图示尺寸以面积计算	1. 修整边坡 2. 混凝土的制作、运输、喷射、养护 3. 钻排水孔，安装排水管 4. 喷射施工平台的搭设、拆除

地下连续墙工程量清单项目设置、项目特征描述的内容、计量单位及工程量计算规则，应按表 2-18 中地下连续墙项目的规定执行，工作内容包括：导墙的挖填、制作、安装、拆除；挖土成槽、固壁、清底置换；混凝土的制作、运输、灌注、养护；接头处理；土方、废浆外运；打桩场地硬化及泥浆池、泥浆沟。

注意：地下连续墙和喷射混凝土的钢筋网的制作、安装，按《计算规范》附录 J 中相关项目编码列项。基坑与边坡支护的排桩，按《计算规范》附录 C.1 中相关项目编码列项。水泥土墙、坑内加固，按《计算规范》附录 B.1 中相关项目编码列项。混凝土挡土墙、桩顶冠梁、支撑体系，按《计算规范》附录 D 中相关项目编码列项。

（二）工程量计算规则

1) 锚杆（索）、土钉项目以"m"或"根"计量，喷射混凝土项目以设计图示尺寸以"m^2"计量。

2) 地下连续墙项目以"m^3"计量，清单工程量＝设计图示墙中心线长度×厚度×槽深，其清单计量规则与定额计量规则相同。

【例 2-11】 某地下工程采用地下连续墙作为基坑挡土墙和地下室外墙。设计墙身长度纵轴线 80m 两道、横轴线 60m 两道围成封闭状态，墙底标高为－12.00m，墙顶标高为－3.60m，自然地坪标高为－0.60m，墙厚为 1000mm，C35 混凝土浇捣，槽壁单元槽段长 4m。设计要求导墙采用C30混凝土浇捣,具体方案由施工方自行确定(根据地质资料已知导墙范围为三类土)。现场余土及泥浆必须外运5km弃置。试计算该连续墙工程量。导墙施工方案:导墙厚度为200mm,高度为1.3m,平面部分宽400mm、厚100mm。

【解】

(1) 清单工程量　执行定额编号010203001001,则有

连续墙长度=(80+60) m×2=280m

成槽深度=(12-0.6) m=11.4m

墙高=(12-3.6) m=8.4m

地下连续墙工程量=(280×1×11.4) m^3=3192m^3

(2) 定额工程量

1) 墙沟开挖工程量(套用定额1-217):(280×1.4×1.3) m^3=509.6m^3。

2) 导墙模板工程量(套用定额1-218):(280×1.3×2) m^2=728m^2。

3) 导墙浇筑工程量(套用定额1-219H):[(0.2×1.3+0.1×0.2)×2×280] m^3=156.8m^3。

4) 挖土成槽工程量(套用定额1-220):[280×1×(12-0.60)] m^3=3192m^3。

5) 泥浆池建造、拆除工程量(套用定额3-150):(3192×0.2) m^3=638.4m^3。

6) 泥浆运输工程量(套用定额3-152):638.4m^3。

7) 连续墙浇捣工程量(套用定额1-242H):[280×1×(12-3.6+0.5)] m^3=2492m^3。

8) 接头管吊拔工程量(套用定额1-229):(280÷4) 段=70段。

9) 定额1-241清底置换工程量:70段。

任务四　钢筋工程

一、钢筋工程定额应用

钢筋工程定额包括普通钢筋、预应力钢筋、预应力钢绞线、钢筋场内运输、地下连续墙钢筋笼安放,共5节71个子目。其适用于市政道路、桥梁、隧道、给(排)水及生活垃圾处理等工程。

(一) 定额说明

1) 定额中圆钢采用HPB300,带肋钢筋采用HRB400,钢板均按A3钢列项,预应力筋采用Ⅳ级钢、钢绞线和高强度钢丝。因设计要求采用钢材与定额不符时,可以换算调整。

2) 隧道洞内工程使用《市政定额》第一册第四章子目时,人工、机械消耗量应乘以系数1.20。

3) 预应力构件中的非预应力钢筋按普通钢筋相应项目计算。

4) 地下连续墙钢筋笼制作按普通钢筋相应定额计算。

5) 现浇构件和预制构件的钢筋制作、安装均按《市政定额》第一册第四章执行。

6) 《市政定额》第一册第四章中已包含150m的钢筋水平运输距离,若现场钢筋水平运距超过150m时,超运距费用另行套用钢筋水平运输定额。

7) 以设计地坪为界,±3.00m以内的构筑物不计垂直运输费。超过+3.00m时,

±0.000以上的全部钢筋按《市政定额》第一册第四章垂直运输定额计算垂直运输费；低于-3.00m时，±0.000以下的全部钢筋按《市政定额》第一册第四章垂直运输定额计算垂直运输费。

8）普通钢筋：

① 钢筋工作内容包括加工制作、绑扎（焊接）成型、安放及浇捣混凝土时的维护用工等全部工作。

② 钢筋的搭接（接头）数量应按设计图示及规范要求计算；设计图示及规范要求未标明的，φ10以上的长钢筋按每9m计算一个搭接（接头）。

③ 普通钢筋未包括冷拉、冷拔，如设计要求冷拉、冷拔时，费用另行计算。

④ 传力杆按φ22编制，若实际不同时，人工和机械消耗量应按表2-19调整。

表2-19 传力杆人工、机械消耗量系数调整

传力杆直径	φ28	φ25	φ22	φ20	φ18	φ16
调整系数	0.62	0.78	1.00	1.21	1.49	1.89

⑤ 植筋用钢筋的制作、安装按钢筋质量执行普通钢筋定额子目。植筋增加费工作内容包括钻孔和装胶。定额中的钢筋埋深按以下规定计算：钢筋直径规格为20mm以下的，按钢筋直径的15倍计算，并大于或等于100mm；钢筋直径规格为20mm以上的，按钢筋直径的20倍计算。当设计埋深长度与定额不同时，定额中的人工材料可调整。

9）预应力钢筋、预应力钢绞线：

① 预应力钢筋项目未包括时效处理，设计要求进行时效处理时，费用另行计算。

② 预应力钢筋项目中已包括锚具安装的人工费，但未包含锚具数量。锚具材料费用另行计算。

③ 先张法预应力钢筋、钢绞线制作以及安装定额中未考虑张拉、冷拉台座，发生时按《市政定额》第一册第四章先张法预应力钢筋张拉台座、冷拉台座定额另行计算。

④ 后张法预应力张拉定额中未包括张拉脚手架，实际发生时另行计算。

⑤ 预应力钢绞线定额中钢绞线按φ15.24考虑，束长按一次张拉长度考虑。

(二) 工程量计算规则

1）钢筋工程，应区分不同钢筋种类和规格，以"t"计算。

2）钢筋连接采用套筒冷压、直螺纹、锥螺纹、电渣压力焊和气压焊接头的，其数量按设计图示及规范要求，以"个"计算。

3）铁件、拉杆按设计图示尺寸，以"t"计算。

4）植筋增加费按"个"计算。

5）先张法预应力钢筋长度，按构件外型长度计算。后张法预应力钢筋按设计图示的预应力钢筋孔道长度，并区别不同锚具类型，分别按下列规定计算：

① 低合金钢筋端采用螺杆锚具时，预应力的钢筋按孔道长度减0.35m，螺杆另计。

② 低合金钢筋一端采用镦头插片，另一端采用螺杆锚具时，预应力钢筋长度按预留孔道长度计算，螺杆另计。

③ 低合金钢筋一端采用镦头插片，另一端采用帮条锚具时，预应力钢筋长度按孔道长度增加0.15m计算，如两端均采用帮条锚具，预应力钢筋长度按孔道长度增加0.3m计

算。

④ 低合金钢筋采用后张混凝土自锚时,预应力钢筋长度按孔道长度加 0.35m 计算。

⑤ 钢绞线采用 JM、XM、OVM、QM 型锚具,孔道长度在 20m 以内时,预应力钢筋长度按孔道长度增加 1m;孔道长度在 20m 以上时,预应力钢筋(钢绞线)长度按孔道长度增加 1.8m。

6)构件预留的压浆管道安装工程量按设计图示孔道长度,以"m"计算;管道压浆工程量按设计图示张拉孔道断面面积乘管道长度,以"m^3"计算,不扣除预应力筋体积。

7)锚具为外购成品的,包括锚头、锚杯、夹片、锚垫板和螺旋筋,工程量按设计用量计算。

8)钢筋笼安放,按设计图示尺寸及施工规范以"t"计算。

二、钢筋工程清单编制

(一)钢筋工程清单项目设置

钢筋工程工程量清单项目设置、项目特征描述的内容、计量单位及工程量计算规则见表 2-20。现浇构件中伸出构件的锚固钢筋、预制构件的吊钩和固定位置的支撑钢筋等,应并入钢筋工程量内。除设计标明的搭接外,其他施工搭接不计算工程量,由投标人在报价中综合考虑。钢筋工程所列"型钢"是指劲性骨架的型钢部分。凡是由型钢与钢筋组合(除预埋件外)的钢格栅,应分别列项。

表 2-20 钢筋工程(编码:040901)

项目编码	项目名称	项目特征	计量单位	工程计算规则	工程内容
040901001	现浇构件钢筋	1. 钢筋种类 2. 钢筋规格	t	按设计图示尺寸以质量计算	1. 制作 2. 运输 3. 安装
040901002	预制构件钢筋				
040901003	钢筋网片				
040901004	钢筋笼				
040901005	先张法预应力钢筋(钢丝、钢绞线)	1. 部位 2. 预应力筋种类 3. 预应力筋规格			1. 张拉台座的制作、安装、拆除 2. 预应力筋的制作、张拉
040901006	后张法预应力钢筋(钢丝束、钢绞线)	1. 部位 2. 预应力筋种类 3. 预应力筋规格 4. 锚具的种类、规格 5. 砂浆强度等级 6. 压浆管的材质、规格			1. 预应力筋孔道的制作、安装 2. 锚具安装 3. 预应力筋的制作、张拉 4. 安装压浆管道 5. 孔道压浆
040901007	型钢	1. 材料种类 2. 材料规格			1. 制作 2. 运输 3. 安装、定位

项目编码	项目名称	项目特征	计量单位	工程计算规则	工程内容
040901008	植筋	1. 材料种类 2. 材料规格 3. 植入深度 4. 植筋胶品种	根	按设计图示数量计算	1. 定位、钻孔、清孔 2. 钢筋加工成型 3. 注胶、植筋 4. 抗拔试验 5. 养护
040901009	预埋件		t	按设计图示尺寸以质量计算	1. 制作 2. 运输 3. 安装
040901010	高强度螺栓	1. 材料种类 2. 材料规格	1. t 2. 套	1. 按设计图示尺寸以质量计算 2. 按设计图示数量计算	

(二) 工程量计算规则

1. 钢筋理论净质量计算

$$钢筋理论净质量(kg) = 钢筋长度 L \times 每米质量$$

上式中的钢筋长度 L 按施工图计算；每米质量计算式为 $0.617d^2$，d 为钢筋直径。

2. 钢板单位理论质量计算

$$钢板单位理论质量 = 7.85 \times 厚度$$

上式中的厚度单位为 mm；钢板单位理论质量的单位为 kg/m^2。

3. 钢筋长度计算

钢筋长度按设计图示尺寸计算，设计图纸中未注明时，可按以下方法计算：

(1) 两端无弯起钢筋的长度计算

$$直钢筋长度 = 构件长度 - 保护层厚度 + 搭接长度$$

上式中的保护层厚度，图纸、标准图集和规范有规定时按规定计算，无规定时取 25mm；搭接长度 $= n \times 35d$，图纸、标准图集和规范有规定时按规定计算，无规定时如果单根钢筋长度超过 9m，则按每 9m 计算一个接头。搭接长度为 $35d$，n 为搭接数量。

(2) 带弯钩钢筋的长度计算

$$带弯钩钢筋长度 = 构件长度 - 保护层厚度 + 2 \times 单个弯钩长度 + 搭接长度$$

上式中的单个弯钩长度为单个 180° 弯钩时，长度 $= 6.25d$；为单个 90° 直弯钩时，长度 $= 3.5d$；为单个 135° 斜弯钩时，长度 $= 4.9d$，如图 2-20 所示。

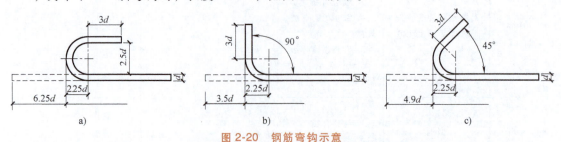

图 2-20 钢筋弯钩示意
a) 180° 弯钩   b) 90° 直弯钩   c) 135° 斜弯钩

(3) 弯起筋的长度计算

$$L = 构件长度 - 保护层厚度 + 2 \times 6.25d + 弯起钢筋斜边增加长度 \Delta L$$

上式中的 $\Delta L = 0.4H$，H 为梁高或板厚。

(4) 分布筋的长度计算

$$分布筋根数 = 配筋长度/间距 + 1$$

$$分布筋长度 = 构件长度 - 保护层厚度$$

(5) 箍筋及螺旋钢筋的长度计算

以工程中常见的双肢箍和四肢箍为例，如图 2-21 所示，箍筋及螺旋钢筋长度计算如下：

1) 双肢箍筋长度 $L_1 = 2(B+H)$
2) 四肢箍筋长度 $L_2 = 4H + 2.7B$

式中　B——梁宽或板宽；

　　　H——梁高或板厚。

3) 桩螺旋钢筋长度按螺旋钢筋斜长加螺旋钢筋上下端水平段长度计算（图 2-22），即

$$螺旋钢筋长度 = \frac{H}{h} \times \sqrt{[\pi(D-2b+d)]^2 + h^2}$$

式中　H——螺旋钢筋高度（深度）；

　　　h——螺距；

　　　D——桩直径；

　　　b——保护层厚度。

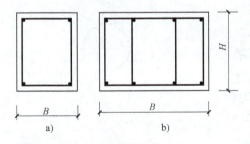

图 2-21　常见箍筋类型

a) 双肢箍　b) 四肢箍

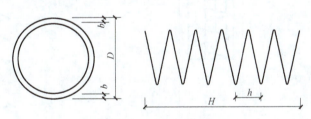

图 2-22　螺旋钢筋图示

【例 2-12】　某钢筋混凝土预制板长 3.6m、宽 0.6m、厚 0.1m，保护层厚度为 2.5cm，如图 2-23 所示，计算钢筋工程量。

【解】

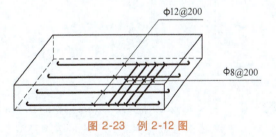

图 2-23　例 2-12 图

1) $\phi 12$ 钢筋根数 $= \left(\dfrac{0.6 - 0.025 \times 2}{0.2} \right)$ 根 + 1 根 ≈ 4 根。

$$\phi 12 \text{ 钢筋工程量} = [(3.6 - 0.025 \times 2 + 6.25 \times 0.012 \times 2) \times 4 \times 0.00617 \times 12^2] \text{kg}$$

$$= (3.7 \times 4 \times 0.888) \text{kg} = 13.14 \text{kg}$$

2) $\phi 8$ 钢筋根数 $= \left(\dfrac{3.6 - 0.025 \times 2}{0.2} \right)$ 根 + 1 根 ≈ 19 根。

$\phi 8$ 钢筋工程量 $= [(0.6-0.025\times 2)\times 19\times 0.00617\times 8^2]$ kg

$= (0.55\times 19\times 0.395)$ kg $= 4.13$ kg

合计钢筋工程量 $= 13.14$ kg $+ 4.13$ kg $= 17.27$ kg

【例2-13】 某桥梁工程共8根桩基础，桩直径为1m，桩长为50m，其下部7m无钢筋，上部钢筋伸入承台0.8m。桩主筋保护层厚度为6cm，具体详见图2-24，试计算钢筋工程量。

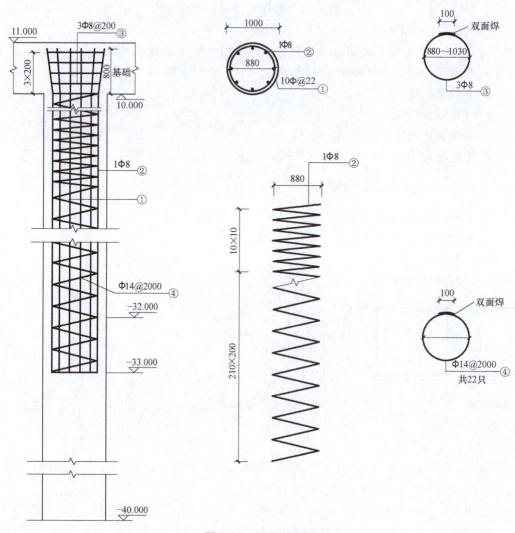

图 2-24 例 2-13 图

【解】

(1) 1号钢筋设计长度 $= 33$ m $+ 10$ m $+ 0.8$ m $= 43.8$ m

1号钢筋搭接数量 $= 43.8\div 8 - 1 = 4.475$，取整到5个

1号钢筋计算长度 $= 43.8$ m $+ (5\times 10\times 0.022)$ m $= 44.9$ m

(2) 1号筋总质量 $= (44.9\times 10\times 0.617\times 2.2^2\times 8)$ kg $= 10727$ kg

(3) 2号钢筋计算长度：

1) 加密区下料长度 $= (\sqrt{[(0.88+0.008)\times\pi]^2 + 0.1^2})\times 10$ m $= 27.91$ m

2) 非收口段斜长 =$(\sqrt{[(0.88+0.008)\times\pi]^2+0.2^2})\times 210\text{m}=587.35\text{m}$

3) 上下水平段长度 =$\pi\times(1-2\times 0.06+0.008)\times 1.5\times 2\text{m}=8.37\text{m}$

(4) 2号筋总质量 =$(27.91+587.35+8.37)\times 0.617\times 0.8^2\times 8\text{kg}=1970\text{kg}$

(5) 3号筋总质量 =$[(0.88+1.03+0.008\times 2)\div 2\times\pi+0.1]\times 3\times 0.617\times 0.8^2\times 8\text{kg}=30\text{kg}$

(6) 4号筋总质量 =$[(0.88+0.014)\times\pi+0.1]\times 22\times 0.617\times 1.4^2\times 8\text{kg}=619\text{kg}$

(7) 钢筋工程量 =$(10727+1970+30+619)\div 1000\text{t}=13.346\text{t}$

任务五 拆除工程

一、拆除工程定额应用

拆除工程定额包括拆除旧路，拆除人行道，拆除侧（平）石，拆除混凝土管道，拆除金属管道，拆除镀锌管，拆除砖石构筑物，拆除混凝土障碍物，伐树、挖树蔸，路面凿毛，水泥混凝土路面碎石化，共11节82个子目。

（一）定额说明

1) 拆除定额子目均不包括挖土方，挖土方按《市政定额》第一册第一章"土石方工程"有关子目执行。

2) 风镐拆除项目中包括人工配合作业。

3) 人工、风镐拆除后的旧料及岩石破碎机破碎后的废料应整理干净就近堆放整齐，其清理外运费用可套用《市政定额》第一册第一章相应定额子目。如需运至指定地点回收利用，则应扣除回收价值。

4) 管道拆除时要求拆除后的旧管保持基本完好，破坏性拆除不得套用本定额。拆除混凝土管道未包括拆除基础及垫层用工。人工或机械拆除基础、垫层时，按第五章中的"拆除砖石构筑物""拆除混凝土障碍物"定额执行，其清理外运费用套用《市政定额》第一册第一章"土石方工程"相应定额另行计算。

5) 定额中未考虑地下水因素，若发生则另行计算。

6) 沥青混凝土路面切边执行《市政定额》第二册《道路工程》锯缝机锯缝项目。

7) 水泥混凝土路面多锤头碎石化和共振碎石化适用于原水泥路面的就地破碎处理再利用。

8) 相关拆除定额子目和系数调整见表2-21。

（二）工程量计算规则

1) 拆除旧路及人行道按实际拆除面积，以"m^2"计算。

2) 路面凿毛、路面铣刨按施工组织设计的面积，以"m^2"计算。铣刨路面厚度大于5cm时须分层铣刨。

3) 水泥混凝土路面多锤头碎石化和共振碎石化按设计顶面面积，以"m^2"计算。

4) 拆除侧、平石及各类管道按长度，以"m"计算。

5) 拆除构筑物及障碍物按其实体体积，以"m^3"计算。

6) 伐树、挖树蔸按实挖数，以"棵"计算。

表 2-21 拆除定额子目系数调整

拆除方式	拆除内容	定额编号	套用定额名称	系数
人工	稳定层	1-36～1-368	人工拆除有集料多合土	—
	石灰土，二渣、三渣、二灰结石基层	1-36～1-368	人工拆除无集料多合土或有集料多合土	—
风镐	石灰土	1-343～1-344	风镐拆除无筋混凝土面层	0.7
	二渣、三渣、二灰结石基层及水泥稳定层等半刚性基层			0.8
岩石破碎机	沥青混凝土面层，二渣、三渣、二灰结石基层及水泥稳定层等半刚性道路基层或底层	1-347～1-348	岩石破碎机拆除无筋混凝土面层	0.8
	坑、槽	1-401	岩石破碎机拆除无筋混凝土障碍物	1.3
		1-402	岩石破碎机拆除有筋混凝土障碍物	1.3

注：树蔸是指树木被砍伐掉主干后，留下树根和少量树干的部分。

二、拆除工程清单编制

在《计算规范》表 K.1（编码：041001）拆除工程中，罗列了拆除路面，拆除人行道，拆除基层，铣刨路面，拆除侧、平（缘）石，拆除管道，拆除砖石结构，拆除混凝土结构，拆除井，拆除电杆，拆除管片项目的清单项目设置、项目特征描述的内容、计量单位及工程量计算规则。

拆除工程的清单工程计算规则基本与定额计量规则一致，应注意以下几点：
1) 拆除路面、拆除人行道、拆除基层、铣刨路面按拆除部位面积，以"m^2"计算。
2) 拆除侧、平（缘）石，拆除管道按拆除部位，以延长米计算。
3) 拆除砖石结构、拆除混凝土结构按拆除部位体积，以"m^3"计算。
4) 拆除井、拆除电杆、拆除管片按拆除部位数量，以"座"计算。

【例 2-14】 现有建设四路工程需进行改造，原路面为 7cm 厚的沥青混凝土路面，采用铣刨机刨除，试确定定额子目及其基价。

【解】 根据定额要求，该路面大于 5cm，需分层，分为 3cm+4cm。
套用定额子目：[1-351]+[1-351+1-352]
基价 = 3846.49×2 元/1000m^2 +237.83 元/1000m^2 = 7930.81 元/1000m^2
注意：若上述例题进行清单列项，不需要进行分层列项。

任务六　措施项目

《市政定额》中的措施项目分为打拔工具桩，支撑工程，脚手架工程，围堰工程，施工降水、排水，工程监测、监控六大内容。下面将对其中常见项目进行讲解与举例。

一、打拔工具桩

（一）打拔工具桩基础知识

工具桩属临时性桩工程，通常用于市政工程中的沟槽、基坑或围堰等工程中，采取打桩形式进行支撑围护和加固。

1. 按工具桩材质分类

（1）木质工具桩 用原木制作，按断面有圆木桩与木板桩两种形式（图2-25）。圆木桩一般采用疏打，即桩与桩之间有一定距离。

图 2-25 木质工具桩

a) 木板桩 b) 圆木桩

（2）钢制工具桩 用槽钢或工字钢制作，通常为密打形式，如图2-26所示。

图 2-26 钢制工具桩

a) 密打槽型钢板桩 b) 密打工字钢钢板桩

2. 按打桩设备分类

（1）履带式挖掘机（带打拔桩机振动锤） 履带式挖掘机的液压振动锤与挖掘机加长臂、挖掘机打桩臂配套使用。液压振动锤可以打拔各种材质和形状的桩，如钢桩、水泥桩、钢轨桩、铁板、H型钢板、排水管。液压振动锤分为直夹振动锤和侧夹振动锤，可用自身携带的动力站进行作业，频率可调，可进行水上或水下作业，不需要任何的特殊处理。

（2）柴油打桩机 一般由专用柴油打桩架和柴油内燃式桩锤组成。

（二）打拔工具桩定额应用

1. 定额说明

打拔工具桩定额内容包括打拔圆木工具桩、打拔槽型钢板桩以及打拔拉森钢板桩。打拔工具桩根据施工环境可分为陆上与水上打拔桩，打拔工具桩的土壤分类按《岩土工程勘察规范》（GB 50021—2001）的规定划分定额子目，并根据桩的入土深度和土壤级别分别执行相应项目。

1）打拔工具桩定额中所指的水上作业，是指距岸线1.5m以外或者水深在2m以上的打拔桩；距岸线1.5m以内时，水深在1m以内的，按陆上作业考虑（表2-22）。

表 2-22　水上、陆上打拔工具桩划分

项目名称	说明
水上作业	距岸线>1.5m，或水深>2m
陆上作业	距岸线≤1.5m，且水深≤1m
水、陆作业各占50%	1m<水深≤2m

注：1. 岸线是指施工期间最高水位时，水面与河岸的相交线。
　　2. 水深是指施工期间最高水位时的水深。

2) 水上打拔工具桩按二艘驳船捆扎成船台作业，驳船捆扎和拆除费用按《市政定额》第三册《桥涵工程》相应项目执行。

3) 打拔工具桩定额中，圆木和钢板桩均为周转材料，即定额中的项目为圆木、槽型钢板的摊销量，按周转摊销方式考虑；拉森钢板桩是按市场租赁方式考虑的。钢板桩使用费计算式为

　　钢板桩使用费=[钢板实际使用量×(1+损耗率)]×使用天数×钢板桩使用费标准

拔桩后如需桩孔回填，应按实际回填材料和数量进行计算。

4) 打拔工具桩均以直桩为准，如遇打斜桩（斜度小于或等于1∶6，包括俯打、仰打），应按相应定额人工、机械乘以系数1.35。

【例 2-15】　水上柴油机疏打槽型钢板斜桩，桩长9m，三类土，试计算定额基价。

【解】　套用定额子目 [1-456H]

换算后基价=3103.22元/10t+964.17×(1.05×1.35−1) 元/10t+1018.08×0.35 元/10t
　　　　　=3103.22元/10t+402.54元/10t+1018.08×1.35 元/10t
　　　　　=3862.09元/10t

5) 导桩及导桩夹木的制作、安装、拆除，已包括在相应定额中。

6) 圆木桩按疏打计算，钢板桩按密打计算。如钢板桩需要疏打时，按相应定额人工乘以系数1.05。

7) 打拔桩架90°调面及超运距移动已综合考虑。

8) 钢板桩和木桩的防腐费用等，已包括在其他材料费用中。

9) 水上打拔工具桩如发生水上短驳，则另行计算其短驳费。

2. 工程量计算规则

1) 圆木桩，按设计桩长 L（检尺长）和圆木桩小头直径 D（检尺径）查《木材、立木材积速算表》计算圆木桩体积 V，体积以"m^3"计算。圆木桩体积计算式如下：

① $D=4\sim12cm$ 时，有
$$V=0.7854L\times(D+0.45L+0.2)^2/10000$$

② $D\geqslant 14cm$ 时，有
$$V=0.7854L\times[D+0.5L+0.005L^2+0.000125L\times(14-L)^2\times(D-10)]^2/10000$$

2) 钢板桩工程量 W 以"t"计算，按设计桩长 L×钢板桩理论质量 w (t/m)×钢板桩根数 n 计算，计算式如下：

$$W=L\times w\times n$$

3) 竖、拆柴油打桩机架费用另行计算。其中，竖、拆打拔桩架次数按施工组织设计规定计算。

(三) 打拔工具桩清单编制

圆木桩工程量以"m^3"或"根"计算,钢板桩工程量以"t"计算,预制钢筋混凝土板桩工程量以"m^3"或"根"计算。

打拔工具桩工程量清单项目设置、项目特征描述的内容、计量单位及工程量计算规则,应按《计算规范》表.C.2 基坑与边坡支护中的规定执行,见表 2-23。在雨水管道工程施工过程中应用比较广泛的钢板桩,清单计算规范中的缺项,招标人可自行补充清单。

表 2-23 基坑与边坡支护(编码:040302)

项目编码	项目名称	项目特征	计量单位	工程量计算规则	工作内容
040302001	圆木桩	1. 地层情况 2. 桩长 3. 材质 4. 尾径 5. 桩倾斜度	1. m 2. 根	1. 以"m"计量,按设计图示尺寸以桩长(包括桩尖)计算 2. 以"根"计量,按设计图示数量计算	1. 工作平台搭拆 2. 桩机移位 3. 桩的制作、运输、就位 4. 桩靴安装 5. 沉桩
040302002	预制钢筋混凝土板桩	1. 地层情况 2. 送桩深度、桩长 3. 桩截面 4. 混凝土强度等级	1. m^3 2. 根	1. 以"m^3"计量,按设计图示桩长(包括桩尖)×桩的断面面积计算 2. 以"根"计量,按设计图示数量计算	1. 工作平台搭拆 2. 桩就位 3. 桩机移位 4. 沉桩 5. 接桩 6. 送桩

二、支撑工程

(一) 支撑工程基础知识

支撑工程包括木挡土板支撑安拆、竹挡土板支撑安拆、钢制挡土板支撑安拆、钢制桩挡土板支撑安拆等子目。支撑是防止在挖沟槽或基坑时土方坍塌的一种临时性挡土措施,一般由挡板、撑板与加固撑杆组成。挡板、撑板的材质通常有木、钢、竹;撑杆通常用钢、木。

挡土板根据疏密与排列方式可分为横板竖撑(密或疏)、竖板横撑(密或疏)两种形式,如图 2-27 所示。

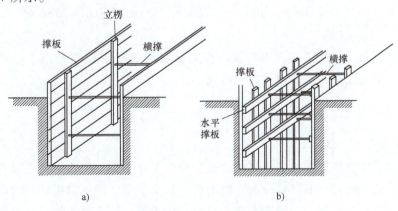

图 2-27 挡土板常见分类
a) 横板竖撑(密撑) b) 竖板横撑(疏撑)

另外，钢制挡土板支撑中，钢制挡土板不需用打桩机械打入土体。钢制桩挡土板支撑中，钢制桩（槽钢）需用打桩机械打入土体中，施工完成后需用机械拔出。

（二）支撑工程定额应用

1. 定额说明

1)《市政定额》中的支撑工程项目适用于沟槽、基坑、工作坑、检查井及大型基坑的支撑。

2) 挡土板间距不同时，不做调整。

3) 除槽钢挡土板外，定额均按横板、竖撑计算；如采用竖板、横撑时，其人工工日×系数1.2。

4) 定额中挡土板支撑按槽（坑）两侧同时支撑挡土板考虑，支撑面积为两侧挡土板面积之和，槽（坑）支撑宽度为4.1m以内。如槽（坑）宽度超过4.1m时，其两侧均按一侧支挡土板考虑。按槽（坑）一侧支撑挡土板面积计算时，工日数乘以系数1.33，除挡土板外，其他材料乘以系数2.00。

5) 放坡开挖施工不得再计算挡土板，如遇上层放坡、下层支撑，则按实际支撑面积计算。

6) 钢制桩挡土板中的槽钢桩按设计数量以"t"计算，按《市政定额》第一册第六章"打拔工具桩"相应定额执行。

7) 如采用井字支撑时，按疏撑乘以系数0.61。

8) 大型基坑支撑安装及拆除的定额是按钢支撑周转摊销方式考虑的。

2. 工程量计算规则

大型基坑支撑安装及拆除工程量按设计质量以"t"计算，其余支撑工程按施工组织设计确定的支撑面积以"m²"计算。其余支撑工程量均按挡土板实际支撑面积计算。

【例2-16】 某沟槽宽4.5m，支挡采用木挡板、木支撑，密板，试套用定额并计算基价。

【解】 套用定额子目［1-471H］

换算后基价 = 2505.34 元/100m² + [1299.24×(1.2×1.33−1)] 元/100m² +
1185.06 元/100m² − (0.395×1789) 元/100m² = 3758.09 元/100m²

（三）支撑工程清单编制

本部分所介绍的支撑是指挡土板支撑，在《计算规范》中没有列出，编制清单时可参考建筑工程清单规范或用补充清单的方式编制。

三、脚手架工程

（一）脚手架基础知识

脚手架是为了保证各施工过程顺利进行而搭设的工作平台。脚手架按搭设的位置分为外脚手架、里脚手架；按材料不同可分为木脚手架、竹脚手架、钢管脚手架；按构造形式分为立杆式脚手架、桥式脚手架、门式脚手架、悬吊式脚手架、挂式脚手架、挑式脚手架、爬式脚手架。

（二）脚手架定额应用

1. 定额说明

1）脚手架定额中的钢管脚手架已包括斜道及拐弯平台的搭设。砌筑物高度超过 1.2m 的可计算脚手架搭拆费用。

2）仓面脚手架不包括斜道，若发生则另按《浙江省房屋建筑和装饰工程预算定额（2018 版）》中的脚手架斜道项目计算；但采用井字架或吊扒杆转运施工材料时，不再计算斜道费用。

3）仓面脚手架主要用于现浇工程，但对无筋或单层布筋的基础和垫层不计算仓面脚手架费。

4）桥梁平台支架应套用《市政定额》第三册《桥涵工程》中的相应子目。

2. 工程量计算规则

1）脚手架工程量＝墙面水平边线长度×墙面砌筑高度，以"m^2"计算。

2）柱形砌体工程量＝（图示柱结构外围周长＋3.6m）×砌筑高度，以"m^2"计算，这与清单工程量计算规则不同。

3）浇筑混凝土用仓面脚手架按仓面的水平面积，以"m^2"计算。

【例 2-17】 某柱形砌体砌筑高度为 3m，截面为 0.8m×0.6m，砌筑时采用单排钢管脚手架，试计算脚手架工程量，并确定套用定额子目。

【解】 套用定额子目［1-491］
$$工程量＝[(0.8＋0.6)×2＋3.6]×3m^2＝19.2m^2$$

（三）脚手架清单编制

脚手架工程的工程量清单项目设置、项目特征描述的内容、计量单位及工程量计算规则，应按《计算规范》表 L.1（编码：041101）的规定执行，计算规则主要分为两类：

1）按面积以"m^2"计算：

① 墙面脚手架＝墙面水平边线长度×墙面砌筑高度，按墙高进行列项。

② 柱面脚手架＝柱结构外围周长×柱砌筑高度，按柱高和柱结构外围周长进行列项。

③ 仓面脚手架按仓面水平面积计算，按搭设方式和高度进行列项。

④ 沉井脚手架＝井壁中心线周长×井高，按沉井高度进行列项。

2）按数量计算。井字架按设计图示数量以"座"计算，按井深进行列项，井深按井底基础以上至井盖顶的高度计算。

四、围堰工程

（一）围堰工程基础知识

围堰工程是指为了确保主体工程及附属工程在施工过程中不受水流的侵袭，而采用的一种临时性的挡水措施。一般根据水深、水的流速、河床的地质条件，以及施工技术水平与就地取材的情况确定堰体材料，形成不同类型的围堰。堰体施工一般是由岸边向河心填筑，在河心合拢。也可以在施工条件允许的情况下，在岸边和河心同时填筑，以加快施工速度。

1. 土草围堰

（1）筑土围堰　当水流流速缓慢，水深不大于 2m，冲刷作用很小，河床底为不渗水土质时，可采用筑土围堰。一般就地取土筑堰。

（2）草袋（编织袋）围堰　当水流流速在2m/s以内，水深不大于3.5m时，可采用草袋或编织袋就地取土筑堰，装土量一般为袋容积的1/3～1/2，袋缝合后，以上下内外相互错缝的形式堆码整齐。

2. 土石围堰

土石围堰构造与土草围堰基本相同，一般在迎水面填筑黏土以防渗，背水面抛填块石，土石围堰较土草围堰更加稳定。

3. 桩体围堰

桩体围堰的堰宽可达2～3m，堰高可达6m。桩体围堰按桩材质不同分为圆木桩围堰、钢板桩围堰。

（1）圆木桩围堰　一般为双排桩，施工时先施打圆木桩两排，内以一层竹篱片挡土，然后就地取土，填土筑堰，适用水深为3～5m。

（2）钢板桩围堰　钢板桩围堰是十分常用的一种桩体围堰。钢板桩是带有锁口的一种型钢，其截面有直板形、槽形及Z形等，有各种尺寸及连接形式。钢板桩围堰适用于深水或深基坑，水流流速较大的砂类土、黏性土、碎石土及风化岩等坚硬河床。钢板桩围堰防水性能好，整体刚度较高。

拉森钢板桩又叫U形钢板桩，它作为一种新型建材，在建桥围堰、大型管道铺设、临时沟渠开挖时用作挡土墙、挡水墙、挡沙墙；在码头、卸货场用作防护墙、挡土墙等，在工程上发挥重要作用。拉森钢板桩围堰不仅绿色、环保，而且施工速度快、施工费用低，具有很好的防水功能。

4. 竹笼围堰

竹笼围堰用竹笼装填块石，一般为双层竹笼围堰，即两排竹笼，竹笼之间填以黏土或砂土，适用于底层为岩石，水流流速较大，水深为1.5～7m，当地盛产竹子的围堰工程。

5. 筑岛填芯

筑岛填芯是指在围堰围成的区域内填充土或砂或砂砾。施工时，首先在需施工的主体或附属工程周围围堰，再在围堰中心填充土或砂或砂砾，形成一座水中土岛。

1）围堰的作用是将施工区域与外围水面进行隔离，采用钢材或者木材等进行结构组合后形成界限隔离，然后进行抽水作业。钢围堰（深水基础）可不填芯；土、石、木等围堰按需要可以填芯。

2）填芯的作用是在围堰内进行砂、石、土等材料的填筑，用作施工平台。

3）筑岛也是填筑的意思，但填筑方法是从岸边逐步向施工位置扩展，以达到施工平台位置露出水面能正常操作为前提。筑岛一般为完全实体的填筑（围堰+填芯）。

上述三种方法操作顺序不一样，功能也略不同：围堰是通过隔离来完成施工平台；筑岛是从岸边向外扩展完成施工平台（筑岛完成后也还要考虑与外面水面相接触的位置进行护坡，也像围堰施工）；填芯是围堰内的工作，依据施工场地确定填芯或者不填芯。

（二）围堰工程定额应用

1. 定额说明

1）围堰工程定额子目适用于市政工程围堰施工项目。

2）围堰定额未包括施工期内发生潮汛冲刷后所需的养护工料。潮汛养护工料费用可根据当地有关规定另计。如遇特大潮汛发生人力所不能抗拒的损失时，应根据实际情况另行处理。

3) 围堰工程在 50m 范围以内就地取土、砂、砂砾，均不计土方和砂、砂砾的材料价格；50m 范围以外的取土、砂、砂砾，应计算土方和砂、砂砾材料的挖、运费用，但应扣除定额中土方现场挖运的人工 20 工日/100m³ 黏土的项目。定额括号中所列黏土数量为取自然土方数量，结算中可按取土的实际情况调整。

【例 2-18】 某编织袋围堰，装袋黏土按单价 20 元/m² 外购，试套用定额并计算基价。

【解】 套用定额子目 [1-497H]

换算后基价 = 9819.63 元/100m³ + 93 × 20 元/100m³ − 135 × 0.20 × 53.028 元/100m³ = 10247.87 元/100m³

4) 围堰定额中的各种木桩、钢桩按《市政定额》第一册第六章"打拔工具桩"相应定额执行，数量按实计算。定额括号中所列打拔工具桩数量仅供参考。具体计算时，要注意打拔数量以及黏土数量应根据批准的施工组织设计来取定，定额中给出的数量为参考值，在编制预算或概算时可参考使用，但是在结算中不能采用。

5) 编织袋围堰定额中如使用麻袋装土围筑，材料应根据麻袋的规格、单价换算，但人工、机械和其他材料消耗量按定额规定执行。

6) 围堰施工中若未使用驳船，而采用搭设栈桥，应扣除定额中驳船费用并套用相应脚手架子目。

7) 定额围堰尺寸的取定：

① 土草围堰的堰顶宽为 1~2m，堰高为 4m 以内。
② 土石混合围堰的堰顶宽为 2m，堰高为 6m 以内。
③ 圆木桩围堰的堰顶宽为 2~2.5m，堰高 5m 以内。
④ 钢桩围堰的堰顶宽为 2.5~3m，堰高 6m 以内。
⑤ 钢板桩围堰的堰顶宽为 2.5~3m，堰高 6m 以内。
⑥ 竹笼围堰的竹笼之间黏土填芯的宽度为 2~2.5m，堰高 5m 以内。
⑦ 木笼围堰的堰顶宽度为 2.4m，堰高为 4m 以内。

8) 筑岛填芯子目是指在围堰围成的区域内填土、砂及砂砾。

9) 双层竹笼围堰的竹笼之间黏土填芯的宽度超过 2.5m 的，超出部分执行筑岛填芯子目。

2. 工程量计算规则

围堰工程分别采用立方米和延长米计量。

1) 土草围堰、土石混合围堰，工程量以"m³"计算，即围堰施工断面面积×围堰中心线长度。

2) 各类柱体围堰（包括圆木桩围堰、钢桩围堰、钢板桩围堰、双层竹笼围堰），工程量以"m"计算，即围堰中心线长度。

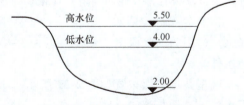

图 2-28 某工程河道横断面示意

3) 围堰高度按施工期间的最高水位加 0.5m 计算（在 6m 以内），例如图 2-28 所示的某工程河道横断面示意图，围堰高度计算为

$$H = 5.5\text{m} - 2.0\text{m} + 0.5\text{m} = 4.0\text{m}$$

若该部分河床有淤泥，厚度为 0.5m，则围堰高度为 $H=4.0m+0.5m=4.5m$。

围堰施工断面尺寸按施工方案确定，堰内坡脚至堰内基坑边缘的距离根据河床土质及基坑深度确定，但不得小于 1m。

(三) 围堰工程清单编制

围堰工程的工程量清单项目设置、项目特征描述的内容、计量单位及工程量计算规则，应按《计算规范》表 L.3（编码：041103）的规定执行。

1. 围堰清单项目设置

1) 围堰项目（041103001）在进行项目特征描述时应该包括：围堰类型；围堰的顶宽及底宽；围堰高度；填芯材料。项目工作内容包括拆除清理、材料场内外运输等。

2) 筑岛项目（041103002）在进行项目特征描述时应该包括：筑岛类型；筑岛高度；填芯材料。项目工作内容包括清理基底；堆筑、填芯夯实；拆除清理。

2. 围堰清单工程量计算规则

1) 围堰项目以"m^3"计量，按设计图示围堰体积计算；或者以"m"计量，按设计图示围堰中心线长度计算。

2) 筑岛项目以"m^3"计量，按设计图示筑岛体积计算。

五、降水排水工程

(一) 降水排水工程基础知识

基坑开挖时，流入坑内的地下水和地表水如不及时排除，会使施工条件恶化，造成土壁塌方，同时会降低地基承载力。施工排水可分为明排水法和人工降低地下水位法两种。降（排）水属于技术措施费的一部分，它分为降水、明排水、抽水。其中，降水的措施为井点降水，明排水为湿土排水，抽水为河流、池塘等的抽水。

1. 湿土排水

湿土排水是指采用水泵抽水，仅排除地表水，地下水位没有降低，不改变原有土方的干、湿性质。

2. 井点降水

井点降水是通过置于地层含水层内的滤管（井），用抽水设备将地下水抽出，使地下水位降落到沟槽或基坑底以下，并在沟槽或基坑基础稳定前不断抽水，形成局部地下水位的降低，以达到人工降低地下水位的目的。井点降水方法主要有轻型井点、喷射井点、大口径井点三种方式，井点系统包括管路系统与抽水系统两大部分。具体采用哪种降水方式、井点管的布置间距以及布置排数如何确定，应依据土质、降水深度、沟槽宽度、地质环境等条件确定。

(1) 轻型井点降水　轻型井点适用于含水层为人工填土、黏性土、粉质黏土和砂土的降水。适用的降水深度：单级井点为 3~6m，多级井点为 6~12m（多级井点的采用应满足场地条件）。

轻型井点平面布置如图 2-29 所示。根据工程降水平面的大小与深度，土质的类型，地下水位的高低与流向，轻型井点可以设单排、双排、环形等布置方式。

轻型井点通常配备的机具、设备有：成孔设备（如长螺旋钻机）、洗井设备（空气压缩机）、降水设备（主要有井点管、连接管、集水总管、抽水机组、排水管等）等。

1) 井点管。井点管采用直径 38~50mm 的钢管，长 5~7m，下部安装过滤器，底部可根据降水周期确定是否设置沉砂管。

2)集水总管。集水总管一般采用直径 75~150mm 的钢管,在管壁侧面每隔 0.8~2.0m 设一个与井点管相连的连接接头,用接头软管(高压软管)连接井点管。为增加降深,集水总管平台应尽量放低,当低于地面时,应控制好集水总管平台的标高,同时平台宽度一般为 1.0~1.5m。采用多级井点时,井点平台的级差宜控制在 4~5m。

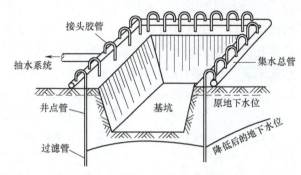

图 2-29 轻型井点平面布置示意

3)抽水机组。抽水机组常用干式真空泵机组(干式真空泵、离心式水泵和电动机)和射流泵机组(射流式真空泵、离心泵),一套抽水机组可带动 60m 的总管长度。

4)排水管。排水管一般采用直径 150~250mm 的钢管或塑料管。

(2)喷射井点降水 喷射井点适用的含水层为黏性土、粉质黏土、砂土,适用的降水深度为 6~20m。若降水深度超过 6m,采用轻型井点降水措施时需要用到多级井点。这样会增加土方开挖工程量,延长工期,并增加设备数量,施工成本也会随之增加。所以,一般在降水深度超过 6m 时,往往采用喷射井点降水方法。

喷射井点平面布置:根据工程降水平面的大小,降水深度要求,地下水的水位高低与流向,可设为单排、双排、环形等布置形式。

喷射井点通常配备的机具、设备有:成孔设备、降水设备(主要有井点管、喷射器、高压水泵、进水总管、排水总管、循环水箱等)等。

(3)大口径井点降水 大口径井点适用的含水层为砂土、碎石土层,也可在土的渗透系数较大、地下水含量较大的土层中采用。大口径井点降水的降深一般大于 5m,最大可达 14m。

大口径井点平面布置:根据工程降水范围的大小,降水深度要求,地下水的水位高低、流量与流向,可设为单排、双排、环形等布置形式。

大口径井点通常配备的机具、设备有:成井设备、洗井设备、抽水设备、排水设备等。

1)成井设备。成井设备一般由钻孔机械(冲击式、循环式)、井管等组成。井管直径一般大于 300mm,材质一般是钢管、铸铁管、PVC 管等,井管下部为滤管。井管的间距一般为 6~10m。

2)抽水设备。应根据单井的出水量、降水的深度、井孔深度、井孔结构及所需扬程选择不同型号的潜水泵和离心泵。

3)排水设备。排水设备由抽筒、橡胶水管、集水总管(或明沟)、沉淀箱等组成。集水总管一般为直径 150~250mm 的钢管或铸铁管或 PVC 管。

(二)降水排水定额应用

1. 定额说明

1)井点降水项目适用于地下水位较高的粉砂土、砂质粉土、黏质粉土或淤泥质夹薄层砂性土的地层。抽水定额适用于池塘、河道、围堰等处的明排水。

2)轻型井点、喷射井点、大口径井点、深井井点的采用由施工组织设计确定。一般情况下,降水深度 6m 以内的采用轻型井点,6m 以上 30m 以内的采用喷射井点,特殊情况下可选用大口径井点及深井井点。井点使用时间按施工组织设计确定。喷射井点定额包括两根观察孔的制作,喷射井管包括了内管和外管。井点材料使用摊销量中已包括井点拆除时的材料损耗量。井点间距根据地质和降水要求由施工组织设计确定,一般轻型井点管间距为 1.2m,喷射井点管间距为 2.5m,大口径井点管间距为 10m。

3)井点降水过程中,如需提供资料,则水位监测和资料整理费用另计。

4)井点降水成孔过程中产生的泥水处理及挖沟排水工作应另行计算。遇有天然水源可用时,不计水费。

5)井点降水必须保证连续供电,在电源无保证的情况下,使用备用电源的费用另计。

2. 工程量计算规则

1)湿土排水工程量按所挖湿土工程量,以"m^3"计算。

2)轻型井点、喷射井点、大口径井点的降水费用均包括井点管安装、拆除及使用三项费用。

① 安装、拆除的工程量以"10 根"计算。

② 井点管使用计量单位:"套·天"。

其中,轻型井点每 50 根为一套;喷射井点每 30 根为一套;大口径井点每 10 根为一套。除轻型井点外,累计根数不足一套的,按一套计算;轻型井点尾数 25 根以内的按 0.5 套计算,超过 25 根的按一套计算。

③ 一天以 24h 计算。

④ 井点使用天数按施工组织设计规定或现场签证认可确定。

3)抽水定额用于河塘、河道、围堰等排水项目,抽水工程量按实际排水量以"m^3"计量。

4)真空深井、直流深井和承压井降水的安装、拆除以"座"计算,井点使用的定额单位为"座·天"。

注意:

1)湿土排水费用按所挖湿土方量(干、湿土的划分)套定额进行计算,抽水工程量按所需的排水量进行计算。

2)湿土排水定额包括了沟槽、基坑土方开挖期间的所有排水,不能重复套用抽水定额。

(三)降水排水工程清单编制

降水排水工程的工程量清单项目设置、项目特征描述的内容、计量单位及工程量计算规则,应按《计算规范》表 L.7(编码:041107)的规定执行。清单工程量计算规则:

1)成井(041107001)按设计图示尺寸以钻孔深度以"m"计算。

2)排水、降水(041107002)按排水、降水日历天数以"昼夜"计算。

注意:相应专业设计不具备条件时,可按暂估量计算。

任务七 其他项目

《市政定额》中的其他项目包括固定式施工围挡、运输小型构件、场内运输半成品混合料。

一、构件半成品运输基础知识

混凝土小型构件是指单体体积在 $0.04m^3$ 以内、质量在 $100kg$ 以内，现场预制的各类小型构件。由于现场拌制的水泥混凝土、沥青混凝土、水泥砂浆等熟料，现场加工的成型钢筋骨架以及现场预制的小型构件，是在施工现场加工而成的半成品，不适用于按成品价购入，其原材料单价中没有包括这些半成品的运输费用，故需另计小型构件及熟料的场内运输费用。

二、构件半成品运输定额应用

（一）定额说明

1)《市政定额》第一册《通用项目》中的水泥混凝土与沥青混凝土的半成品运输定额是指现场拌制发生的场内运输，套用时应注意《市政定额》中《桥涵工程》《排水工程》等册的定额中已考虑半成品场内运距150m。实际发生超过定额规定的运距时，按超过部分套用每增加子目。

【例2-19】 排水工程中现场搅拌水泥混凝土，机械翻斗车运输，运距260m，确定其场内运输套用的定额子目及基价。

【解】 $260m>150m$，$260m-150m=110m$（排水工程已包括150m的运距，只单列增加），则超距110m套用每增加定额子目 [1-604]，基价为 21.73 元$/m^3$。

2) 小型构件与半成品按成品购入时（如混凝土平、侧石，商品混凝土等），本定额不适用。

3) 固定式施工围挡按混凝土基础、模板、砖砌体和围挡板列项。定额中的彩钢板按3次摊销，未含照明灯具、宣传美化等费用。

（二）工程量计算规则

1) 固定式施工围挡定额子目分为混凝土基础、模板、砖砌体、围挡板，其中混凝土基础和砖砌体工程量分别按实体体积以 "m^3" 计算；模板工程量按混凝土与模板的接触面积以 "m^2" 计算；围挡板工程量按其垂直投影面积以 "m^2" 计算。

2) 混凝土小型构件与半成品的工程量按实体体积以 "m^3" 计算。

3) 小型构件、场内运输半成品混合料的运输距离按预制、加工场地取料中心至施工现场堆放使用中心的距离计算。

三、构件半成品运输清单编制

构件半成品运输清单项目不单独列项，作为主体项目的项目特征应描述清楚，在清单报价时考虑组价。

老造价员说

"精益求精，密益加密"

造价员需要常学常新，不断积累与总结经验。例如土石方工程的工程量清单计量在规范中分为挖、填、弃运三大项，计算规则简单明确，但备注说明中项目特征的描述往往比较简洁、笼统，对于经验不足的造价从业人员来说，遇上地形复杂，填、挖多变的项目，很容易出现项目特征描述不清、不全的情况，造成后期结算时发生争议，常见经验有：

1) 路基填方项目进行特征描述时,除考虑横断面、原始地面线计算填方工程量外,还应明确约定下述内容:

① 清除表土或零填方地段的基底压实、耕地填前夯(压)实后,回填至原地面高程所需的土石方数量。

② 路基沉陷需增加填筑的土石方数量,一般在高填方路段的设计图纸中会有这部分考虑。

③ 为保证路基边缘的压实度须加宽填筑时,增加的土石方数量。

2) 石方填筑的项目特征中应明确石方粒径的要求,并说明包含因石方二次分解而增加的费用。

3) 箱涵、圆管涵等结构物台背回填未单独列项,其填料与路基填料不一致,需补充清单。

复习思考与练习题

1. 如何区分沟槽、基坑、平整场地、一般土石方?
2. 某市政项目招标,施工内容包括道路以及路段内雨(污)水管道,在计算土石方工程量时应如何区分道路土方及管道土方?
3. 木挡土板支撑采用竖板、横撑的形式时,挖土方时应该如何套用定额?
4. 护坡砌筑高度超过多少时,可以考虑脚手架费用?
5. 井点降水分哪几类?简述其适用条件及各种井点降水类型中的井点管布置间距有何要求?
6. 采用井点降水的土方是按干土计算,还是按湿土计算?
7. 混凝土小型构件是指什么?
8. 计算题:

(1) 某道路路基工程,已知挖土 $2500m^3$,其中可利用 $2000m^3$,需填土 $4000m^3$,现场挖、填平衡。试计算余土外运量和填土缺方量。

(2) 已知某桥梁承台长 10m、宽 4m,原地面标高为 6.800m,承台底标高为 2.800m,拟采用垂直开挖、钢板桩支撑。试计算承台施工时的挖方量。

(3) DN500mm 钢筋混凝土排水管道开挖,管座采用 135°基础,管道结构的宽度为 0.8m,单侧设挡土板,则沟槽开挖底宽为多少?

(4) 某 ϕ500mm 混凝土管道基础,管道结构的宽度为 800mm,挖土深度为 1.5m(三类土),沟槽长度为 1000m,计算人工土方开挖工程量(含井室增加土方)。

(5) 某 W1~W3 污水管道,每段管长 30m,采用 DN400mmUPV 管道,砂基础,管道外径为 450mm。已知原地面平均标高为 3.600m,沟槽底平均标高为 2.200m,土质为一类、二类土,采用挖掘机在垫板上沿沟槽方向作业,计算沟槽开挖的工程量,列取清单并确定套用的定额子目及基价。

(6) 某排水工程沟槽底宽 3m、槽深 4m,放坡系数为 1:1,有淤泥部分长度为 20m,计算挖淤泥工程量及直接工程费。

(7) 用沥青铣刨机铣刨 7cm 厚的粗粒式沥青混凝土面层,确定套用的定额子目及基价。

情境三

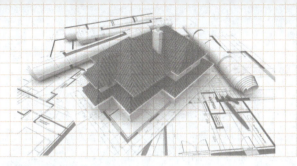

市政道路工程计量计价

> 【学习目标】

1. 学会市政道路工程项目基础知识。
2. 掌握市政道路工程项目工程量计算。
3. 掌握市政道路工程项目清单报价编制方法,学会应用定额。

道路就广义而言,可分为公路、城市道路、专用道路等,他们之间在结构构造方面并无本质区别,只是在道路功能、所处地域、管辖权限等方面有所不同。本情境所讲的道路工程,除特别说明外均指城市道路工程。城市道路横断面用地宽度一般称为红线宽度,其组成部分包括机动车道、非机动车道、人行道、分车带(分隔带及两侧路缘带统称为分车带)以及平(侧)石、树池、挡土墙等附属构筑物。

任务一 基础知识

一、城市道路的分类

我国城市道路根据道路在其城市道路系统中所处的地位、交通功能、沿线建筑及车辆和行人进出的服务频率,按构成骨架及交通功能将其分为快速路、主干路、次干路、支路四大类。各级城市道路设计速度见表3-1。

表3-1 各级城市道路设计速度

道路等级	快速路			主干路			次干路			支路		
设计速度/(km/h)	100	80	69	60	50	40	50	40	30	40	30	20

注:表内各级道路的设计速度载录于《城市道路工程设计规范》(CJJ 37—2012)相关条款。

(一)快速路

快速路是城市中有较高车速的长距离道路,主要承担道路的交通功能,是连接市区各主要地区、主要近郊区、主要对外公路的快速通道。快速路设有中央分隔带,具有四条以上车道,全部或部分采用立体交叉形式,且控制车流和人流出入,供车辆高速行驶。在快速路上的机动车道两侧不宜设置非机动车道,不宜设置吸引大量车流和人流的公共建筑出入口,对两侧建筑物的出入口应加以控制。

(二)主干路

主干路在城市道路网中起骨架作用,是连接城市各主要分区的交通干道,是城市内部的主要"大动脉"。主干路一般设有 4 或 6 条机动车道,并设有分隔带,在交叉口之间的分隔带应尽量连续,以防车辆任意穿越,影响主干道上车流的行驶。主干道两侧不宜设置吸入大量车流和人流的公共建筑出入口。

(三)次干路

次干路是城市中数量较多的一般道路,配合主干路组成城市路网。除交通功能外,次干路兼有服务功能,两侧允许布置吸入车流和人流的公共建筑,并应设置停车场,以满足公共交通站点和出租车服务站的要求。

(四)支路

支路是次干路与相邻街坊的连接线,用于解决局部地区交通,以服务功能为主。部分支路可以补充干道网,设置公共交通路线,或设置非机动车专用道。支路上不宜通行地区外车辆,只允许通行为地区性服务的车辆。

二、道路工程基本组成

道路是一种带状构筑物,主要承受汽车荷载的反复作用和经受各种自然因素的长期影响。路基、路面是道路工程的主要组成部分。

(一)路基

路基既为车辆在道路上行驶提供基本条件,也是道路的支撑结构物,对路面的使用性能有着重要的影响。

1. 对路基的基本要求

路基是道路的基本组成部分,它一方面保证车辆行驶的通畅与安全,另一方面要支持路面承受行车荷载的作用,因此路基应具有以下能力:

1)路基结构物的整体必须具有足够的稳定性。在工程地质不良的地区修建路基可能加剧原地面的不平衡状态,有可能产生整体下滑、边坡塌陷、路基沉降等现象,导致整体变形过大甚至发生破坏。

2)直接位于路面下的路基(有时称作土基),必须具有足够的强度、抵抗变形的能力(刚度)和水温稳定性。

2. 路基的基本形式

路基按填挖形式可分为路堤、路堑和半填半挖路基,如图 3-1 所示。高于天然地面的填方路基称为路堤,低于天然地面的挖方路基称为路堑,介于二者之间的称为半填半挖路基。

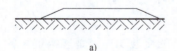
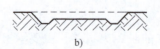

图 3-1 路基的基本形式
a)路堤 b)路堑 c)半填半挖路基

(二)路面

路面是由各种不同的材料,按一定的厚度和宽度分层铺筑在路基顶面的结构物,以供汽车直接在其表面行驶。

1. 对路面结构的要求

汽车直接行驶在路面表面,所以路面的作用首先是能够负担汽车的载重而不破坏;其次是能保证道路全天候通车;最后是保证车辆有一定的行驶速度。因此,路面应具有以下要求:

1) 具有足够的强度和刚度。
2) 具有足够的稳定性。
3) 具有足够的耐久性。
4) 具有足够的平整度。
5) 具有足够的抗滑性。
6) 具有尽可能低的扬尘性。

2. 路面的分类

1) 路面按材料和施工方法分为三大类:

① 沥青类路面。沥青类路面是指在矿物质材料中,以各种方式掺入沥青材料拌制修筑而成的路面,一般用作面层,也可作为基层。

② 水泥混凝土类路面。水泥混凝土类路面是指以水泥与水制成水泥浆作为结合料,以碎(砾)石为集料,以砂为填充料,经拌和、摊铺、振捣和养护制成的路面,通常用作行车道面层。

③ 块料类路面。块料类路面是指用石材类(如花岗石、石板材等)材料或预制水泥混凝土(板、砖)铺砌,并用砂浆嵌缝后形成的路面,通常用作人行道、广场、公园路面的面层。

2) 路面按力学特性通常分为两种类型:

① 柔性路面。柔性路面一般包括铺筑在非刚性基层上的各种沥青路面、碎(砾)石路面以及经过有机结合料加固的土路面等。其力学特点是在荷载作用下产生的弯沉变形较大,路面结构本身抗弯强度较低,在反复荷载作用下会产生累积变形。它的破坏取决于荷载作用下的极限垂直变形和弯拉应变。

② 刚性路面。刚性路面主要是指用水泥混凝土做成的路面面层,以及将条石或块石铺筑在基层上的路面结构。其力学特点是在行车荷载作用下产生板体作用,抗弯、抗拉强度大,弯沉变形很小,呈现出较大的刚性,它的破坏取决于荷载作用下产生的极限弯拉强度。

3. 路面等级的划分

通常可按面层的使用品质、材料组成和结构强度的不同,把路面划分为四个等级,见表3-2。城市道路路面等级必须采用高级路面或次高级路面。

表 3-2 路面等级、面层主要类型与适用的道路等级

路面等级	面层主要类型	适用的道路等级
高级路面	水泥混凝土	高速公路、一级公路、二级公路;城市快速路、主干道、次干道
	沥青混凝土、整齐的石块和条石	
次高级路面	沥青贯入碎(砾)石、路拌沥青碎石	二级公路、三级公路;城市次干道、支路、街坊道路
	沥青表面处治	
中级路面	泥结或级配碎(砾)石、水泥碎石、其他粒料、不整齐石块	三级、四级公路
低级路面	各种粒料或当地材料的改善土(如炉渣土、砾石土和砂砾土等)	四级公路

4. 路面结构层的组成

路面结构层一般由垫层、基层和面层组成，如图 3-2 所示。

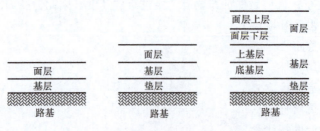

路基部分识图

图 3-2 路面结构层划分示意

（1）垫层 垫层是设置在土基和基层之间的结构层，其主要功能是改善土基的温度和湿度状况，以保证面层和基层的强度和稳定性，并不受冻胀翻浆的影响。此外，垫层还能扩散由面层和基层传来的车轮荷载垂直作用力，减小土基的应力和变形，而且还能阻止土基嵌入基层中，影响基层结构的性能。

修筑垫层的材料，强度不一定很高，但水稳定性和隔热性要好。常用的垫层有碎石垫层、砾石砂垫层。

（2）基层 基层主要承受由面层传来的车辆荷载垂直作用力，并把它扩散到垫层和路基中。

基层可分两层铺筑，其上层仍称为上基层，下层则称为底基层。

基层应有足够的强度和刚度，有平整的表面以保证面层厚度均匀。基层受大气的影响比较小，但因表层可能发生透水及受到地下水的侵入，要求基层有足够的水稳定性。常用的基层有石灰土基层、二灰稳定碎石基层、水泥稳定碎石基层、二灰土基层、粉煤灰三渣等基层。浙江省目前常用的是水泥稳定碎石基层及粉煤灰三渣基层。

（3）面层 面层是修筑在基层上的表面层次，保证汽车以一定的速度安全、舒适、经济地运行。面层是直接同行车和大气接触的表面层次，它承受行车荷载的垂直力、水平力和冲击力作用，以及雨水和气温变化的不利影响。面层应具备较高的结构强度、刚度和稳定性，而且应当耐磨、不透水，其表面还应有良好的抗滑性和平整度。常用的面层有水泥混凝土（刚性路面）面层、沥青混凝土（柔性路面）面层。

三、道路工程识图

（一）道路工程平面图

道路中心线在水平面上的投影称为道路平面，它反映城市道路的空间位置、线形与尺寸，再按一定比例绘制在地形图上的图形称为带状路线图。

道路（面层、基层）识图

1. 图示主要内容

道路工程平面图采用的比例尺为 1∶500 或 1∶1000，两侧范围应在规划红线以外各 20~50m。平面图上应表明规划红线、规划道路中心线；现状中心线、现状路边线；设计车道线（机动车道、非机动车道）、人行道线、停靠站、分隔带、交通岛、沿街建筑物出入口（接坡）、支路等；路线里程桩号、路线转点（坐标、转角、桩号）、圆曲线半径及缓和曲线要素；相交道路交叉口里程桩、坐标、缘石半径；指北针等。

2. 在编制预算时的主要作用

道路工程平面图提供了道路直线段长度、交叉口转弯角及半径、路幅宽度等数据，可用于计算道路路面结构层面积、人行道面积、侧（平）石长度等。

（二）道路工程纵断面图

沿道路中心线方向的竖向剖面称为道路纵断面，它反映了路线在竖向的走向、高程、纵坡坡度，即道路的起伏状况。

1. 图示主要内容

道路工程纵断面图采用直角坐标，以横坐标表示里程，常用比例尺为 1：1000～1：500；以纵坐标表示高程，常用比例尺为 1：100～1：50。

道路工程纵断面图由上、下两部分组成。

上部分主要用来绘制地面线和纵坡设计线，标注竖向曲线及其要素；沿线桥涵的位置、结构类型和孔径；沿线交叉口的位置和标高等。

下部分主要以表格形式填写有关内容，主要包括直线及平曲线内容；里程桩号；原地面标高；设计路面标高；路基设计标高；坡度及坡长；填、挖高度等。

2. 在编制预算时的主要作用

通过比较原地面标高和路基设计标高，反映了路基的挖（填）方情况。当路基设计标高高于原地面标高时为填方；当路基设计标高低于原地面标高时为挖方。

（三）道路工程横断面图

垂直道路中心线方向的法向剖面称为道路横断面，道路工程横断面图可分为标准横断面图和施工横断面图。

1. 图示主要内容

道路工程横断面图的常用比例尺为 1：200。标准横断面图反映了道路的红线宽度、横断面布置形式、各组成部分的宽度、横向路拱的坡度等。图 3-3 为四幅路形式的道路标准横断面图。

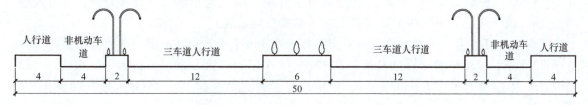

图 3-3　四幅路形式的道路标准横断面图（尺寸单位：m）

道路工程横断面图还反映了各设计桩号断面的占地宽度、填（挖）高度以及断面填挖面积。

2. 在编制预算时的主要作用

道路工程横断面图为路基土石方计算以及路面各结构层计算提供了断面资料。

（四）道路路面结构图

1. 图示主要内容

道路路面结构图应表明：行车道部分路面结构层的类型（材料）及厚度；人行道结构层的类型（材料）及厚度；若是沥青混凝土路面，需注明路拱曲线方程及路拱抛物线；若是水泥混凝土路面，需注明混凝土板块划分及各类混凝土路面的构造缝。

2. 在编制预算时的主要作用

道路路面结构图为计算路面各结构层的面积、人行道板安砌面积、人行道基础面积提供资料；提供侧（平）石尺寸；为计算水泥混凝土路面伸缩缝、构造钢筋长度提供资料等。

（五）交叉口设计图

1. 图示主要内容

交叉口设计图包括交叉口平面图和交叉口立面图。

1）交叉口平面图应表明交叉口的桩号、坐标、相交角度；相交道路的组成部分尺寸、红线宽度；交叉口范围线及桩号；缘石转弯半径、切点桩号等。

2）交叉口立面图应表明排水方向、雨水口位置；混凝土路面应划分板块，并表明在每个角点的高程；沥青混凝土路面应绘出等高线，并表明等高线的高程等。

2. 在编制预算时的主要作用

交叉口设计图为计算道路交叉口路面工程量以及侧（平）石长度等提供详细数据。

任务二　定额工程量清单计价

一、定额说明

市政道路工程定额适用于城镇范围内新建、改建、扩建的市政道路工程；定额中的工序、人工、机械、材料等均为综合取定；道路基层和面层的铺筑厚度均为压实厚度。定额的多合土项目按现场拌和考虑，部分项目考虑了工厂拌制；定额凡使用石灰的子目，均不包括消解石灰的工作内容，需计算石灰总量并单独套用消解石灰子目；道路工程中的排水项目，套用《市政定额》第六册《排水工程》相应定额；道路工程中如遇到土石方工程、拆除工程、挡土墙及护坡工程等，可套用《市政定额》第一册《通用项目》相关定额。《市政定额》第二册《道路工程》中的第五章未包括智能交通系统。

《市政定额》第二册《道路工程》定额共五章386个子目，其中第一章"路基处理"共3节72个子目；第二章"道路基层"共17节74个子目；第三章"道路面层"共16节83个子目；第四章"人行道及其他"共10节32个子目；第五章"交通管理设施"共6节125个子目。

二、路基处理

路床项目计量

（一）定额说明

1）路床（槽）整形的工作内容包括平均厚度10cm以内的人工挖高填低、整平路床，使之达到设计要求的纵（横）坡度，并应经压路机碾压密实。

2）边沟成型综合考虑了边沟挖土的土类和边沟两侧边坡培整面积所需的挖土、培土、修整边坡及余土抛出沟外的全过程所需人工，边坡所出余土弃运至路基50m以外。

3）路基盲沟处理。盲沟是引排地下水流的沟渠，其作用是隔断或截流流向路基的泉水

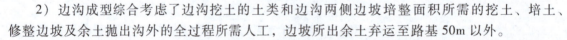

和地下集中水流,并将水流引入地面排水沟渠。砂石盲沟定额中,盲沟断面按 40cm×40cm 确定,如与设计断面不同时,定额按比例换算。混凝土滤管盲沟子目中不含滤管外滤层材料,发生时套用《市政定额》第六册《排水工程》相应子目。

4)软土地基处理定额说明如下:

① 堆载预压。堆载预压的工程内容包括了堆载四面的放坡和修筑坡道,未包括堆载材料的运输,发生时费用另行计算。

② 真空预压。砂垫层厚度按 70cm 考虑,当设计材料、厚度不同时,需调整。

③ 掺石灰、改换片石。掺石灰施工流程为土基清淤后翻松、耙碎表层湿土,然后按比例掺入石灰粉,拌和后再压实。定额包括人工和机械两种施工方法,按石灰含量分 5% 和 8% 两项。改换片石施工方法仅为人工操作。

④ 石灰砂桩。在软弱地基中挖孔后,将石灰、砂挤压入孔,然后在挤密过程中夯实成桩,从而提高地基承载力。定额按石灰砂桩的直径分为≤10cm 和>10cm 两项。

⑤ 水泥粉煤灰碎石桩(CFG)。水泥粉煤灰碎石桩是由碎石、石屑、粉煤灰组成混合料,掺适量水进行拌和,采用各种成桩机械形成的桩体。发生土方场外运输时套用《市政定额》第一册《通用项目》相应子目。按 C15 强度等级的配合比编制时,如与设计强度等级不同,需调整材料消耗量。

⑥ 袋装砂井。砂井堆载预压地基是指在软弱地基中用钢管打孔,然后灌砂设置砂井作为竖向排水通道,并在砂井顶部设置砂垫层作为水平排水通道;在砂垫层上部压载以增加土中附加应力,使土体中孔隙水较快地通过砂井和砂垫层排出,从而加速土体固结,使地基得到加固。定额分带门架机与不带门架机两项。定额中直径按 7cm 计算,如设计直径不同时,可按砂井截面面积比例调整黄砂用量,其他不变。图 3-4 为典型的砂井地基剖面。

⑦ 塑料排水板。塑料排水板用于地基压密加固,施工时将带状塑料用插板机将其插入软弱土层中,组成垂直和水平排水体系,然后在地基表面堆载预压(或真空预压),土中孔隙水沿塑料排水板的沟槽上升溢出地面,从而加快了软弱地基的沉降过程。定额中分板长以 15m 为界分为两项。图 3-5 为典型的塑料排水板处理地基剖面。

袋装砂井、塑料排水板的定额,其材料消耗量已包括袋装砂井、塑料排水板的预留长度。

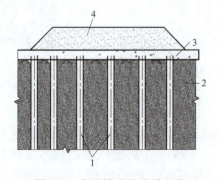

图 3-4 典型的砂井地基剖面
1—砂井 2—砂垫层 3—永久性填土 4—临时性超载填土

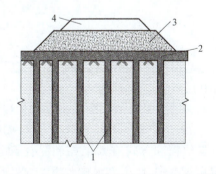

图 3-5 典型的塑料排水板处理地基剖面
1—塑料排水板 2—土工织物 3—滤层料 4—堆载材料

⑧ 土工合成材料。在软弱地基或边坡上埋设土工布（或土工格栅）作为加筋，起到排水、反滤、隔离、加固和补强的作用，以提高土体承载力。定额中按材料不同分土工布与土工格栅两项。

铺设土工布子目按铺设形式分平铺和斜铺两种情况，定额中未考虑块石、钢筋锚固因素，如实际发生可按实计算有关费用。定额中土工布按针缝计算，如采用搭接，土工布含量乘系数 1.05。土工布按 $300g/m^2$ 取定，如实际规格为 $150g/m^2$、$200g/m^2$、$400g/m^2$ 时，定额人工分别乘以系数 0.7、0.8、1.2。

⑨ 水泥稳定土。采用过湿土填筑路堤时，如填料呈软塑状态，可在土中掺入一定含量的水泥，并分层填筑压实，结硬后形成水泥稳定土。定额中水泥含量为 5%，按水泥拌和方式分为人机拌和和人工拌和两项。

⑩ 路基填筑。路基填筑中将软弱土层进行换填时，根据换填材料的不同，定额分为砂、塘渣、石屑和粉煤灰等项目，并包括抛石挤淤和泡沫混凝土项目。其中，泡沫混凝土按干密度级别为 $500kg/m^3$ 的配合比编制，如设计干密度级别不同，可按设计调整相应的材料消耗量。

（二）工程量计算规则

1）路床（槽）碾压宽度应按设计道路底层宽度加上加宽值计算。加宽值在无明确规定时，按底层两侧各加 25cm 计算，人行道碾压加宽按一侧计算。定额中的"无明确规定"是指无设计注明或经批准的施工组织设计中无明确规定。

2）堆载预压、真空预压按设计图示尺寸的加固面积，以"m^3"计算。

3）强夯分为满夯和点夯，区分不同的夯击能量，按设计图示尺寸的夯击范围计算，设计无规定时，按每边超过基础外缘的宽度 3m 计算。

4）掺石灰、改换片石，工程量按设计图示尺寸，以"m^3"计算。

5）石灰砂桩处理软土地基的定额工程量为设计桩断面面积乘以桩长，以"m^3"计算。

6）水泥粉煤灰碎石桩按设计图示尺寸，以"m"计算。

7）袋装砂井及塑料排水带按设计深度，以"m"计算。

8）土工合成材料工程量按铺设面积，以"m^2"计算。

9）路基填筑按填筑体积，以"m^3"计算。

三、道路基层

（一）定额说明

1. 道路基层分类

道路基层定额应用及换算

道路基层按位置分为底基层、上基层；按材料分为多合土基层、稳定类半刚性基层等。

（1）多合土基层　多合土基层分为以下几类：

1）二灰土基层：是由粉煤灰、石灰和土按照一定比例拌和而成的一类筑路材料的统称。材料的拌和方式有人工拌和、拌和机拌和、厂拌人铺。二灰土压实成型后能在常温和一定湿度条件下发生水硬作用，逐渐形成板体，其强度在较长时间内随着龄期而增加；但不耐磨，因其初期承载能力较小，在未铺筑其他基层、面层以前，不宜开放交通。

2）二灰碎石基层：是由粉煤灰、石灰和碎石按照一定比例拌和而成的一类筑路材料的统称。其拌和方式只有拌和机集中拌和。

3）石灰、土、碎石基层：是由石灰、土和碎石按照一定质量拌和而成的一种筑路材料，拌和方式分为"机拌"和"厂拌"两种。

注意：多合土基层中的各种材料是按常用的配合比编制的，当设计配合比与定额不符时，有关的材料消耗量可以调整，但人工和机械台班的消耗量不得调整。

（2）稳定类半刚性基层　稳定类半刚性基层分为以下几类：

1）粉煤灰三渣基层：是由熟石灰、粉煤灰和碎石拌和而成的一种具有水硬性和缓凝性特征的路面结构层材料。粉煤灰三渣基层在一定的温度、湿度条件下碾压成型后强度逐步增长，形成板体，具有一定的抗弯能力和良好的水稳定性。分为"机拌人铺""厂拌人铺"两类。

2）水泥稳定类基层：包括水泥稳定碎石基层、水泥稳定碎石砂基层两项定额子目。如设计水泥掺量不同，按设计调整换算。

水泥稳定碎石是由水泥和碎石级配料经拌和、摊铺、振捣、压实、养护后形成的一种路基材料，在地下水位以下部位，强度能持续增长，从而延长道路的使用寿命。其施工工艺包括：放样→拌制→运输→摊铺→振捣、碾压→养护→清理。因水泥稳定碎石必须在水泥初凝前终压成型，所以采用现场拌和。

注意：水泥稳定类基层如采用"厂拌"，可套用厂拌粉煤灰三渣基层相应子目；道路基层如采用沥青混凝土摊铺机摊铺，可套用厂拌粉煤灰三渣基层（沥青混凝土摊铺机摊铺）相应子目，材料可进行调整换算，其他不变。

3）沥青稳定类基层：施工时采用人工摊铺撒料，然后用喷洒机喷洒沥青油、压路机碾压。

（3）底基层　底基层根据材料的不同分为天然砂砾、卵石、碎石、块石、矿渣、塘渣、砂、石屑，定额分为人工铺装与人机配合两项，铺设厚度与定额不同时按厚度用内插法调整。

2. 定额补充说明

1）混合料多层次铺筑时，其基础顶层需进行养护，养护期按7d考虑，其用水量已综合在顶层多合土养护定额内，使用时不得重复计算用水量。

2）各种底层、基层材料消耗中如作面层封顶时不包括水的使用量，当作为面层封顶时如需加水碾压，加水量可另行计算。

3）基层混合料中的石灰均为生石灰的消耗量。

4）《市政定额》第二册第二章定额未包括搅拌点至施工点的熟料运输，发生时套用《市政定额》第一册《通用项目》相应成品运输子目。

5）《市政定额》第二册第二章中设有"每减1cm"的子目，适用于压实厚度20cm以内；压实厚度在20cm以上的应按两层结构层铺筑。

【例3-1】　某道路基层设计为现拌5%水泥稳定碎石砂基层，设计厚度为36cm，试套用定额。

【解】　因为道路基层压实厚度在20cm以上的应按两层结构层铺筑，则

套定额　[2-129]×2-[2-130]×4

定额基价=(4770.45×2)元/m²-(299.44×4)元/m²=8343.14元/100m²

【例3-2】 若【例3-1】中道路结构层改为36cm厚三渣基层,采用厂拌粉煤灰三渣,用沥青摊铺机铺筑,试套用定额。

【解】 定额中的沥青摊铺机摊铺、厂拌粉煤灰三渣子目分为20cm和每减1cm两项,应按两层结构层铺筑,则

套定额 [2-93]×2-[2-94]×4

定额基价=(3053.07×2)元/100m²-(140.24×4)元/100m²=5545.18元/100m²

【例3-3】 塘渣底层30cm厚,人机配合一次性铺筑,试套用定额。

【解】 定额中的塘渣摊铺子目分20cm和每减1cm两项,应按两层结构层铺筑,则

套定额 [2-117]×2-[2-118]×10

定额基价=(1647.57×2)元/100m²-(74.20×10)元/100m²=2553.14元/100m²

(二) 工程量计算规则

1) 道路路基面积按设计道路基层图示尺寸,以"m²"计算。
2) 多合土养护面积按设计基层的顶层面积,以"m²"计算。

注意: 计算道路基层时不扣除各种井筒所占的面积。设计道路基层横断面是梯形时,应按其截面平均宽度计算面积。

四、道路面层

(一) 定额说明

1. 道路面层分类及施工工艺

道路面层定额主要包括沥青类路面、透层、黏层与封层,以及水泥混凝土路面。

(1) 沥青类路面 沥青类路面包括以下项目:

1) 沥青表面处治:分为单层式、双层式、三层式。其中,三层式沥青表面处治施工工艺:清扫基层→洒透层(或黏层)沥青油料→洒第一层沥青→撒第一层集料→碾压→洒第二层沥青→撒第二层集料→碾压→洒第三层沥青→撒第三层集料→碾压。单层式、双层式沥青表面处治的施工工艺依次减少洒沥青、撒集料、碾压的遍数。

2) 沥青贯入式路面的厚度宜为4~8cm,其施工工艺:清扫基层→洒透层(或黏层)沥青油料→撒主层集料→碾压→洒第一遍沥青→撒第一遍嵌缝料→碾压→洒第二遍沥青→撒第二遍嵌缝料→碾压→洒第三遍沥青→撒封层料→碾压→初期养护。

3) 黑色碎石路面(沥青碎石路面)。沥青碎石混合料采用"厂拌",摊铺方式分为人工摊铺或沥青摊铺机摊铺,然后先用轻型压路机碾压,后用重型压路机碾压成型。

4) 沥青混凝土路面。沥青混凝土路面是由几种规格、大小不同的矿料(包括碎石或经轧制的砾石、石屑、砂和矿粉等)和一定数量的沥青,按照一定的比例在一定温度下拌和制成混合料,经摊铺、碾压制成的路面面层结构。

沥青混凝土路面按沥青材料的不同分为石油沥青混凝土路面和煤沥青混凝土路面;按矿料的最大粒径不同可分为粗粒式沥青混凝土路面、中粒式沥青混凝土路面、细粒式沥青混凝土路面;按路面结构形式可分为单层式沥青混凝土路面、双层式沥青混凝土路面,一般单层式沥青混凝土路面厚4~6cm,双层式沥青混凝土路面厚7~9cm(下层厚4~5cm,上层厚3~4cm)。

沥青混凝土混合料采用"厂拌",摊铺方式分为人工摊铺和沥青摊铺机摊铺,压实分为初压、复压、终压三个阶段。施工时应控制每个阶段沥青混凝土混合料的施工温度,如出厂温度、运至现场温度、摊铺温度、碾压温度、碾压终了温度、开放交通温度。

注意:粗粒式、中粒式沥青混凝土路面在发生厚度"增减0.5cm"时,定额子目按"每增减1cm"子目减半套用。

道路面层材料换算

(2)透层、黏层与封层 沥青混凝土路面施工的辅助层有透层、黏层、封层,起到过渡、黏结和提高道路性能的作用。《城镇道路工程施工与质量验收规范》(CJJ 1—2008)第8.4条关于透层、黏层与封层的内容如下:

1)透层。制作透层的透层油一般喷洒在无机结合料与粒料基层或水泥稳定层表面,让油料渗入基层后方可铺筑面层,其作用是使非沥青类材料基层与沥青面层之间能良好黏结。透层油沥青的稠度宜通过试验确定,对于表面致密的半刚性基层宜采用渗透性好的稀透层沥青;对级配砂砾、级配碎石等粒料基层宜采用软稠的透层沥青。

2)黏层。制作黏层的黏层油一般喷洒在双层式或三层式热拌热铺沥青混合料路面的沥青层之间,或在旧路上加铺沥青时喷洒起黏结作用。设置黏层的目的是使层与层之间的混合料黏成整体,提高道路的整体强度。

3)封层。制作封层的封层油一般用于路面结构层的连接与防护,如喷洒在需要开放交通的基层上,或在旧路上铺筑时喷洒进行路面养护修复。设置封层的目的是使道路表面密封,防止雨水浸入道路,保护路面结构层,防止表面因磨耗而损坏。封层分为上封层和下封层,上封层铺筑在沥青面层的上表面,下封层铺筑在沥青面层的下表面。

喷洒沥青油料定额项目分为石油沥青和乳化沥青两种油料,具体应根据设计材质套用相应子目。如设计喷油量不同,消耗量按设计调整,定额子目沥青油料含量见表3-3。

表3-3 定额子目沥青油料含量

名称	用途	用油量/(kg/m²)	
		石油沥青	乳化沥青
透层	粒料基层	1.47	1.20
	半刚性基层	1.35	1.10
黏层	新建或旧沥青层	0.61	0.50
	水泥凝土路面	0.61	0.50
封层	上封层	1.08	0.95
	下封层	1.19	1.01

注:在沥青稳定类半刚性基层摊铺沥青混凝土面层不需要喷洒透层油料。

【例3-4】 某道路结构如图3-6所示,沥青路面部分采用机械摊铺,试套用沥青路面定额。

【解】 (1)透油层 根据设计喷油量不同,沥青油料含量按表3-3进行换算。查表3-3,水泥碎石砂稳定层上浇洒石油沥青作为透层油料的定额,考虑石油沥青用量为1.35kg/m²,现设计采用石油沥青用量为1.2kg/m²,则石油沥青定额消耗量调整为1.2×0.135/1.35t=0.12t,则有

套定额 [2-162]

换算定额基价 = 397.25 元/m² + [(0.12 - 0.135) × 2672] 元/m² = 357.17 元/100m²

（2）沥青层 粗粒式、中粒式沥青混凝土路面在发生厚度"增减0.5cm"时，定额子目按"每增减1cm"子目减半的原则套用，定额套用如下：

1) 粗粒式沥青混凝土7.5cm厚：

套定额 [2-192]+[2-193]×1.5

定额基价 = 4732.65 元/100m² + (788.40×1.5) 元/100m² = 5915.25 元/100m²

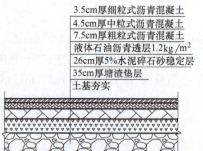

图 3-6 道路结构

2) 中粒式沥青混凝土4.5cm厚：

套定额 [2-200]+[2-203]×0.5

定额基价 = 3236.24 元/100m² + (805.81×0.5) 元/100m² = 3639.15 元/100m²

3) 细粒式沥青混凝土3.5cm厚：

套定额 [2-208]+[2-209]×0.5

定额基价 = 2920.98 元/100m² + (975.52×0.5) 元/100m² = 3408.74 元/100m²

（3）水泥混凝土路面 水泥混凝土路面施工工艺：模板安装→混凝土搅拌和运输→浇筑→振捣→安装伸缩缝板、钢筋→找平→拉毛、刻槽、养护→切缝、灌缝。

1) 水泥混凝土板块划分。水泥混凝土板块一般采用矩形，板宽即纵缝间距，其最大间距不得大于4.5m；板长即横缝间距，应根据气候条件、板厚和实践经验确定，一般为4~5m，最大不得超过6m。板宽与板长之比以1∶1.3为宜。板的横断面一般采用等厚式，厚度通过计算确定，最小厚度一般不小于15cm。

2) 接缝。纵向和横向接缝一般为垂直相交，其纵缝两侧的横缝不得相互错位。

① 纵缝。纵缝是沿行车方向两块混凝土板之间的接缝，通常在板厚中央设置拉杆。纵缝可分为纵向施工缝和纵向缩缝两类，分别如图3-7、图3-8所示。

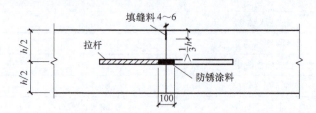

图 3-7 纵向施工缝（尺寸单位：mm；"h"为板厚）

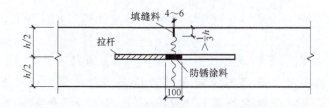

图 3-8 纵向缩缝（尺寸单位：mm；"h"为板厚）

当一次铺筑宽度小于路面宽度时，应设纵向施工缝，纵向施工缝采用平缝形式，上部锯切槽口，切槽深度一般为1/3板厚，槽内灌塞填缝料。

当一次铺筑宽度大于4.5m时，应设置纵向缩缝，缩缝采用假缝形式，锯切的槽口深度应大于板厚的1/3深度。

② 横缝。横缝可分为横向缩缝、胀缝（伸缝）和横向施工缝三类，分别如图3-9~图3-11所示。

横向缩缝是在混凝土浇筑以后用切缝机进行切缝的接缝，通常为不设传力杆的假缝，在邻近胀缝或自由端部位的3条横向缩缝，应采用传力杆假缝型。

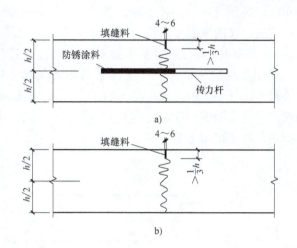

图3-9　横向缩缝构造（尺寸单位：mm；"h"为板厚）
a) 设传力杆假缝型　b) 不设传力杆假缝型

胀缝（伸缝）下部应设预制填缝板，板中穿传力杆，上部填封缝料。传力杆在浇筑前必须固定，使之平行于板面及道路中心线。在邻近桥梁或其他固定构筑物或与其他道路相交处应设置胀缝。胀缝一般为真缝，是指贯通整个板厚的缝；横向缩缝为假缝。

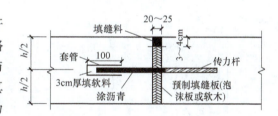

图3-10　胀缝构造（尺寸单位：mm；"h"为板厚）

每日施工终了或浇筑混凝土过程中因故

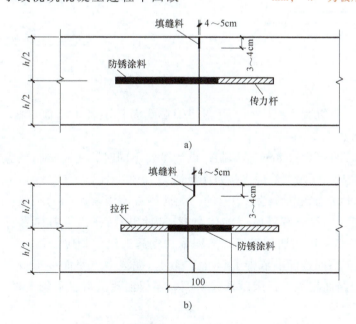

图3-11　横向施工缝构造（尺寸单位：mm；"h"为板厚）
a) 设传力杆平缝型　b) 设拉杆企口缝型

中断时，必须设置横向施工缝，其位置宜设置在横向缩缝或胀缝处。胀缝处的横向施工缝同胀缝施工，横向缩缝处的横向施工缝应采用加设传力杆的平缝型或加设拉杆的企口缝型。

3）路面钢筋。混凝土路面中除在纵缝处设置拉杆（采用螺纹钢筋）、横缝处设置传力杆（采用光圆钢筋）外，还需按要求在特殊部位设置补强钢筋，如边缘钢筋、角隅钢筋、钢筋网等，分别如图 3-12～图 3-14 所示。混凝土面层钢筋定额中编制了传力杆、构造筋和钢筋网子目。钢筋网片套用钢筋网定额，传力杆、拉杆套用传力杆定额，边缘钢筋、角隅筋等钢筋均套用构造筋定额。

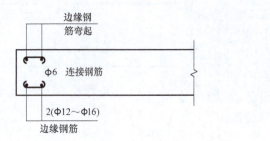

图 3-12　边缘钢筋构造

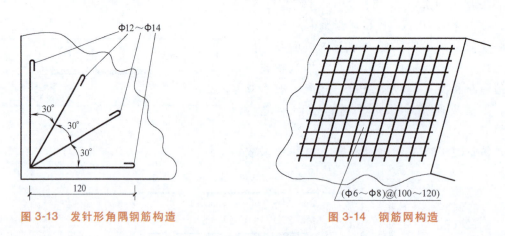

图 3-13　发针形角隅钢筋构造　　　　图 3-14　钢筋网构造

2. 定额补充说明

1）摊铺彩色沥青混凝土面层时，可套用细粒式沥青混凝土路面定额，主材进行换算，柴油消耗量乘以系数 1.2。

2）块料路面石材厚度按 8cm 厚编制，设计厚度不同时，主材进行换算；同时，石材厚度每增加 1cm，相应定额人工消耗量按每 $100m^2$ 增加 1 工日。

3）水泥混凝土路面，综合考虑了有筋、无筋等不同因素影响的工效。水泥混凝土路面中未包括钢筋用量，如设计有筋时（如传力杆、边缘加固筋、角隅加固筋、纵向拉杆等），套用《市政定额》第一册《通用工程》第四章"钢筋工程"相应子目。

4）水泥混凝土路面按商品混凝土套用定额。水泥混凝土路面以平口为准，如设计为企口时，水泥混凝土路面定额人工乘以系数 1.01，模板消耗量乘以系数 1.05。

（二）工程量计算规则

1）沥青混凝土、水泥混凝土及其他类型路面工程量以"m^2"计算。带平石的面层应扣除平石面积，不扣除各类井所占面积。

2）伸缩嵌缝工程量按设计缝长乘以缝深，以"m^2"计算。

3）缩缝锯缝机切缝、填灌缝工程量按设计图示尺寸，以"延长米"计算。

4）路面防滑条工程量按设计图示尺寸，以"m^2"计算。

5）模板工程量根据实际施工情况，按与混凝土接触面积，以"m^2"计算。

6）土工布贴缝按混凝土路面缝长乘以设计宽度，以"m^2"计算（纵、横相交处面积不扣除）。

应注意道路面层铺筑面积的计算。按设计面积计算即按道路设计长度乘以横断面宽度，再加上道路交叉口转角面积计算，不扣除各类井所占面积。

交叉口转角面积计算式如下：

1）道路正交时，路口转角面积计算式为（图3-15）

$$F = 0.2146R^2$$

2）道路斜交时，路口转角面积计算式为（图3-16）

$$F = R^2 \left[\tan \frac{\alpha}{2} - 0.00873\alpha \right]$$

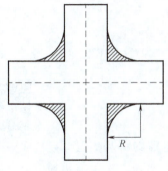

图3-15　道路正交示意

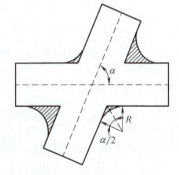

图3-16　道路斜交示意

【例3-5】 试计算如图3-17所示混凝土路面工程胀缝、横向缩缝工程量，并确定套用的定额子目。已知胀缝每150m设一道，填缝料（沥青玛琋脂）深4cm；横向缩缝的填缝料（沥青玛琋脂）深5cm、宽5mm。

【解】 1. 胀缝

胀缝上部填缝料、下部嵌油浸木屑板（1条）；纵缝只有钢筋，无嵌缝。

填缝料（沥青玛琋脂）工程量 = （0.04×18）m^2 = 0.72m^2

定额子目：[2-182]

油浸木屑板工程量 = [（0.24-0.04）×18] m^2 = 3.60m^2

定额子目：[2-181]

2. 横向缩缝

横向缩缝包括锯缝、嵌缝。每块板的缩缝数量 = [（200/5）条 -1 条 -1 条] = 38条，每条长 = 4.5m，则有锯缝工程量 = （38×4.5×4）m = 684m

定额子目：[2-186]

填缝料（沥青玛琋脂）工程量 = （0.05×684）m^2 = 34.2m^2

定额子目：[2-185]

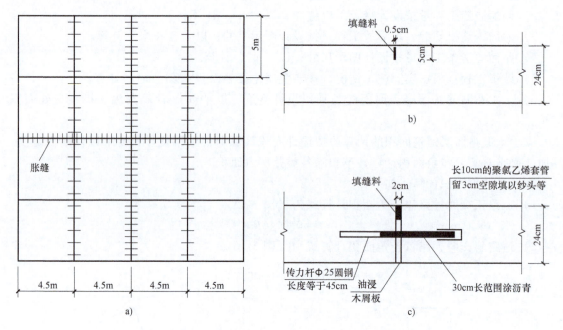

图 3-17 混凝土道路板块划分及伸缩缝示意
a）板块划分示意图 b）横向缩缝结构图 c）胀缝结构图

五、人行道及其他

（一）定额说明

1）本定额所采用的人行道板、侧（平）石、花岗岩等砌料及垫层厚度如与设计不同时，可按设计要求进行调整。除定额另有说明外，人工与机械消耗量不变。

2）各类垫层厚度如与设计不同时，材料、搅拌机械应进行调整，人工消耗量不变。配合比如与设计不同时，材料应进行调整，人工、机械消耗量不变。

3）预制成品侧石安砌中，如其弧形转弯处为现场浇筑，则套用现浇侧石子目。

4）现场预制侧（平）石制作定额套用《市政定额》第三册《桥涵工程》相应定额子目。

5）高度大于 40cm 的侧石按高侧石定额套用。

6）花岗岩面层安砌定额按 4cm 厚编制，如设计厚度不同，石材应做换算；同时，石材厚度每增 1cm，相应定额人工消耗量按每 100m² 增加 0.5 工日。

7）人行道板安砌项目中的人行道板如采用异型板、人行道砖如采用人字纹铺装，其定额中人工乘以系数 1.1，材料消耗量不变。人行道板及人行道砖的做法如图 3-18～图 3-21 所示。

8）广场砖铺贴定额中的分色线条铺装或分色铺装按不拼图套用，形式如图 3-22 所示；广场砖拼图是指由板材切割拼花形成的图案，如图 3-23 所示。

9）广场砖铺设离缝定额中，广场砖消耗量已扣除缝宽面积，计算工程量时不得重复扣除。

人行道及其他部分定额的应用及材料换算

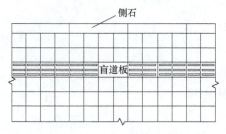
图 3-18 普通人行道板做法

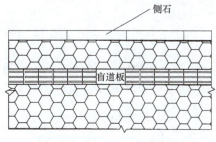
图 3-19 异型人行道板做法

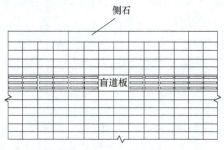
图 3-20 普通人行道砖做法

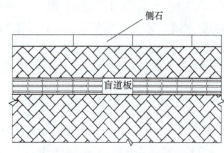
图 3-21 人字纹人行道砖做法

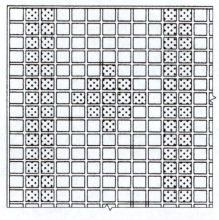
图 3-22 离缝广场砖分色拼图

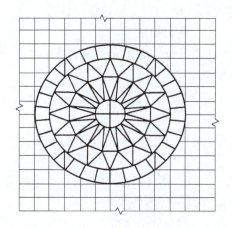
图 3-23 密缝广场砖拼图

10）现浇人行道面层按本色水泥编制，如设计有配色与上光，应另行增加颜料与上光费用。

（二）工程量计算规则

1）人行道板、草坪砖、花岗岩板、广场砖铺设按设计图示尺寸以"m^2"计算，不扣除各种检查井、雨水井盖等所占面积；但应扣除侧石、树池及单个面积大于 $0.3m^2$ 以上矩形盖板等所占的面积。当单个面积大于 $0.3m^2$ 以上的矩形盖板表面镶贴花岗岩等其他材质面层时，其工程量计入相应人行道铺设面积内。

2）侧（平）石安砌、砌筑树池等项目按设计长度以"m"计算；现浇侧石与零星砌砖项目以"m^2"计算。

3）花坛、台阶花岗岩面层按设计图示尺寸展开面积以"m^2"计算。

任务三　国标工程量清单计价

《计算规范》附录 B 道路工程中设置了 5 个小节 80 个清单项目，5 个小节分别为路基处理、道路基层、道路面层、人行道及其他、交通管理设施。

一、工程量清单项目设置

（一）路基处理

《计算规范》表 B.1 路基处理主要按照路基处理方式的不同，设置了 23 个清单项目：预压地基、强夯地基、振冲密实（不填料）、掺石灰、掺干土、掺石、抛石挤淤、袋装砂井、塑料排水板、振冲桩（填料）、砂石桩、水泥粉煤灰碎石桩、深层水泥搅拌桩、粉喷桩、高压水泥旋喷桩、石灰桩、灰土（土）挤密桩、柱锤冲扩桩、地基注浆、褥垫层、土工合成材料、排（截）水沟、盲沟。

（二）道路基层

《计算规范》表 B.2 道路基层主要按照基层材料的不同，设置了 16 个清单项目：路床（槽）整形，石灰稳定土，水泥稳定土，石灰、粉煤灰、土，石灰、碎石、土，石灰、粉煤灰、碎（砾）石，粉煤灰，矿渣，砂砾石，卵石，碎石，块石，山皮石，粉煤灰三渣，水泥稳定碎（砾）石，沥青稳定碎石。

（三）道路面层

《计算规范》表 B.3 道路面层主要按照道路面层材料的不同，设置了 9 个清单项目：沥青表面处治，沥青贯入式，透层、粘层，封层，黑色碎石，沥青混凝土，水泥混凝土，块料面层，弹性面层。

（四）人行道及其他

《计算规范》表 B.4 人行道及其他主要按照道路附属构筑物的不同，设置了 8 个清单项目：人行道整形碾压、人行道块料铺设、现浇混凝土人行道及进口坡、安砌侧（平、缘）石、现浇侧（平、缘）石、检查井升降、树池砌筑、预制电缆沟铺设。

人行道及其他清单编制

（五）交通管理设施

《计算规范》表 B.5 交通管理设施按不同的交通管理设施设置了 24 个清单项目：人（手）孔井、电缆保护管、标杆、标志板、视线诱导器、标线、标记、横道线、清除标线、环形检测线圈、值警亭、隔离护栏、架空走线、信号灯、设备控制机箱、管内配线、防撞筒（墩）、警示柱、减速垄、监控摄像机、数码相机、道闸机、可变信息情报板、交通智能系统调试。

二、清单工程量计算规则

（一）路基处理

1）预压地基、强夯地基、振冲密实（不填料）的工程量按设计图示尺寸以加固面积计算。

2）掺石灰、掺干土、掺石及抛石挤淤的工程量按设计尺寸以体积计算。

道路路面计量要点

3) 项目特征中的桩长应包括桩尖,空桩长度=孔深-桩长,孔深为自然地面至设计桩底的深度。

4) 如采用碎石、粉煤灰、砂等作为路基处理的填方材料时,应按《计算规范》附录A中的回填方项目编码列项。

(二) 道路基层

1) 路床(槽)整形工程量按设计道路底基层图示尺寸以面积计算,不扣除各类井所占面积。

2) 道路基层工程量按设计图示尺寸以面积计算,不扣除各类井所占面积。

(三) 道路面层

1) 道路面层工程量按设计图示尺寸以面积计算,不扣除各种井所占面积,带平石的面层应扣除平石所占面积。

2) 水泥混凝土路面中传力杆和拉杆的制作、安装应按《计算规范》附录J中的相关项目编码列项。

(四) 人行道及其他

1) 人行道整形碾压按设计人行道图示尺寸以面积计算,不扣除侧石、树池和各类井所占面积。

2) 人行道块料铺设、现浇混凝土人行道及进口坡按设计图示尺寸以面积计算,不扣除各类井所占面积,但应扣除侧石、树池所占面积。

(五) 交通管理设施

1) 标杆、标志板、视线诱导器、值警亭、信号灯、设备控制机箱、防撞筒(墩)、警示柱、监控摄像机、数码相机、道闸机及可变信息情报板按设计图示数量计算。

2) 本部分清单项目如发生破除混凝土路面、土石方开挖、回填夯实等,应分别按《计算规范》附录K及附录A中相关项目编码列项。

3) 除清单项目特殊注明外,各类垫层应按《计算规范》附录中相关项目编码列项。

4) 立电杆按《计算规范》附录H中相关项目编码列项。

5) 值警亭按半成品现场安装考虑,实际采用砖砌等形式的,按《房屋建筑与装饰工程工程量计算规范》(GB 50854—2013)中相关项目编码列项。

6) 与标杆相连的,用于安装标志板的配件应计入标志板清单项目内。

【例 3-6】 某道路工程采用沥青混凝土路面,现施工 K0+000~K0+200 段,道路平面图及横断面图如图 3-24 所示,试计算其路床整形清单工程量。

【解】 路床宽度 = 16m + 2×(0.15+0.05+0.1+0.5)m = 17.6m

路床长度 = 200m

路床整形清单工程量 = 17.6×200m² = 3520m²

【例 3-7】 某道路工程采用水泥混凝土路面,现施工 K0+000~K0+200 段,道路平面图及断面图如图 3-24 所示,试计算其路床整形定额工程量。

【解】 根据《市政定额》第二册《道路工程》中有关工程量计算规则的规定,路床整形碾压宽度按设计道路底层宽度加上加宽值计算,加宽值无明确规定时,按底层两侧各加 25cm 计算。

路床宽度 = [16+2×(0.15+0.05+0.1+0.5)]m + 2×0.25m = 18.1m

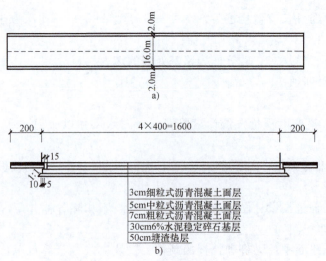

图 3-24 沥青混凝土道路平面图、横断面图
a) 平面图 b) 横断面图

路床长度 = 200m

路床整形定额工程量 = (18.1×200) m² = 3620m²

【例 3-8】 某道路工程采用水泥混凝土路面,现施工 K0+000~K0+200 段,道路平面图及横断面图如图 3-24 所示,试计算面层清单工程量。

【解】 面层宽度 = 16m

面层长度 = 200m

面层清单工程量 = (16×200) m² = 3200m²

三、道路工程实例

【例 3-9】 某市政道路施工图如图 3-25~图 3-28 所示。已知:

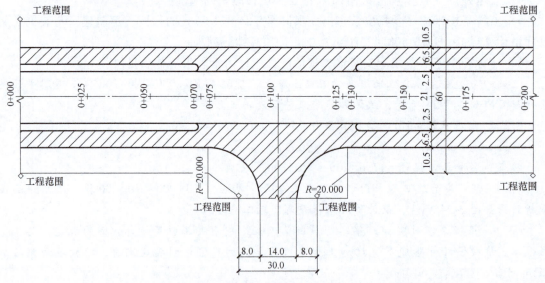

图 3-25 平面图 (1:1250)

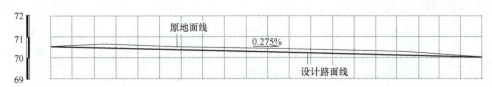

图 3-26 道路纵断面图（单位：m）

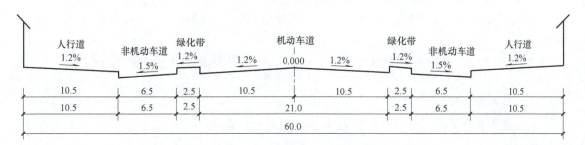

图 3-27 标准横断面图（单位：m）

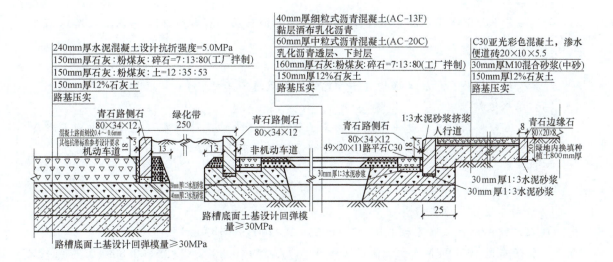

图 3-28 机动车道、非机动车道、人行道结构图

注：1. 本图尺寸单位除注明外均以"cm"计量。

2. 基层碾压后洒布 PC-2 乳化沥青透层，用量 $1.2L/m^2$；下封层选用 PC-1 乳化沥青，用量 $0.9L/m^2$，洒布 5～10mm，石料用量为 $5m^3/1000m^2$。

1）路槽土方施工在路床设计标高以上10cm范围内是人工挖土方，其他采用105kW推土机推土，推土距离设为40m，土壤类别为三类土；外运土用1.5m³装载机装土，12t自卸汽车运土，运距5km。挖出的土可以用于基层，自然密实方与压实方的体积比例关系为1.15:1。不考虑非机动车及人行道区域土方的挖运。

2）石灰土基层（1m³ 12%灰土中含生石灰0.265m³、土0.735m³）及石灰、粉煤灰、土基层（石灰干密度为2.24t/m³；粉煤灰干密度为1.2t/m³；土干密度为1.8t/m³）采用拌和机拌和，光轮压路机碾压；石灰、粉煤灰、碎石采用工厂拌制，振动压路机碾压；顶层、基层养护采用洒水车洒水。

3）石灰、粉煤灰、碎石用商品石灰、粉煤灰、碎石，到摊铺点的单价为75元/t。

4）沥青混凝土用商品沥青混凝土，到摊铺点的单价：细粒式沥青混凝土为1200元/m³，中粒式沥青混凝土为900元/m³。

5）路面面层混凝土用商品混凝土，入模价为360元/m³。水泥混凝土路面用塑料膜养护，采用定型钢模板，不考虑各种施工缝。

6）先安装平石，后施工沥青混凝土面层。

7）C30亚光彩色混凝土渗水便道砖尺寸为20cm×10cm×5.5cm，工地出库价为28元/m²。

8）场地内余土考虑外运处置，外运运距20km，外运处置市场价140元/m³。

【问题】

（1）机动车道

计算桩号K0+000~K0+200段机动车道的挖土方、余土外运、路基压实、石灰土基层、石灰粉煤灰土基层、石灰粉煤灰碎石基层、水泥混凝土面层、定型钢模板的工程量。（不考虑侧石及路缘石工程量）。

（2）非机动车道

计算桩号K0+000~0+200段非机动车道的面层和基层工程量（不考虑侧石及路缘石工程量）。

（3）人行道

计算人行道面层、基层工程量（不考虑侧石及路缘石工程量）。

（4）编制表格

编制上述分部分项工程量清单及计价表、措施项目清单及计价表（综合单价中管理费费率按10%考虑，利润费率按15%考虑，不计取风险费用）。

【解】

（1）机动车道

1) 机动车道挖土方工程量：

① 人工挖土方的工程量 = [0.1×(21+0.25×2)×200] m³ = 430m³

② 机动车道105kW推土机推土的工程量 = {[(0.69+0.809)÷2×25+(0.809+0.778)÷2×25+(0.778+0.796)÷2×25+(0.796+0.815)÷2×25+(0.815+0.834)÷2×25+(0.834+0.852)÷2×25+(0.852+0.821)÷2×25+(0.821+0.69)÷2×25]×(21+0.25×2)} m³ − 430m³ = 3007.31m³

2) 余土外运工程量：

① 扣除石灰、土用量的工程量 = [(21+0.25×2)×200×0.15×0.735×1.15] m³ = 545.19m³

② 扣除石灰、粉煤灰、土用量的工程量=[(21+0.25×2)×200×0.15×(53/1.8)÷(12/2.24+35/1.2+53/1.8)×1.15]m³=341.43m³

③ 余土外运工程量=430m³+3007.31m³-545.19m³-341.43m³=2550.69m³

3) 机动车道150mm石灰、粉煤灰、150mm石灰、土基层、150mm石灰粉煤灰碎石、路基压实的工程量=(21+0.25×2)×200m²=4300m²

4) 机动车道面层工程量：

① 240mm厚混凝土路面面层工程量=[(21-0.005×2)×200]m²=4198m²

② 混凝土路面养护工程量=[(21-0.005×2)×200]m²=4198m²

③ 混凝土路面刻纹工程量=[(21-0.005×2)×200]m²=4198m²

5) 模板工程量=(0.24×200×2)m²=96m²

模板费用属于施工技术措施费。

分部分项工程量清单及计价见表3-4。

表3-4 分部分项工程量清单及计价表

单位工程及专业工程名称：某市道路工程

序号	编号	名称	计量单位	数量	综合单价/元					合计/元
					人工费	材料费	机械费	管理费	利润	小计	
1	040101001001	人工挖一般土方，三类土	m³	430	13.44			1.34	2.02	16.80	7224
	1-5	人工挖一般土方，三类土，深度在2m以内	m³	430	13.44			1.34	2.02	16.80	7224
2	040101001002	机械挖一般土方，三类土	m³	3007.31	0.36		1.94	0.23	0.35	2.88	8661
	1-69	挖掘机挖土，不装车，三类土	m³	3007.31	0.36		1.94	0.23	0.35	2.88	8661
3	040103002001	余方弃置，余土外运处置，外运距20km	m³	2550.69		140.00				140.00	357096.6
	市场价	余土外运处置，外运距20km	m³	2550.69		140.00				140.00	357096.6
4	040202001001	路床(槽)整形，路基整形，碾压路槽底面土基设计，回弹模量≥30MPa	m²	4300	0.26		1.03	0.13	0.19	1.61	6923
	2-1	路床(槽)整形，路床碾压检验	m²	4300	0.26		1.03	0.13	0.19	1.61	6923
5	040202002001	石灰稳定土，厚度为15cm，含灰量为12%	m²	4300	3.24	5.82	2.13	0.54	0.81	12.54	53922
	2-79h	拌和机拌和，铺筑基层，石灰:粉煤灰:土=8:80:12,厚度为15cm，石灰稳定土，含灰量为12%	m²	4300	3.24	5.82	2.13	0.54	0.81	12.54	53922
6	040202004001	石灰:粉煤灰:土=12:35:53，厚度为15cm	m²	4300	2.94	22.35	2.13	0.51	0.76	28.69	123367

（续）

序号	编号	名称	计量单位	数量	综合单价/元						合计/元
					人工费	材料费	机械费	管理费	利润	小计	
	2-77h	拌和机拌和,铺筑基层,石灰:粉煤灰:土=12:35:53,厚度为15cm	m²	4300	2.94	22.35	2.13	0.51	0.76	28.69	123367
7	040202006001	石灰、粉煤灰、碎（砾）石,厚度为15cm,石灰:粉煤灰:碎石=7:13:80,厂拌,顶层基层养护	m²	4300	1.82	27.90	0.81	0.26	0.39	31.18	134074
	2-143	顶层多合土养护,洒水车洒水	m²	4300	0.06	0.06	0.15	0.02	0.03	0.32	1376
	2-93h	厂拌粉煤灰,三渣基层,沥青混凝土摊铺机摊铺,厚度为15cm	m²	4300	1.76	27.84	0.66	0.24	0.36	30.86	132698
8	040203007001	水泥混凝土,240mm厚水泥混凝土,防滑处理,养护	m²	4198	7.00	90.67	2.01	0.91	1.35	101.94	427944
	2-226	塑料膜养护	m²	4198	0.65	1.13		0.07	0.10	1.95	8186
	2-223	路面防滑条	m²	4198	0.71	1.38	1.77	0.25	0.37	4.48	18807
	2-213h	水泥混凝土,路面厚24cm,非泵送道路混凝土强度等级为5.0MPa	m²	4198	5.64	88.16	0.24	0.59	0.88	95.51	400951
		合　计									1142026

（2）非机动车道

1）非机动车道面层工程量：

① C30 混凝土平石长度 = $(200×2)$m $-(20×2+14)$m $+3.14×20$m $+[(70-1.25)×2]$m $+[(200-130-1.25)×2]$m $+2×3.14×1.25×2$m $=699.50$m

② 乳化沥青透层的工程量 = $(200×6.5×2)$m² $+[(130-70)×2.5×2]$m² $+[(2.5×2.5-3.14×1.25×1.25)×2]$m² $+[(20×2+14)×20]$m² $-(3.14×20×20÷2)$m² $-[699.5×(0.2+0.005)]$m² $=3211.29$m²

③ 乳化沥青下封层的工程量 = $(200×6.5×2)$m² $+[(130-70)×2.5×2]$m² $+[(2.5×2.5-3.14×1.25×1.25)×2]$m² $+[(20×2+14)×20]$m² $-(3.14×20×20÷2)$m² $-[699.5×(0.2+0.005)]$m² $=3211.29$m²

④ 60mm 厚中粒式沥青混凝土（AC-20C）的工程量 = $(200×6.5×2)$m² $+[(130-70)×2.5×2]$m² $+[(2.5×2.5-3.14×1.25×1.25)×2]$m² $+[(20×2+14)×20]$m² $-(3.14×20×20÷2)$m² $-[699.5×(0.2+0.005)]$m² $=3211.29$m²

⑤ 黏层洒布乳化沥青的工程量 = $(200×6.5×2)$m² $+[(130-70)×2.5×2]$m² $+[(2.5×2.5-3.14×1.25×1.25)×2]$m² $+[(20×2+14)×20]$m² $-(3.14×20×20÷2)$m² $-[699.5×(0.2+0.005)]$m² $=3211.29$m²

⑥ 40mm 厚细粒式沥青混凝土（AC-13F）的工程量 = $(200×6.5×2)$m² $+[(130-70)×2.5×2]$m² $+[(2.5×2.5-3.14×1.25×1.25)×2]$m² $+[(20×2+14)×20]$m² $-(3.14×20×20÷2)$m² $-$

$[699.5\times(0.2+0.005)]m^2=3211.29m^2$

2) 非机动车道基层工程量：

150mm 厚 12%石灰土基层、路基压实的工程量 =$[200\times(6.5+0.25\times2)\times2]m^2+[(130-70)\times(2.5-0.25\times2)\times2]m^2+\{[(2.5-0.25\times2)\times(1.25-0.25)-3.14\times(1.25-0.25)\times(1.25-0.25)\div2]\times4\}m^2+[(20\times2+14)\times20]m^2-[3.14\times(20-0.25)\times(20-0.25)\div2]m^2=3509.32m^2$

面层、基层工程量清单及计价表见表 3-5。

表 3-5 分部分项工程量清单及计价表

序号	编号	名称	计量单位	数量	综合单价/元						合计/元
					人工费	材料费	机械费	管理费	利润	小计	
1	040203003001	黏层洒布乳化沥青，用量为 0.5L/m²	m²	3211.29	0.03	2.01	0.03	0.01	0.01	2.09	6712
	2-165	黏层沥青层乳化沥青，用量为 0.5L/m²	m²	3211.29	0.03	2.01	0.03	0.01	0.01	2.09	6712
2	040203003002	洒布 PC-2 乳化沥青透层，用量为 1.2L/m²	m²	3211.29	0.03	4.85	0.09	0.01	0.02	5.00	16056
	2-163h	透层半刚性基层乳化沥青，用量为 1.1L/m²	m²	3211.29	0.03	4.85	0.09	0.01	0.02	5.00	16056
3	040203004001	封层选用 PC-1 乳化沥青，用量为 0.9L/m²，洒布 0.5~1cm，石料用量为 5m³/1000m²	m²	3211.29	0.43	4.63	0.15	0.06	0.09	5.36	17213
	2-171	下封层乳化沥青	m²	3211.29	0.43	4.63	0.15	0.06	0.09	5.36	17213
4	040203006001	沥青混凝土，中粒式沥青混凝土面层，厚度为 6cm，AC-20C	m²	3211.29	0.75	54.96	1.74	0.25	0.37	58.07	186480
	2-202h	中粒式沥青混凝土，路面机械摊铺，厚度为 6cm，中粒式沥青混凝土，AC-20C	m²	3211.29	0.75	54.96	1.74	0.25	0.37	58.07	186480
5	040203006002	沥青混凝土，细粒式沥青混凝土面层，厚度为 4cm，AC-20F	m²	3211.29	0.83	48.89	1.85	0.27	0.40	52.24	167758
	2-208h	机械摊铺细粒式沥青混凝土，路面厚 4cm，细粒式沥青混凝土，AC-20F	m²	3211.29	0.83	48.89	1.85	0.27	0.40	52.24	167758
6	040204005001	现浇侧（平、缘）石，C30 混凝土平石	m	699.5	2.73	12.33	0.13	0.29	0.43	15.91	11129
	2-256h	现浇侧、平石，C30 非泵送商品混凝土	m³	15.389	93.96	444.73	0.31	9.43	14.14	562.57	8657
	2-248	人工铺装砂浆黏结层	m³	4.197	110.84	424.80	21.32	13.22	19.82	590.00	2476
7	040202006002	石灰、粉煤灰、碎（砾）石，厚度为 16cm，石灰：粉煤灰：碎石=7:13:80（厂拌），顶层基层养护	m²	3509.32	1.83	29.74	0.81	0.26	0.39	33.03	115913

（续）

序号	编号	名称	计量单位	数量	综合单价/元						合计/元
					人工费	材料费	机械费	管理费	利润	小计	
	2-143	顶层多合土养护洒水车洒水	m²	3509.32	0.06	0.06	0.15	0.02	0.03	0.32	1123
	2-93h	厂拌粉煤灰,三渣基层沥青混凝土,摊铺机摊铺,厚度16cm	m²	3509.32	1.77	29.68	0.66	0.24	0.36	32.71	114790
8	040202002002	石灰稳定土,厚度为15cm,含灰量为12%	m²	3509.32	3.24	5.82	2.13	0.54	0.81	12.54	44007
	2-79h	拌和机拌和,铺筑基层,石灰:粉煤灰:土=8:80:12,厚度为15cm,石灰稳定土,含灰量为12%	m²	3509.32	3.24	5.82	2.13	0.54	0.81	12.54	44007
9	040202001002	路床(槽)整形,路基整形,碾压路槽底面土,土基设计回弹模量≥30MPa	m²	3509.32	0.26		1.03	0.13	0.19	1.61	5650
	2-1	路床(槽)整形,路床碾压检验	m²	3509.32	0.26		1.03	0.13	0.19	1.61	5650
		合计									585689

（3）人行道

1）人行道块料铺设工程量 = $\{[200 \times 2 - (20 + 14 + 20)] \times (10.5 - 0.12 - 0.08)\}$ m² + $[3.14 \times (20 - 0.12) \times (20 - 0.12) \div 2]$ m² − $[(20 - 10.5 + 0.08) \times (20 - 8 + 0.08)]$ m² = 4068.56 m²

2）人行道基层：150mm厚12%石灰土基层、路基压实的工程量 = $\{[200 \times 2 - (20 + 14 + 20)] \times (10.5 - 0.12 - 0.08) + 3.14 \times (20 - 0.12)^2 / 2 - (20 - 10.5 + 0.08) \times (20 - 8 + 0.08)\}$ m² = 4068.56 m²

3）人行道块料铺设及基层分部分项工程量清单及计价表见表3-6。

表3-6 分部分项工程量清单及计价表

序号	编号	名称	计量单位	数量	综合单价/元						合计/元
					人工费	材料费	机械费	管理费	利润	小计	
1	040204001001	人行道整形碾压,路基整形碾压,路槽底面土,设计回弹模量≥30MPa	m²	4068.56	1.26		0.14	0.14	0.21	1.75	7120
	2-2	路床(槽)整形,人行道整形碾压	m²	4068.56	1.26		0.14	0.14	0.21	1.75	7120
2	040202002003	石灰稳定土,厚度为15cm,含灰量为12%	m²	4068.56	3.24	5.82	2.13	0.54	0.81	12.54	51020
	2-79h	拌和机拌和,铺筑基层,石灰:粉煤灰:土=8:80:12,厚度为15cm,石灰稳定土,含灰量为12%	m²	4068.56	3.24	5.82	2.13	0.54	0.81	12.54	51020

情境三
市政道路工程计量计价

（续）

序号	编号	名称	计量单位	数量	综合单价/元						合计/元
					人工费	材料费	机械费	管理费	利润	小计	
3	040204002001	人行道块料铺设C30亚光彩色混凝土，渗水便道砖规格为20cm×10cm×5.5cm（含结合层）	m²	4068.56	14.89	42.74	0.42	1.53	2.30	61.88	251762
	2-236h	人行道、广场，石材厚度为5.5cm	m²	4068.56	14.89	42.74	0.42	1.53	2.30	61.88	251762
		合计									339603

（4）措施项目清单及计价表（表3-7）

表3-7 措施项目清单及计价表

单位工程及专业工程名称：某市道路工程

序号	编号	名称	计量单位	数量	综合单价/元						合计/元
					人工费	材料费	机械费	管理费	利润	小计	
1	041102002001	基础模板，混凝土路面模板	m²	96	34.34	11.43	2.85	3.72	5.58	57.92	5560
	2-215	水泥混凝土路面模板	m²	96	34.34	11.43	2.85	3.72	5.58	57.92	5560
2	04B001	大型机械进出场及安拆，满足施工需要	项	1	1350.00	2330.52	3835.46	518.55	777.82	8812.35	8812
	3001	履带式挖掘机（1m³以内）	台次	1	540.00	1181.33	1528.51	206.85	310.28	3766.97	3767
	3012	沥青混凝土摊铺机	台次	1	810.00	1149.19	2306.95	311.70	467.54	5045.38	5045
		合计									14373

老造价员说

市政工程建设投资是公共财政支出的主要方面之一，当竣工结算突破概（预）算时，将会严重影响公共财政的投资效率。道路工程项目本身具有项目规模大、施工内容多、施工周期长、工程成本高等特点，因此计量工作内容较多，存在很多细节问题，是道路计量出现误差的主要环节，所以需要提高对道路计量细节问题的重视力度。

同时，道路计量也是控制工程进度和工程成本的重要方式，对道路工程建设的顺利完成具有重要意义，所以必须提高对该项工作的重视力度。

复习思考与练习题

1. 道路路面结构层厚度怎样确定？如何从道路结构图上区分所示塘渣是路面结构层材

料还是软基换填材料？

2. 水泥混凝土路面施工时，横向与纵向各有哪些构造缝？构造钢筋布置有何不同？

3. 道路基层设计截面为梯形时，如何计算清单项目工程量，与定额工程量计算规则一致吗？

4. 某道路采用拌和机拌和石灰、粉煤灰、碎石基层（5:15:80），已知基层厚度为30cm，应如何套用定额？

5. 某道路人行道铺设选用彩色透水砖拼花，粘结层采用3cm厚M7.5水泥砂浆，应如何套用定额？

6. 路床整形、人行道整形、树池砌筑、现浇侧（平）石清单项目与定额子目的工程量计算规则相同吗？如果不同，简述不同点。

7. 水泥混凝土面层的钢筋是否包含在"水泥混凝土面层"清单项目中？编制工程量清单时，如何处理钢筋？

8. 水泥混凝土面层施工时的模板是否包含在"水泥混凝土面层"清单项目中？编制工程量清单时，如何处理其模板？

9. 道路工程包括哪些项目？简述计算思路。

10. 某道路工程长1km，设计车行道宽为18m，设计要求路床碾压宽度按设计车行道宽度每侧加宽40cm计算，以利于路基的压实。计算该工程路床整形碾压的工程量，并套用定额。

11. 某城市主干道工程长100m，两侧人行道各宽5m，采用37cm×15cm×100cm预制混凝土侧石。人行道结构依次为10cm厚C15混凝土基础、2cm厚DM7.5水泥砂浆粘结层、25cm×25cm×5cm普通人行道板。混凝土侧石垫层采用3cm厚C15混凝土，无靠背。试根据以上条件完成分部分项工程量清单综合单价计算表（管理费按20%计算，利润按10%计算，风险费不计）。

12. 请查阅相关资料，结合本情境学习内容，谈谈你对"提高城市规划、建设、治理水平"的理解和认识。

情境四

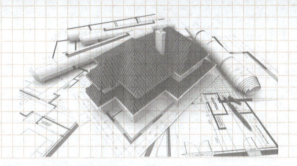

市政桥涵工程计量计价

> 【学习目标】

1. 学会市政桥涵工程项目基础知识。
2. 掌握市政桥涵工程项目工程量计算方法。
3. 掌握市政桥涵工程项目清单编制方法及定额的应用。

桥涵是桥梁与涵洞的总称。桥梁是道路跨越障碍的人工构造物。当道路路线遇到水系、山谷、深沟以及其他线路（公路或铁路）等障碍时，为了保证道路上的车辆继续通行，充分发挥其正常运输能力，同时保证桥下水流的宣泄、船只的通航，就需要建造桥梁。随着城市建设的高速发展，城市新型桥梁不断涌现，促进了新的施工机械、施工工艺、施工方法的形成与发展。

任务一 基础知识

一、桥梁的分类

（一）按桥梁的结构体系分类

桥梁按结构体系分类，主要有梁桥、拱桥、悬索桥、斜拉桥、刚架桥、组合体系桥等。

1. 梁桥

梁桥是我国古代最普遍、最早出现的桥梁，古人称平桥。它的结构简单，外形平直，比较容易建造。梁桥以受弯矩为主的主梁作为承重构件的桥梁。主梁可以是实腹或空腹。梁桥按主梁的静力体系不同分为简支梁桥、连续梁桥和悬臂梁桥。

桥梁分类

（1）简支梁桥。主要以孔为单元，两端设有橡胶支座，是静定结构。简支梁桥结构简单，制造安装方便，也可工厂化施工，造价低，一般适用于中小跨度。

（2）连续梁桥。主梁由若干孔为一联，连续支承在几个支座上，是超静定结构。当跨度较大时，采用连续梁较省材料，连续梁桥更适合悬臂拼装法或悬臂浇筑法施工。

（3）悬臂梁桥。上部结构由锚固孔、悬臂和悬挂孔组成，悬挂孔支承在悬臂上，用铰相连。悬臂梁桥有单悬臂梁桥和双悬臂梁桥。

梁桥是桥梁的基本体系之一，在桥梁建造中使用广泛，其上部结构可以是木、钢、钢筋混凝土、预应力混凝土、钢混组合等结构，如图4-1所示。

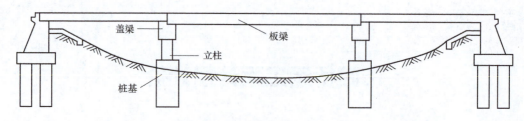

图 4-1 梁桥

2. 拱桥

拱桥（图 4-2）是用拱作为桥身主要承重结构的桥。在竖向荷载作用下，拱桥主要承受压力，同时也承受弯矩。

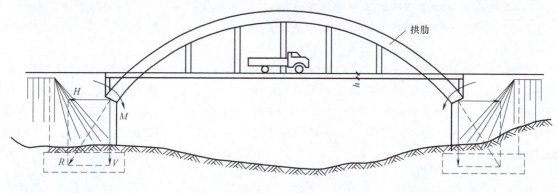

图 4-2 拱桥

拱桥可用砖、石、混凝土等抗压强度良好的材料建造，大跨度拱桥则用钢筋混凝土或钢材建造，以承受发生的力矩。在施工方法上，中小跨径拱桥以预制拱肋为拱架，少支架施工为主，或采用悬砌方法；大跨径拱桥则采取分段纵向分条，横向分段，预制拱肋，无支架吊装，组合拼装与现浇相结合的施工方法；此外，还可采用无支架转体施工方法建造拱桥。

3. 悬索桥

悬索桥又名吊桥（图 4-3），是指以通过塔架悬挂并锚固于两岸的缆索作为上部结构主要承重构件的桥梁。其缆索几何形状由力的平衡条件决定，一般接近抛物线。从缆索垂直下许多吊杆，把桥面吊住，在桥面和吊杆之间常设置加劲梁，同缆索形成组合体系，以减少活载引起的挠度变形。

由于悬索桥可以充分利用材料的强度，并具有用料省、自重轻的特点，因此悬索桥在各种体系桥梁中的跨越能力最大，跨径可达 1000m 以上，是大跨桥梁的主要形式。

4. 斜拉桥

斜拉桥（图 4-4）是将主梁用许多斜拉索直接拉在索塔上的一种桥梁。它是由承压的塔、受拉的索和承弯的梁体组合起来的一种结构体系。斜拉桥可看作是拉索代替支墩的多跨弹性支承连续梁，可使梁体内弯矩减小，降低建筑高度，减轻结构自重，节省材料。

一般来说，与悬索桥相比，斜拉桥刚度大，抗裂性能好，一般其跨径在 300～1000m 之间。

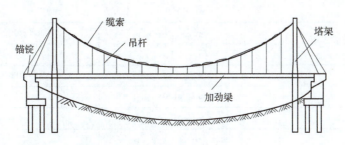

图 4-3 悬索桥

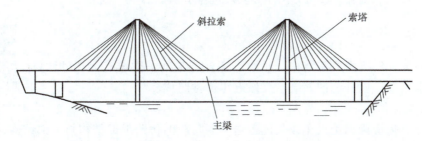

图 4-4 斜拉桥

5. 刚架桥

刚架桥（图 4-5）的主要承重结构是梁或板和立柱（墩柱、竖墙）整体结合在一起的结构体系。T 型刚架桥由 T 型刚架、挂梁和基础组成，两头由桥台连接。

刚架桥施工较复杂，一般用于跨径不大的城市桥、公路高架桥或立交桥。对于同样的跨径，在相同的荷载作用下，刚架桥的跨中正弯矩要比一般梁桥小。根据这一特点，其建筑高度就可以做得更小。当遇到线路立体交叉或需要跨越通航江河时，采用这种桥型能尽量降低线路标高，减少路堤土方量。钢筋混凝土梁式结构承受负弯矩，梁柱刚结合处较易裂缝，因而不能做成较大的跨径（40~50m）。而预应力混凝土结构，可以做成较大的跨径（60~200m）。

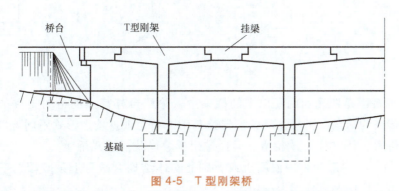

图 4-5 T 型刚架桥

（二）按桥梁材料和跨径分类

根据材料不同，桥梁可分为圬工桥（包括砖、石、混凝土桥）、钢筋混凝土桥、预应力混凝土桥、钢桥和木桥等多种形式；根据总长和跨径大小不同，桥梁分为特大桥、大桥、中桥、小桥和涵洞，其划分标准见表 4-1。

表 4-1 桥梁按总长或跨径分类

桥梁分类	多孔跨径总长 L_d/m	单孔跨径总长 L_b/m
特大桥	$L_d \geqslant 500$	$L_b \geqslant 100$
大桥	$100 \leqslant L_d < 500$	$40 \leqslant L_b < 100$
中桥	$30 \leqslant L_d < 100$	$20 \leqslant L_b < 40$
小桥	$8 \leqslant L_d < 30$	$5 \leqslant L_b < 20$
涵洞	$L_d < 8$	$L_b < 5$

注：1. 多孔跨径总长，仅作为划分特大、大、中、小桥的一个指标。
　　2. 圆管涵及箱涵不论管径或跨径大小、孔数多少，均称为涵洞。

二、桥梁基本组成

按功能划分，桥梁由桥跨结构、桥墩、桥台、基础、锥坡五大部件和桥面铺装、排水系统、栏杆、伸缩缝、支座五小部件组成。

桥梁组成

（一）五大部件

五大部件是指桥梁承受汽车或其他运输车辆荷载的桥跨上部结构与下部结构，它们必须经过承载力计算与分析，是桥梁结构安全性的保证。

1. 上部结构（或称桥跨结构、桥孔结构）

上部结构包括桥跨结构和支座系统，主要用于跨越障碍（如江河、山谷或其他路线等），承受车辆荷载，并通过支座传给墩台，如图 4-6 所示。桥跨结构所承受的荷载由支座系统传到下部结构桥梁的墩台系统上。

2. 下部结构

下部结构由桥墩（单孔桥没有桥墩）、桥台和墩台基础组成。下部结构的作用是支承上部结构，并将结构重力和车辆荷载等传给地基，桥台还与路堤连接并抵御路堤土压力。

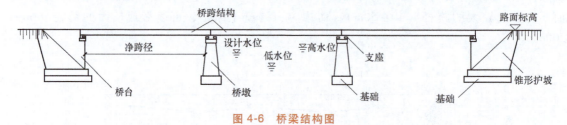

图 4-6 桥梁结构图

（1）桥墩　桥墩是两孔和两孔以上的桥梁中，除桥台外其余的中间支撑结构。其作用是将上部结构传来的荷载，可靠而有效地传给基础。桥墩根据构造形式不同可以分为实心式桥墩、空心式桥墩、柱（柱）式桥墩、柔性排架桥墩以及框架式桥墩。

① 实心式桥墩：一般为采用混凝土或石砌的实体结构，墩身上设墩帽，下接基础。常见的类型有重力式桥墩和实体薄壁桥墩。

重力式桥墩主要靠自身的重量（包括桥跨结构重力）平衡外力，从而保证桥墩的强度和稳定。重力式桥墩自身刚度大，具有较强的防撞能力，但存在阻水面积大的缺点，比较适合于修建在地基承载力较高、覆盖层较薄、基岩埋深较浅的地基上，如图 4-7 所示。

实体薄壁桥墩能显著减少圬工体积，被广泛使用于中、小跨径的桥梁中；因其抗冲击力

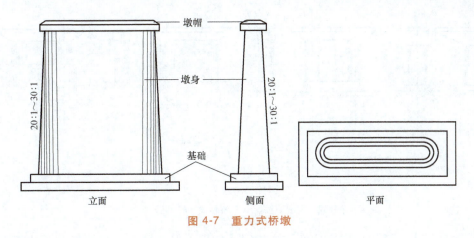

图 4-7 重力式桥墩

较差，故不宜用在流速大且夹有大量泥沙的河流。

② 空心式桥墩（图 4-8）：对于高大的桥墩或位于软弱地基桥位的桥墩，为了减少圬工体积、减轻自重以及减小地基的负荷，可将墩身内部做成空腔体或部分空腔体，形成外形轻盈美观的空心桥墩，其主要用于公路桥。空心式桥墩通过改变桥墩的结构形式和桥墩受力情况而实现轻型桥墩的作用。空心式桥墩有两种形式：一种为部分镂空体桥墩，另一种为薄壁空心桥墩。

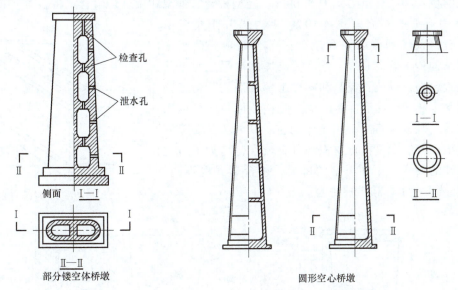

图 4-8 空心桥墩的形式

③ 柱（桩）式桥墩：目前公路桥梁中广泛采用的桥墩型式，由承台、柱（桩）式墩身和盖梁三部分组成，特别适用于宽度较大的城市桥梁和立交桥。常用的柱（桩）式桥墩的型式：单柱式、双柱式、哑铃式以及混合双柱式四种，如图 4-9 所示。

④ 柔性排架桥墩：由成排的钢筋混凝土桩顶端连以钢筋混凝土盖梁而成。材料用量省，修建简单，施工速度快，但其缺点是用钢量大，使用高度和承载能力都受到一定的限制。

⑤ 框架式桥墩：其墩身是平面框架。其横桥方向可以做成双层或多层的空间框架受力体系；桥梁纵、横向可建成 V 形、Y 形或 X 形的墩身结构，框架式桥墩圬工材料节省，外

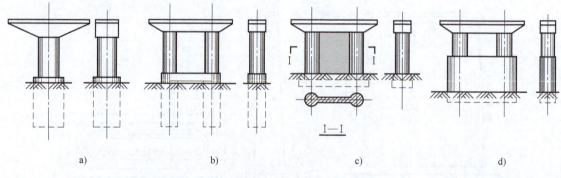

图 4-9 柱式墩台
a）单柱式 b）双柱式 c）哑铃式 d）混合双柱式

形美观，刚度较大，适用性广，且可与桩基配合使用，但其模板工程较复杂，柱间空间小，容易阻滞漂浮物。框架式桥墩适用于现代混凝土梁桥，多在水深不大的浅基础或高桩承台上采用，不宜用于深水区域。

（2）桥台 桥台是位于桥梁两端，支承桥梁上部结构和路堤相衔接的建筑物。其功能除传递桥梁上部结构的荷载到基础外，还具有抵挡台后的填土压力、稳定桥头路基、使桥头线路和桥上线路可靠而平稳地连接的作用。

常见的桥台种类有重力式 U 形桥台、轻型桥台、框架式桥台、组合式桥台等。

① 重力式 U 形桥台（图 4-10）：重力式 U 形桥台由台帽、台身（前墙和侧墙）和基础三部分组成。前墙除承受上部结构传来的荷载外，还承受路堤的水平压力。前墙顶部设置台帽，以放置支座和安设上部构造，其构造要求与墩帽基本相同。U 形桥台的优点是构造简单，可以用混凝土或片、块石砌筑，适用于高度在 10m 以下或跨度稍大的桥梁；其缺点是桥台体积和自重较大，增加了对地基强度条件的要求。不同类型的桥梁，桥台形式也不同，图 4-11 为梁式桥桥台和拱桥桥台。

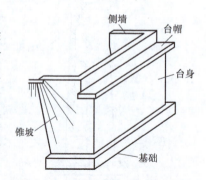

图 4-10 重力式 U 形桥台示意图

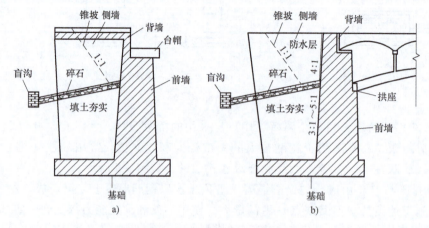

图 4-11 不同类型桥梁桥台示意图
a）梁式桥桥台 b）拱桥桥台

② 轻型桥台：轻型桥台一般由钢筋混凝土材料建造，与重力式桥台不同，它力求体积轻巧、自重小；它借助结构物的整体刚度和材料强度承受外力，可节省材料。轻型桥台降低了对地基强度的要求和扩大应用范围，为在软土地基上修建桥台开辟了经济可行的途径。

轻型桥台适用于小跨径桥梁，桥跨孔数与轻型桥墩配合使用时不宜超过 3 个，单孔跨不大于 13m，多孔全长不宜大于 20m。为了保持轻型桥台的稳定，除构造物牢固地埋入土中外，还必须保证铰接处有可靠的支承，故锚固上部块件的栓钉孔、上部构造与台背间及上部构造块件间的连接缝，均需用与上部构造同标号的小石子混凝土填实。常用的轻型桥台可分为：设有支撑梁的轻型桥台、薄壁轻型桥台等。如图 4-12 所示为钢筋混凝土薄壁桥台截面形式。

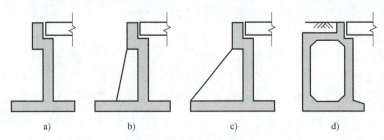

图 4-12　钢筋混凝土薄壁桥台截面形式
a) 悬臂式　b) 扶壁式　c) 撑墙式　d) 箱式

③ 框架式桥台：框架式桥台是一种在横桥向呈框架式结构的桩基础轻型桥台，它所承受的土压力较小，适用于地基承载力较低、台身较高、跨径较大的梁桥。其常见构造形式有三种：肋板式桥台、双柱式桥台、构架式桥台等（见图 4-13）。

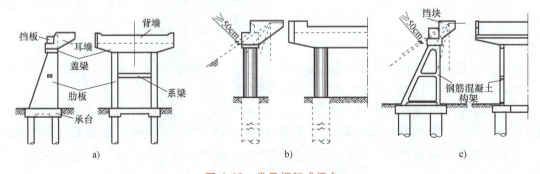

图 4-13　常见框架式桥台
a) 肋板式桥台　b) 双柱式桥台　c) 构架式桥台

④ 组合式桥台：为了使桥台轻型化，桥台本身主要承受桥跨结构传来的竖向力和水平力，而台后的土压力由其他结构来承受，形成组合式的桥台，常见的有锚定板式组合桥台、过梁式、框架式组合桥台，挡土墙组合桥台。

（3）墩台基础　墩台基础是桥墩和桥台的底部奠基部分，是保证桥梁墩台安全并将荷载传至地基的结构。基础工程在整个桥梁工程施工中是比较困难的部分，而且常常需要在水中施工，因而遇到的问题也很复杂。墩台基础一般可采用浅基础（扩大基础）、沉入桩基础、灌注桩基础以及沉井基础。

① 当地基浅层土质较差，持力层埋深较深，需要采用深基础才能满足结构物对地基强

度、变形和稳定性要求时，可用桩基础。桩基础依施工工艺不同分为沉入桩及钻孔灌注桩。

② 当水文条件复杂，特别是深水岩面不平，无覆盖层或覆盖层很厚时，采用管桩基础比较合适。管桩基础的结构可采用单根或多根形式，它主要由承台、多柱式柱身和嵌岩柱基三部分组成。

③ 沉井基础。桥梁工程常用沉井作为墩台基础。沉井基础是一种历史悠久的施工方法，适用于地基表层较差而深部较好的地层，既可以用在陆地上，也可以用在较深的水中。沉井是一种筒状结构物，依靠自身重量克服井壁摩擦阻力下沉至设计标高而形成基础。沉井基础通常由混凝土或钢筋混凝土制成，它既是基础，又是施工时的挡土和围堰结构物。特点是埋置深度可以很大、整体性强、稳定性好，但施工期较长。

（二）五小部件

五小部件是直接与桥梁使用功能有关的部件，总称桥面系（图 4-14）。它的作用是抵御水流的冲刷、防止路堤土坍塌。随着技术水平和社会经济水平的提高，人们对行车舒适性和结构物的观赏性要求越来越高，因而在桥梁设计施工中对五小部件越来越加以重视。

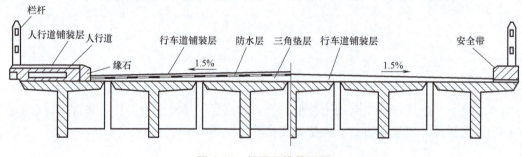

图 4-14 桥面系横截面图

1. 桥面铺装

桥面铺装指为保护桥面板和分布车轮的集中荷载，用沥青混凝土、水泥混凝土、高分子聚合物等材料铺筑在桥面板上的保护层。桥面铺装形式有两种。

（1）水泥混凝土或沥青混凝土铺装　装配式钢筋混凝土、预应力混凝土桥通常采用水泥混凝土或沥青混凝土铺装，其厚度为 60~80mm，强度不低于行车道板混凝土的强度等级。桥上的沥青混凝土铺装可以做成单层式（50~80mm）或双层式（底层 40~50mm，面层 30~40mm）。

（2）防水混凝土铺装　当不设防水层时，可在桥面板上以厚 80~100mm 且带有横坡的防水混凝土作铺装层，其强度不低于行车道板混凝土强度等级，其上一般可不另设面层而直接承受车轮荷载。为使铺装层具有足够的强度和良好的整体性，一般宜在混凝土中铺设直径为 4~6mm 的钢筋网。

2. 排水系统

（1）桥面排水　在桥梁设计时要有一个完整的排水系统，在桥面上除设置纵横坡排水外，常常需要设置一定数量的泄水管。

当桥面纵坡>2%而桥长<50m 时，桥上可以不设泄水管，此时可在引道两侧设置流水槽；当桥面纵坡<2%而桥长>50m 时，就需要设置泄水管，一般顺桥长方向每隔 12~15m 设置一个。泄水管可以沿行车道两侧左右对称排列，也可交错排列，其离缘石的距离为 200~

500mm。泄水管也可布置在人行道下面。

（2）桥面防水　桥面防水层设置在桥面铺装层下面，它将透过铺装层渗下来的雨水汇集到排水设施（泄水管）排出。国内常用的为贴式防水层，由两层卷材（如油毡）和三层黏结材料（沥青胶砂）相间组合而成，一般厚10～20mm。桥面伸缩缝处应连续铺设，不可切断；桥面纵向应铺过桥台背；截面横向两侧，则应伸过缘石底面从人行道与缘石砌缝里向上叠起100mm。

3. 栏杆

栏杆是桥梁和建筑上的安全设施，要求坚固，且要注意美观。从形式上看，栏杆可分为节间式与连续式两种。前者由立柱、扶手及横挡组成，扶手支承于立柱上；后者具有连续的扶手，由扶手、栏杆柱及底座组成。常见的栏杆种类有：木制栏杆、石栏杆、不锈钢栏杆、铸铁栏杆、水泥栏杆、组合式防撞栏杆（图4-15）。

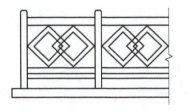
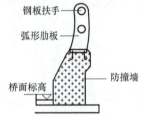

图4-15　石栏杆和防撞栏杆图

4. 伸缩缝

为满足桥面变形的要求，通常在两梁端之间、梁端与桥台之间或桥梁的铰接位置上设置伸缩缝。要求伸缩缝在平行、垂直于桥梁轴线的两个方向，均能自由伸缩，牢固可靠，车辆行驶过时应平顺、无突跳与噪声；要能防止雨水和垃圾泥土渗入阻塞；安装、检查、养护、消除污物都要简易方便。在设置伸缩缝处，栏杆与桥面铺装都要断开。

伸缩缝的类型有：型钢伸缩缝、镀锌薄钢板伸缩缝（图4-16）、橡胶伸缩缝等。

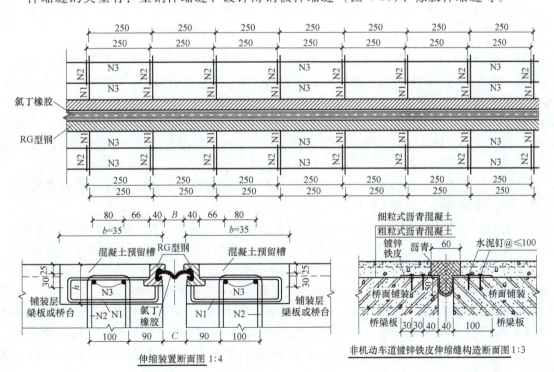

图4-16　RG型钢伸缩缝和镀锌薄钢板伸缩缝

5. 桥梁支座

桥梁支座的功能是将上部结构固定于墩台，承受作用在上部结构的各种力，并将它可靠地传给墩台；在荷载、温度、混凝土收缩和徐变作用下，支座能适应上部结构的转角和位移，使上部结构可自由变形而不产生额外的附加内力。

梁式桥支座按支座变形可能性分类，有水平双向固定支座（即固定支座）、水平双向活动支座（或称双向活动支座）、水平一向固定一向活动支座（即活动支座）三种（图4-17），其布置根据桥梁宽度而定。

根据桥梁支座材料不同，常用的桥梁支座有钢支座（辊轴支座、切线支座、摆式支座）、橡胶支座（板式橡胶支座、四氟板式橡胶支座及盆式橡胶金属组合支座）等。

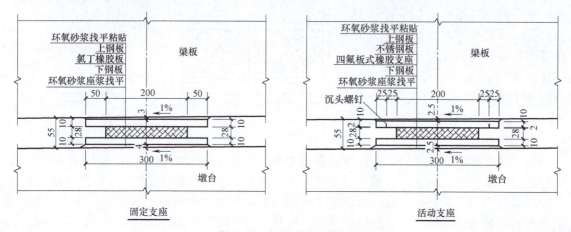

图4-17 桥梁支座示意图

三、涵洞

涵洞主要为宣泄地面水流（包括小河沟）而设置的横穿路基的小型排水构造物。在平原地区，由于沟谷不明显，为了保持水流顺畅通过路堤，修建桥梁是不现实的，因此，必须每隔一定距离修建一座过水涵洞。《公路工程技术标准》（JTG B01—2014）规定：单孔标准跨径小于5m或多孔跨径总长小于8m，以及圆涵及箱涵不论管径大小，孔径多少，均称为涵洞。在半填半挖的路基上，为排出侧沟积水，常在相邻轨枕之间（净距约0.3m）修筑一孔或多孔的钢筋混凝土过水明渠，也属于涵洞范围，有时和涵洞一并称为涵渠。

涵洞与桥梁的主要区别在于，一般涵洞上有填土，而桥上直接铺轨道（但仍有道渣）。从侧面看，涵洞就像在路基上挖的孔，而路基在桥梁处就断开了。

涵洞主要由基础、洞身和洞口组成，洞口包括端墙、翼墙或护坡、截水墙和缘石等部分。洞口是洞身、路基、河道三者的连接构造物。无论采取任何形式的洞口，河床都必须铺砌。

涵洞按洞顶填土情况可分为明涵和暗涵两类。明涵是指洞顶不填土的涵洞，适用于低路堤、浅沟渠；暗涵是指洞顶填土大于50cm的涵洞，适用于高路堤、深沟渠。

涵洞按其截面形式，分为圆涵、箱涵和拱涵（图4-18），涵洞过水截面上的最大水平尺寸为涵洞的孔径，如圆涵是以其内径为孔径，而箱涵、拱涵的孔径为其两侧边墙间的净距。

过水涵洞进出口两端设圬工端墙、翼墙和用片石铺砌的锥体，沟床和附近路堤坡面也要铺砌以防被冲刷。

圆涵可用不同材料的管节铺设在基础上。预制钢筋混凝土管、铸铁管、波纹铁管等，均可作圆涵管节。箱涵孔径较小时也可用预制钢筋混凝土箱形节段建成。孔径较大的箱涵和各种孔径的拱涵，通常都先用砌石或灌筑混凝土修筑基础和边墙，而后在边墙上铺设预制钢筋混凝土盖板形成箱涵（称盖板箱涵），或砌筑拱圈形成拱涵。圆涵洞身主要由各分段圆管节和支承管的基础垫层组成。

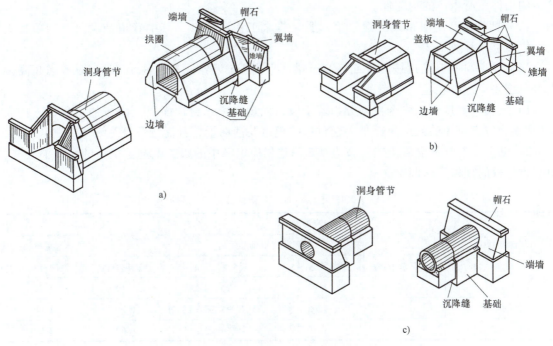

图 4-18　涵洞的构造及型式
a）拱涵　b）箱涵　c）圆涵

四、桥涵工程中的临时工程

在整个桥涵施工的过程中，有一些附属性的工程，它自己不构成永久性实体工程，随着项目的全面竣工，完成其作用而拆除，这些工程称为临时工程。临时工程是完成整个桥涵施工过程中必不可少的内容。

例如在河中打桩基础，选用在支架平台上施工，这样就产生了支架平台这一临时工程。其结构受力情况、几何尺寸、组成的材料等都构成了这项临时工程的各种要素。

施工中，如搭或拆钢管支架、桥梁拱盔支架、筑（拆）胎地膜等，也是临时工程。

任务二　定额工程量清单计价

一、定额说明

《市政定额》第三册《桥涵工程》定额共十章566个子目。其中：第一章"打桩工程"；第二章"钻孔灌注桩工程"；第三章"砌筑工程"；第四章"钢结构安装工程"；第五章

"现浇混凝土工程";第六章"预制混凝土工程";第七章"立交箱涵工程";第八章"安装工程";第九章"临时工程";第十章"装饰工程"。

《桥涵工程》适用于城镇范围内的桥梁工程;单跨5m以内的各种板涵、拱涵工程;穿越城市道路及铁路的立交箱涵工程。

(1) 预制混凝土及钢筋混凝土构件均属现场预制,不适用于独立核算、执行产品出厂价格的构件厂所生产的构配件。

(2) 圆管涵套用《市政定额》第六册《排水工程》定额,其中管道铺设及基础项目人工、机械乘以系数1.25。

(3) 定额中提升高度按原地面标高至梁底标高8m为界,若超过8m时,应考虑超高因素(悬浇箱梁除外):

1) 按提升高度不同将全桥划分为若干段,以超高段承台顶面以上模板的工程量,按表4-2调整相应定额中的人工消耗量、起重机的规格及消耗量,且需分段计算。

2) 陆上安装钢筋混凝土梁可按表4-2调整相应定额中的人工及起重机械的台班消耗量,但起重机械的规格不作调整。

表4-2 模板、陆上安装梁人工及起重机消耗量调整表

提升高度 H/m	现浇混凝土			陆上安装梁	
	人工	5t履带式电动起重机		人工	起重机械
	消耗量系数	消耗量系数	规格调整为	消耗量系数	消耗量系数
$H \leq 15$	1.02	1.02	15t履带式起重机	1.10	1.25
$15 < H \leq 22$	1.05	1.05	25t履带式起重机	1.25	1.60
$H > 22$	1.10	1.10	40t履带式起重机	1.50	2.00

【例4-1】 某高架路工程,1号桥墩处梁底标高为7.8m,2号桥墩处梁底标高为8.8m(支座高度0.3m)。试确定1、2号桥墩现浇混凝土及桥墩之间的预制梁板安装项目套用定额时,起重机的调整系数。

【解】

(1) 1号桥墩梁底标高小于8m,故不需要做超高调整。

(2) 2号桥墩扣除支座后墩顶高度仍超过8m,故其超过8m部分需进行系数调整。

(3) 1、2号桥墩间的预制梁板,平均标高为(7.8+8.8)m/2=8.3m,故也需要进行系数调整,具体调整方法及系数见表4-2。

(4) 定额中河道水深取定为3m。

(5) 定额中均未包括各类操作脚手架,若发生按定额第一册《通用项目》执行。

(6) 定额中未包括预制构件的场外运输。

二、打桩工程

打桩工程的列项和施工内容有关。预制桩的施工包括制桩(或购成品桩)、运桩、沉桩三个过程;当单节桩不能满足设计要求时,应接桩;当桩顶标高要求在自然地坪以下时,应送桩。桩按断面形式分为预制混凝土方桩和预应力混凝土管桩。

打桩工程(预制桩)列项包括:打桩、送桩、接桩。

（一）定额说明

打桩工程内容包括打基础圆木桩、打钢筋混凝土方桩、打钢筋混凝土板桩、打钢筋混凝土管桩、打钢管桩、接桩、送桩等11节98个子目。打桩工程按施工位置分为陆上、支架上以及船上打桩。

1) 定额中土质类别综合取定。

2) "打桩工程"定额均为打直桩，如打斜桩（包括俯打、仰打）斜率在1∶6以内时，人工乘以1.33，机械乘以1.43。

3) "打桩工程"定额均考虑在已搭置的支架平台上操作，但不包括支架平台，其支架平台的搭设与拆除应按定额"临时工程"相关项目计算。

4) 船上打桩定额按两艘船只拼搭、捆绑考虑。

5) 打板桩定额中，均已包括打、拔导向桩内容，不得重复计算。

6) 陆上、支架上、船上打桩定额中均未包括运桩。

7) 送桩定额按送4m为界，如实际超过4m时，按相应定额乘以下列调整系数：

① 送桩 $4m<H\leqslant 5m$，相应定额×1.2。

② 送桩 $5m<H\leqslant 6m$，相应定额×1.5。

③ 送桩 $6m<H\leqslant 7m$，相应定额×2.0。

④ 送桩 $H>7m$，以调整后7m为基础，每超过1m递增系数0.75。

例如：8m以下乘以系数2.75，9m以下乘以系数3.5，以此类推。注意乘以送桩调整系数时，工程量不按高度分段计算，工程量统算。

8) 打桩机械的安拆、场外运输费用按机械台班费用定额的有关规定计算。

9) 如设计要求需凿除桩顶时，可套用"临时工程"相应定额。

10) 如打基础圆木桩采用挖掘机时，可套用第一册《通用项目》相应定额，圆木桩含量作相应调整。

（二）工程量计算规则

1. 打桩

（1）钢筋混凝土方桩、板桩按桩长度（包括桩尖长度）乘以桩截面面积计算。

（2）钢筋混凝土管桩按桩长度（包括桩尖长度）乘以桩截面面积，减去空心部分体积计算。

（3）钢管桩按成品桩考虑，以"t"计算。钢管桩按设计长度（设计桩顶至桩底标高），管径和壁厚以"mm"计算，长度按"m"计算。计算公式如下：

$$W=(D-\delta)\times\delta\times 0.0246\times L/1000$$

式中 W——钢管桩重量，t；

D——钢管桩直径，mm；

δ——钢管桩壁厚，mm；

L——钢管桩长度，m。

（4）焊接桩型钢用量可按实调整。

2. 接桩

由于一根桩的长度打不到设计规定的深度，所以需要将预制桩一根一根连接起来继续向下打，直至打入设计的深度为止。将已打入的前一根桩顶端与后一根桩的下端相连接在一块的过程称为接桩。

方桩分为浆锚接桩、焊接接桩与法兰接桩,不分桩截面面积大小,以"个"计;钢筋混凝土管桩和钢管桩接桩区分管径不同,以"个"计。

3. 送桩

(1) 陆上送桩工程量(实体积,m³)=[(原地面平均标高+1m)-设计桩顶标高]×桩截面面积。

(2) 支架上送桩工程量(实体积,m³)=[(施工期最高潮水位+0.5m)-设计桩顶标高]×桩截面面积。

(3) 船上送桩工程量(实体积,m³)=[(施工期平均水位+1m)-设计桩顶标高]×桩截面面积。

【例 4-2】 如图 4-19 所示,自然地坪标高 0.5m,桩顶标高 -0.8m,设计桩长 20m(包括桩尖,单根桩长 10m)。桥台基础共 6 个,每个基础设 6 根预制钢筋混凝土方桩,采用焊接接桩。试计算陆上打桩、接桩与送桩的工料机费用合计。

【解】

(1) 打桩:$V = 0.4 \times 0.4 \times 20 \times 6 \times 6 = 115.2 \text{m}^3$

套定额 [3-7],基价 = 2188.97 元/10m³

工料机费用 = 218.897×115.2 元 = 25216.93 元

(2) 接桩:$n = 6 \times 6$ 个 = 36 个

套定额 [3-52],基价 = 304.73 元/个

工料机费用 = 304.73×36 元 = 10970.28 元

(3) 送桩:$V = 0.4 \times 0.4 \times (1 + 0.5 + 0.8) \times 36 \text{m}^3$
$= 13.25 \text{m}^3$

送桩长度 = (1+0.5+0.8)m = 2.3m<4m

套定额 [3-68],基价 = 5303.99 元/10m³

工料机费用 = 530.399×13.25 元 = 7027.79 元

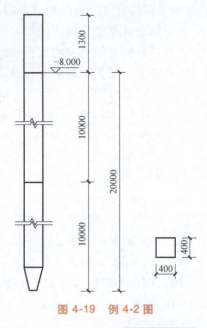

图 4-19 例 4-2 图

三、钻孔灌注桩工程

《市政定额》"钻孔灌注桩工程"定额适用于桥涵工程钻孔灌注桩基础工程。

《市政定额》"钻孔灌注桩工程"定额包括埋设钢护筒,人工挖孔桩,转盘式钻孔桩基成孔,旋挖桩机成孔,冲孔桩机成孔,泥浆池建造和拆除、泥浆运输,灌注桩混凝土,注浆管埋设及桩底后注浆,声测管制作、安装,共 9 节 64 个子目。

根据钻孔灌注桩工程的施工顺序,一般列项包括:成孔(入岩)、泥浆池、灌注混凝土、回填,如图 4-20 所示。

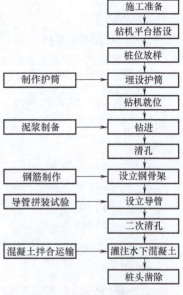

图 4-20 钻孔灌注桩工程施工顺序

(一) 定额说明

1) 涉及的各类土（岩石）层鉴别标准如下：

① 砂土层：粒径在 2~20mm 的颗粒质量不超过总质量 50% 的土层，包括黏土、粉质黏土、粉土、粉砂、细砂、中砂、粗砂、砾砂。

② 碎（卵）石层：粒径在 2~20mm 的颗粒质量超过总质量 50% 的土层，包括角砾、圆砾及粒径在 20~200mn 的碎石、卵石、块石、漂石，此外亦包括极软岩、软岩。

③ 岩石层：除极软岩、软岩以外的各类较软岩、较硬岩、坚硬岩。

2) 埋设钢护筒定额中钢护筒按摊销量计算。若在深水作业，钢护筒无法拔出时，可按钢护筒实际用量（若不能确定，参照表 4-3 中重量）减去定额用量一次增列计算。

表 4-3 钢护筒定额每米重量表

桩径/mm	600	800	1000	1200	1500	2000
每米护筒重量/(kg/m)	120.28	155.37	184.96	286.06	345.09	554.99

【例 4-3】 埋设钻孔灌注桩钢护筒，桩径 800mm，水上作业，求钢护筒无法拔出时钢护筒埋设定额计价（钢护筒单价：6000 元/t）。

【解】 套用定额子目 [3-106]。

(1340.25+155.37×10÷1000×6000−0.025×5862) 元/10m = 10515.9 元/10m

3) 人工挖孔桩

挖孔按设计注明的桩芯直径及孔深套用定额；桩孔土方需要外运时，按土方工程相应定额计算；挖孔时若遇淤泥、流沙、岩石层，可按实际挖、凿的工程量套用相应定额计算挖孔增加费。

人工挖孔子目中，已经综合考虑了孔内照明、通风。孔内垂直运输方式按人工考虑。护壁不分现浇或预制，均套用安设混凝土护壁定额。

4) 灌注桩

① 转盘式、旋挖钻机成孔定额按砂土层编制，如设计要求进入岩石层时，套用相应定额计算岩石层成孔增加费；如设计要求穿越碎（卵）石层时，按套用岩石层成孔增加费子目乘以表 4-4 的系数计算穿越增加费。

表 4-4 穿越碎（卵）石层定额增加系数表

成孔方式	系数	成孔方式	系数
转盘式钻机成孔	0.35	旋挖钻机成孔	0.25

② 冲孔桩机成孔按不同土（岩）层分别编制定额子目。

③ 灌注混凝土定额中混凝土材料消耗量均已包括灌注充盈量。

5) 桩孔空钻部分回填

根据施工组织设计要求套用相应定额。填土则套用第一册《通用项目》土石方工程松填土定额（定额编号 1-51），填碎石则套用《桥涵工程》第五章中的碎石垫层定额（定额编号 3-186）乘以系数 0.7。

6) 套用转盘钻机成孔、旋挖钻机成孔、冲孔桩机带冲抓锤成孔、冲孔桩机带冲击锥成孔定额时，若工程量小于 150m³，定额的人工及机械乘以系数 1.25。

7) 定额中未包括：钻机场外运输、截除余桩，其费用可套用相应定额和说明另行计算。

8) 定额中未包括在钻孔中遇到障碍必须清除的工作，发生时另行计算。

（二）工程量计算规则

1) 转盘钻机成孔、旋挖钻机成孔工程量按成孔长度乘以设计桩截面积以"m³"计算。

陆上：成孔长度＝原地面高度－设计桩底高度

水上：成孔长度＝水平面高度－设计桩底高度－水深

2) 冲孔桩机冲抓（击）锤冲孔工程量分别按进入各类土层、岩石层的成孔长度乘以设计桩截面积以"m³"计算。

3) 人工挖孔桩工程量按护壁外围的面积乘以深度以"m³"计算，孔深按自然地坪至设计桩底标高的长度计算。挖淤泥、流沙、入岩增加费按实际挖、凿数量以"m³"计算。

4) 灌注桩混凝土工程量按桩长乘以设计桩截面积计算。

桩长 L ＝设计桩长＋设计加灌长度

设计未规定加灌长度时，加灌长度按不同设计桩长确定：设计桩长≤25m，加灌长度取0.5m；设计桩长≤35m，加灌长度取0.8m；设计桩长＞35m，加灌长度取1.2m。若要求扩底，扩大工程量按设计尺寸以"m³"并入计算。

5) 桩孔回填土工程量按加灌长度顶面至自然地坪的长度乘以桩孔截面积以"m³"计算。

6) 泥浆池建造和拆除、泥浆运输工程量按泥浆工程量以"m³"计算。

7) 钻孔灌注桩如需搭设工作平台，按"临时工程"相应定额执行。

8) 钻孔灌注桩钢筋笼按设计图纸计算，套用第一册《通用项目》相应定额。

9) 钻孔灌注桩需使用预埋铁件时，套用第一册《通用项目》相应定额。

【例4-4】 1号高架桥基础打桩工程，陆上支架上成孔。需打 φ1200mm 钻孔灌注桩60根，设计桩长如图4-21所示，入岩深度为1.5m，上部护筒设2m，采用C25水下商品混凝土，试计算工程量并套用定额。

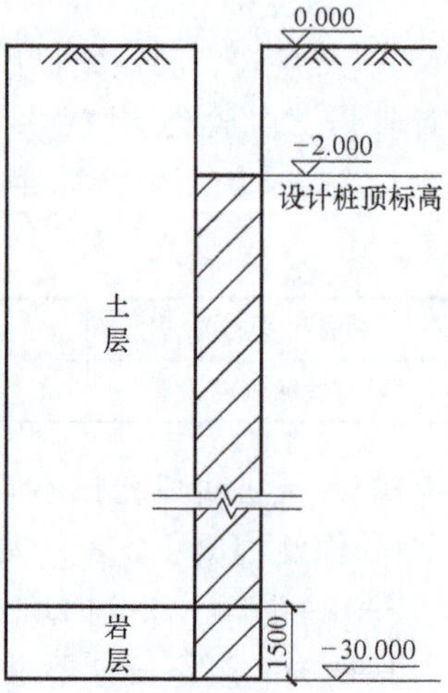

【解】 由题可得条件：钻孔灌注桩，陆上，C25水下商品混凝土。

1. 埋设钢护筒

总长度＝60×2m＝120m

套用定额[3-102]，基价＝2576.26元/10m

工程费＝120×257.626元＝30915.12元

2. 钻孔桩成孔

实际挖凿体积＝30×3.14×(1.2÷2)²×60m³＝2035.76m³

套用定额[3-123]，基价＝1636.03元/10m³

工程费＝2035.76×163.603元＝333056.44元

3. 入岩增加费

实际入岩挖凿体积＝1.5×3.14×(1.2÷2)²×60m³＝101.79m³

套用定额[3-129]，基价＝9510.43元/10m³

工程费＝101.79×951.043元＝96806.67元

图4-21 例4-4图

4. 泥浆池搭拆

工程量等于成孔工程量 = 2035.76m³

套用定额 [3-150]，基价 = 57.12 元/10m³

工程费 = 2035.76×5.712 元 = 11628.26 元

5. 灌注水下混凝土 C25

灌注体积 = (30−2+0.5)×3.14×(1.2÷2)²×60m³ = 1933.97m³

套用定额 [3-155]，基价 = 5933.21 元/10m³

工程费 = 1933.97×593.321 元 = 1147465.01 元

四、砌筑工程

"砌筑工程"定额适用于砌筑高度在 8m 以内的桥涵砌筑工程。砌筑工程包括浆砌块石、料石、混凝土预制块、砖砌体、拱圈底模，共 5 节 16 个子目。

(一) 定额说明

1) "砌筑工程"定额未列的砌筑项目，可按第一册《通用项目》相应定额执行。

2) 未包括垫层、拱背和台背的填充项目；如发生上述项目，可套用第二册《道路工程》定额。

3) 拱圈底模定额中不包括拱盔和支架，可按"临时工程"相应定额执行。

(二) 工程量计算规则

1) 砌筑工程量按设计砌体尺寸以"m³"计算，不扣除嵌入砌体中的钢管、沉降缝、伸缩缝以及单孔面积在 0.3m² 以内的预留孔所占体积。

2) 拱圈底模工程量按模板接触砌体的面积计算。

【例4-5】 某桥梁重力式桥墩，墩身采用 M10 水泥砂浆砌块石，墩帽采用 M10 水泥砂浆砌料石，如图 4-22 所示，基础及勾缝不计，共两个台座，长度 12m。试计算墩身及墩帽工程量。

【解】 墩身工程量：(1.8+1.2)÷2×2.5×12×2m² = 90m²

墩帽工程量：1.3×0.25×12×2m³ = 7.8m³

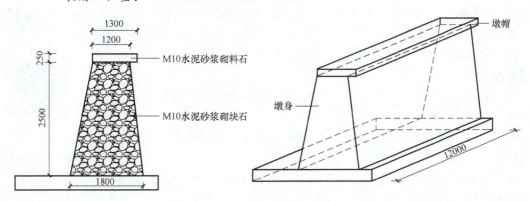

图 4-22 重力式桥台

五、钢筋及钢结构安装工程

"钢结构安装工程"定额包括桥钢梁安装、钢管拱安装、钢立柱安装，共 3 节 7 个子目。钢筋相关工程量按第一册《通用项目》中列项计算。

（一）定额说明

1）"钢结构安装工程"定额适用于工厂制作、现场吊装的钢结构。构件由制作工厂至安装现场的运输费用计入构件价格内。

2）钢梁安装定额中未包括临时支撑。

（二）工程量计算规则

钢构件工程量按设计图纸的主材（不包括螺栓）质量以"t"计算。

六、现浇混凝土工程

"现浇混凝土工程"定额适用于桥涵工程现浇各种混凝土构筑物，包括基础，承台，支撑梁与横梁、墩身、台身、拱桥、箱梁、板、板梁、现浇混凝土箱涵、混凝土接头及灌缝、小型构件、防水层、桥面铺装及桥头搭板、复合模板及定型钢模，共15节94个子目。

（一）定额说明

1）"现浇混凝土工程"定额中嵌石混凝土的块石含量按15%考虑，如与设计不同时，块石和混凝土消耗量应按表4-5进行调整，人工和机械不变。

表4-5 嵌石混凝土块石和混凝土消耗量调整表

块石掺量(%)	10	15	20	25
每立方米块石掺量/t	0.254	0.381	0.610	0.635

注：1. 块石掺量另加损耗率2%。
　　2. 混凝土用量扣除嵌石百分数后，乘以损耗率1.5%。

2）"现浇混凝土工程"定额中均未包括预埋铁件，如设计要求预埋铁件时，可按设计用量套用第一册《通用项目》相应定额。

3）承台分有底模及无底模两种，应按不同的施工方法套用相应项目。

4）定额中混凝土按常用强度等级列出，如设计要求不同时可以换算。

5）定额中防撞护栏采用定型钢模，其他模板均按工具式钢模、木模综合取定。

6）现浇梁、板等模板定额中未包括支架，如发生时可按《桥涵工程》第九章"临时工程"相应定额执行。

7）沥青混凝土桥面铺装及下穿箱涵路面铺装执行第二册《道路工程》相应定额。

8）板与板梁的划分以跨径8m为界，即跨径≤8m的为板，跨径>8m的为板梁。

9）当设计对混凝土结构的外观有特殊要求时，模板费用可根据实际情况另行调整。

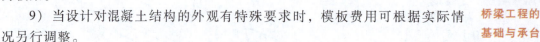

桥梁工程的基础与承台

10）伸缩缝混凝土采用钢纤维混凝土，定额中钢纤维用量按50kg/m³考虑，如设计用量与定额不同，按设计用量调整。

（二）工程量计算规则

1）混凝土工程量按设计尺寸以实体积计算（不包括空心板、梁的空心体积），不扣除钢筋、铁丝、铁件、预留压浆孔道和螺栓所占的体积。如图4-23所示为桥梁空中板和空边板示意图。

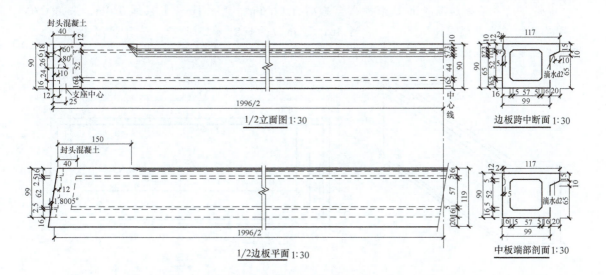

图 4-23　桥梁空中板和空边板示意图

2) 模板工程量按模板接触混凝土的面积计算。

3) 现浇混凝土墙、板上单孔面积在 $0.3m^2$ 以内的孔洞体积不予扣除，洞侧壁模板面积亦不再计算；单孔面积在 $0.3m^2$ 以上时，应予扣除，洞侧壁模板面积并入墙、板模板工程量之内计算。

4) U 形桥台体积计算方法。

桥梁采用 U 形桥台者较多。一般情况是桥台外侧都是垂直面，而内侧向内放坡。台帽成 L 形，如图 4-24 所示。其混凝土工程量可按一个长方体减去中间空的一块截头方锥体，再减去台帽处的长方体计算。

长方体体积：$V_1 = ABH$

截头方锥体体积：$V_2 = \dfrac{H}{3}(a_1 b_1 + a_2 b_2 + \sqrt{a_1 b_1 a_2 b_2})$

台帽处长方体体积：$V_3 = A b_3 h_1$

桥台体积：$V = V_1 - V_2 - V_3$

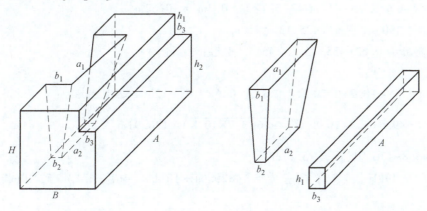

图 4-24　U 形桥台

【例 4-6】 某钢筋混凝土 U 形桥墩台基础长 12.6m，宽 5.1m，底板厚 0.3m，采用 C30 商品混凝土（非泵送 438 元/m³，泵送 461 元/m³），如图 4-25 所示。计算该墩台混凝土、模板工程量，并套用定额计算工料机费用。

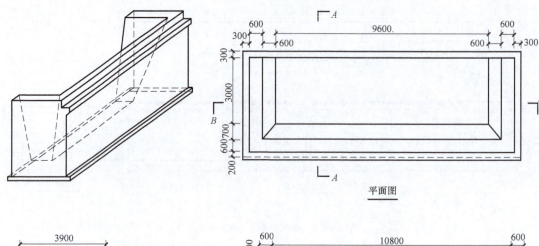

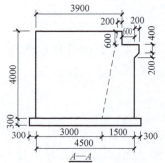

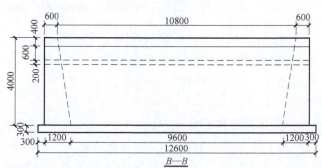

图 4-25 例 4-6 图（一）

【解】

1. 基础工程量：$5.1 \times 12.6 \times 0.3 \text{m}^3 = 19.28 \text{m}^3$

套定额 [3-189H]，基价 = $[4618.75 + 10.1 \times (438 - 412)]$ 元/10m³ = 4881.35 元/10m³

工料机费用 = 19.28×488.135 元 = 9411.24 元

2. 基础模板工程量：$(12.6 \times 2 + 5.1 \times 2) \times 0.3 \text{m}^2 = 10.62 \text{m}^2$

套定额 [3-190]，基价 = 425.13 元/10m²

工料机费用 = 10.62×425.13 元 = 4514.88 元

3. 桥墩台工程量：

$V_1 - V_3 = (4.5 \times 4 + 0.2 \times 0.2 \div 2 + 0.2 \times 0.4 - 0.6 \times 0.6) \times 12 \text{m}^3 = 212.88 \text{m}^3$

$V_2 = \frac{4}{3} \times (3 \times 9.6 + 3.7 \times 10.8 + \sqrt{3 \times 9.6 \times 3.7 \times 10.8}) = 136.91 \text{m}^3$

$V = (212.88 - 136.91) \text{m}^3 = 75.97 \text{m}^3$

套定额 [3-198H]，换算后基价 = $[4829.64 + 10.1 \times (461 - 431)]$ 元/10m³ = 5132.64 元/10m³

工料机费用 = 75.97×513.264 元 = 38992.67 元

4. 桥墩台模板工程量如图 4-26 所示，按与混凝土接触面积计算。

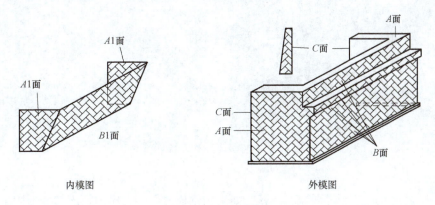

图 4-26　例 4-6 图（二）

A 面 $[4.5×4-0.6×0.6+(0.6+0.4)÷2×0.2]×2\text{m}^2=35.48\text{m}^2$

$A1$ 面 $[(3.7+3)÷2×\sqrt{0.6^2+4^2}]×2\text{m}^2=27.1\text{m}^2$

B 面 $(4-0.2+\sqrt{0.2^2+0.2^2})×12\text{m}^2=48.99\text{m}^2$

$B1$ 面 $(10.8+9.6)÷2×\sqrt{0.7^2+4^2}\text{m}^2=41.42\text{m}^2$

C 面 $(1.2+0.6)÷2×4×2\text{m}^2=7.2\text{m}^2$

合计面积：$(35.48+27.1+46.59+41.42+7.2)\text{m}^2=160.19\text{m}^2$

套定额 [3-199]，基价 = 563.08 元/10m²

工料机费用 = 160.19×56.308 元 = 9019.98 元

七、预制混凝土工程

"预制混凝土工程"定额适用于桥涵工程现场制作的预制构件，包括预制桩、立柱、板、梁及小型构件等，共 10 节 71 个子目。

（一）定额说明

1)"预制混凝土工程"定额中均未包括预埋铁件，如设计要求预埋铁件时，可按设计用量执行第一册有关项目。

2)"预制混凝土工程"定额不包括地模、胎模费用，需要时可按"临时工程"相应定额执行。

3) 预制构件场内运输定额适用于陆上运输，构件场外运输则参照本省建筑工程预算定额执行。

（二）工程量计算规则

1. 混凝土工程量计算

(1) 预制桩工程量按桩长度（包括桩尖长度）乘以桩横断面面积计算。

(2) 预制空心构件按设计图尺寸扣除空心体积，以实体积计算。空心板梁的堵头（图 4-27）板体积不计入工程量内，其消耗量已在定额中考虑。

(3) 预制空心板梁，凡采用橡胶囊做内模的，考虑其压缩变形因素，可增加混凝土数量，当梁长≤16m 时，可按设计计算体积增加 7%；若梁长＞16m 时，则增加 9% 计算。如设计图已

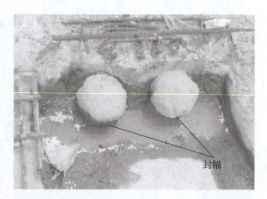

图 4-27 堵头示意图

注明考虑橡胶囊变形时，不得再增加计算。如采用钢模时，不考虑内模压缩变形因素。

（4）预应力混凝土构件的封锚混凝土数量并入构件混凝土工程量计算。

2. 模板工程量计算

（1）预制构件中预应力混凝土构件及T形梁、I形梁、双曲拱、桁架拱等构件均按模板接触混凝土的面积（包括侧模、底模）计算。

（2）灯柱、端柱、栏杆等小型构件按平面投影面积计算。

（3）预制构件中非预应力构件按模板接触混凝土的面积计算，不包括胎、地模。

（4）空心板梁中空心部分，如定额采用橡胶囊抽拔，其摊销量已包括在定额中，不再计算空心部分模板工程量；如采用钢模板时，模板工程量按其与混凝土的接触面积计算，并扣除橡胶囊的用量。

（5）空心板中空心部分，可按模板接触混凝土的面积计算工程量。

（6）预制构件有关混凝土与模板接触面见图 4-28。

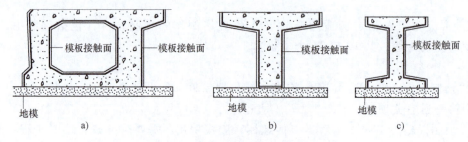

图 4-28 模板接触面示意图
a）空心板梁　b）T形梁　c）I形梁

八、立交箱涵工程

"立交箱涵工程"定额适用于穿越城市道路及铁路的立交箱涵顶进工程，包括箱涵制作、箱涵顶进、箱涵内挖土等8节39个子目。

（一）定额有关说明

1）顶进土质按Ⅰ、Ⅱ类土考虑，若实际土质与定额不同时，可进行调整。

2）未包括箱涵顶进的后靠背设施等，其发生费用可另行计算。

3）未包括深基坑开挖、支撑及排水的工作内容，可套用有关定额计算。

4) 立交桥引道的结构及路面铺筑工程，根据施工方法套用有关定额计算。

（二）工程量计算规则

1) 箱涵滑板下的肋楞，其工程量并入滑板内计算。

2) 箱涵混凝土工程量，不扣除单孔面积 $0.3m^2$ 以下的预留孔洞所占体积。

3) 顶柱、中继间护套及挖土支架均属专用周转性金属构件，定额中已按摊销量计列，不得重复计算。

4) 箱涵顶进定额分空顶、无中继间实土顶和有中继间实土顶三类，其工程量计算如下：

① 空顶工程量按空顶的单节箱涵重量乘以箱涵位移距离计算。

② 实土顶工程量按被顶箱涵的重量乘以箱涵位移距离分段累计计算。

5) 气垫只考虑在预制箱涵底板上使用，按箱涵底面积计算。气垫的使用天数由施工组织设计确定，但采用气垫后再套用顶进定额时应乘以系数 0.7。

九、安装工程

"安装工程"定额适用于桥涵工程混凝土构件的安装等项目，包括安装排架立柱、墩台管节、板、梁、小型构件、栏杆扶手、支座、伸缩缝等 15 节 102 个子目。

（一）定额说明

1) 小型构件安装已包括 150m 场内运输，其他构件均未包括场内运输。

注意： 小型构件指单件混凝土体积 $\leqslant 0.05m^3$ 的构件。

2) 安装预制构件、隔声屏障项目中，均未包括脚手架，如需要可套用第一册《通用项目》相应定额项目。

3) 安装预制构件，应根据施工现场具体情况，采用合理的施工方法，套用相应定额。

4) 除安装梁分陆上、水上安装外，其他构件安装均未考虑船上吊装，发生时可增加船只费用。

5) 安装预制立柱及盖梁：

① 砂浆接缝、连接套筒灌浆适用于预制拼装桥墩的构件连接。

② 砂浆接缝厚度按 2cm 考虑，如厚度不同时可对砂浆用量进行调整。

③ 连接套筒每根长度为 80cm，内径为 $\phi 70mm$。

6) 安装排水管定额中已包括集水斗安装工作内容，但其材料费需按实另计。

（二）工程量计算规则

1) "安装工程"定额安装预制构件以 "m^3" 为计量单位的，均按构件混凝土实体积（不包括空心部分）计算。

2) 预制立柱及盖梁：

① 砂浆接缝按接触面面积以 "m^2" 计算。

② 连接套筒灌浆按根计算。

3) 驳船未包括进出场费，发生时应另行计算。

十、临时工程

"临时工程"定额内容包括桩基础工作平台、木垛、支架的搭拆，船排的组拆，挂篮及扇形支架的制作、安拆和推移，胎、地模的筑拆及桩顶钢筋混凝土凿除等 8 节 34 个子目。

注意： 该部分定额内容不构成工程实体，与清单中施工技术措施费中的有关项目相对应。

（一）定额说明

1）支架平台适用于陆上、支架上打桩及钻孔灌注桩。支架平台分陆上平台与水上平台二类，其划分范围及结构组成如下：

① 水上支架平台：凡河道原有河岸线、向陆地延伸 2.5m 范围，均可套用水上支架平台。

② 陆上支架平台：除水上支架平台范围以外的陆地部分，均属陆上支架平台，但不包括坑洼地段。如坑洼地段平均水深超过 2m 的部分，可套用水上支架平台；平均水深在 1~2m 时，按水上支架平台和陆上支架平台各取 50% 计算；如平均水深在 1m 以内时，按陆上工作平台计算。

③ 支架结构组成：陆上支架采用方木上铺大板；水上支架采用打圆木桩，在圆木桩上放盖梁、横梁大板，圆木桩固定采用型钢斜撑，桩与盖梁连接采用 U 形箍。

2）桥涵拱盔、支架均不包括底模及地基加固在内。

3）组装、拆卸船排定额中未包括压舱费用。压舱材料取定为大石块，并按船排总吨位的 30% 计取（包括装、卸在内 150m 的二次运输费）。

4）搭、拆水上工作平台定额中，已综合考虑了组装、拆卸船排及组装、拆卸打拔桩架工作内容，不得重复计算。

5）满堂式钢管支架，装配式钢支架、门式钢支架定额未含使用费。

6）水上安装挂篮需浮吊配合时应另行计算。

7）挂篮、扇形支架发生场外运输可另行计算。

8）地模定额中，砖地模厚度为 7.5cm，混凝土地模定额中未包括毛砂垫层，发生时按定额第六册《排水工程》相应定额执行。

9）打桩工作平台应根据相应的打桩定额中打桩机的锤重进行选择。钻孔灌注桩工作平台按孔径 $\phi \leq 1000mm$，套用锤重 $\leq 2500kg$ 打桩工作平台；$\phi > 1000mm$，套用锤重 $\leq 4000kg$ 打桩工作平台。采用硬地法施工时，陆上工作平台不再计算。

（二）工程量计算规则

1）搭拆打桩工作平台面积计算示意图如图 4-29 所示。

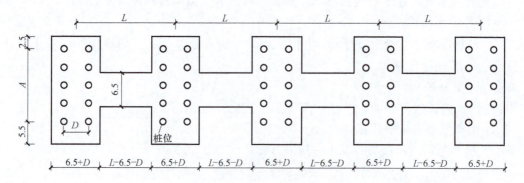

图 4-29 工作平台面积计算示意图

注：图中尺寸均为 m；D—多排桩为中心距，单排桩为桩外径；通道宽 6.5m。

① 桥梁打桩　　　　　　　　　$F=N_1F_1+N_2F_2$
每座桥台（桥墩）　　　$F_1=(5.5+A+2.5)\times(6.5+D)$
每条通道　　　　　　　$F_2=6.5\times[L-(6.5+D)]$
② 钻孔灌注桩　　　　　　　$F=N_1F_1+N_2F_2$
每座桥台（桥墩）　　　$F_1=(A+6.5)\times(6.5+D)$
每条通道　　　　　　　$F_2=6.5\times[L-(6.5+D)]$

上述公式中　F——工作平台总面积，m^2；
　　　　　　F_1——每座桥台（桥墩）工作平台面积，m^2；
　　　　　　F_2——桥台至桥墩间或桥墩至桥墩间通道工作平台面积，m^2；
　　　　　　N_1——桥台和桥墩总数量；
　　　　　　N_2——通道总数量；
　　　　　　D——多排桩之间距离，m；
　　　　　　L——桥梁跨径或护岸的第一根桩中心至最后一根桩中心之间的距离，m；
　　　　　　A——桥台（桥墩）每排桩的第一根桩中心至最后一根桩中心之间的距离，m。

2）凡台与墩或墩与墩之间不能连续施工时（如不能断航、断交通或拆迁工作不能配合），每个墩、台可计一次组装、拆卸柴油打桩架及设备运输费。

3）桥涵拱盔、支架空间体积计算：
① 桥涵拱盔体积按起拱线以上弓形侧面积乘以（桥宽+2m）计算。
② 桥涵支架体积为结构底至原地面（水上支架为水上支架平台顶面）平均标高乘以纵向距离再乘以（桥宽+2m）计算。
③ 现浇盖梁支架体积为盖梁底至承台顶面高度乘以长度（盖梁长+1m）再乘以宽度（盖梁宽+1m）计算，并扣除立柱所占体积。
④ 支架堆载预压工程量按施工组织设计要求计算，设计无要求时，按支架承载的梁体设计重量乘以系数1.1计算。

【例4-7】某桥涵拱盔支架如图4-30所示，计算桥涵拱盔和支架工程量。

【解】拱盔工程量 $=\dfrac{\pi\times1.5^2}{2}\times(6+2)m^3\approx28.27m^3$

支座工程量 $=(3+2)\times4\times6m^3=120m^3$

4）挂篮及扇形支架：
① 定额中的挂篮形式为自锚式无压重轻型钢挂篮，钢挂篮重量按设计要求确定。推移工程量按挂篮重量乘以推移距离"t·m"为单位计算。
② 0#块扇形支架安拆工程量按顶面梁宽计算，边跨采用挂篮施工时，其合龙段扇形支架的安拆工程量按梁宽的50%计算。
③ 挂篮、扇形支架的制作工程量按安拆定额括号中所列的推销量计算。

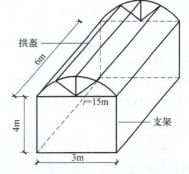

图4-30　桥涵拱盔支架示意图

【例4-8】某桥梁（13+16+13）m跨径，要求中跨通航，基础采用中φ1200钻孔灌注桩，见图4-31，打桩机锤重2500kg。试计算支架搭设工程量，并套用定额。

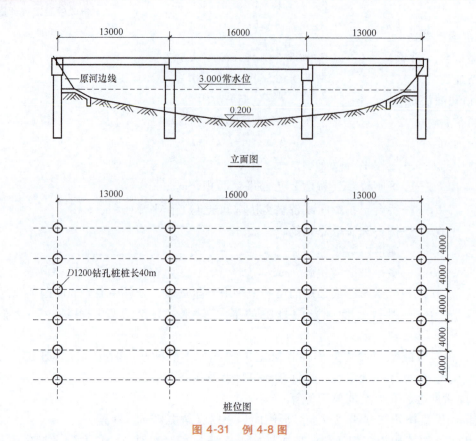

图 4-31 例 4-8 图

【解】 $F_1 = (20+6.5) \times (6.5+1.2) \times 4 \text{m}^2 = 816.2 \text{m}^2$

$F_2 = 6.5 \times [13-(6.5+1.2)] \times 2 \text{m}^2 = 68.9 \text{m}^2$

$F = (816.2+68.9) \text{m}^2 = 885.1 \text{m}^2$

套定额 [3-498]，基价 = 25741.03 元/100m²

分项工程费 = 885.1 × 257.41 元 = 227833.60 元

十一、装饰工程

"装饰工程"定额适用于桥、涵构筑物的装饰项目，包括水泥砂浆抹面、剁斧石、拉毛、镶贴面层、水质涂料、油漆，共 6 节 41 个子目。

（一）定额说明

1）镶贴面层定额中，贴面材料与定额不同时，可以调整换算，但人工与机械台班消耗量不变。

2）水质涂料不分面层类别，均按"装饰工程"定额计算，由于涂料种类繁多，如采用其他涂料时，可以调整换算。

3）水泥白石子浆抹灰定额，均未包括颜料费用，如设计需要颜料调制时，应增加颜料费用。

4）油漆定额按手工操作计取，如采用喷漆时，应另行计算。定额中油漆种类与实际不同时，可以调整换算。

5）定额中均未包括施工脚手架，发生时可按第一册《通用项目》相应定额执行。

（二）工程量计算规则

"装饰工程"定额除金属面油漆以"t"计算外，其余项目均按装饰面积计算。

任务三　国标工程量清单计价

一、工程清单项目设置

《市政工程工程量计算规范》（GB 50857—2013）附录 C 桥涵工程中，设置了 9 个小节，分别为：桩基、基坑与边坡支护、现浇混凝土构件、预制混凝土构件、砌筑、立交箱涵、钢结构、装饰以及其他。

本书针对其中常用的 6 个小节进行清单项目讲解。

（一）桩基（编号：040301）

根据不同的桩基形式设置了 12 个清单项目，包括预制钢筋混凝土方桩、预制钢筋混凝土管桩、钢管桩、泥浆护壁成孔灌注桩、沉管灌注桩、干作业成孔灌注桩、挖孔桩土（石）方、人工挖孔灌注桩、钻孔压浆桩、灌注桩后注浆、截桩头、声测管。

列项说明：

1）桩基陆上工作平台搭拆工作内容包括在相应的清单项目中，若为水上工作平台搭拆，应按措施项目单独编码列项。

2）地层情况按表 2-1 和表 2-2 的规定，并根据岩土工程勘察报告按单位工程各地层所占比例（包括范围值）进行描述。对无法准确描述的地层情况，可注明由投标人根据岩土工程勘察报告自行决定报价。

3）各类混凝土预制桩以成品桩考虑，应包括成品桩购置费，如果用现场预制，应包括现场预制桩的所有费用。

4）项目特征中的桩截面、混凝土强度等级、桩类型等可直接用标准图代号或设计桩型进行描述。

5）打试验桩和打斜桩应按相应项目编码单独列项，并应在项目特征中注明试验桩或斜桩（斜率）。

6）项目特征中的桩长应包括桩尖，空桩长度＝孔深－桩长，孔深为自然地面至设计桩底的深度。

7）泥浆护壁成孔灌注桩是指在泥浆护壁条件下成孔，采用水下灌注混凝土的桩。其成孔方法包括冲击钻成孔、冲抓锥成孔、回旋钻成孔、潜水钻成孔、泥浆护壁的旋挖成孔等。

8）沉管灌注桩的沉管方法包括捶击沉管法、振动沉管法、振动冲击沉管法、内夯沉管法等。

9）干作业成孔灌注桩是指不用泥浆护壁和套管护壁的情况下，用钻机成孔后，下钢筋笼，灌注混凝土的桩，适用于地下水位以上的土层使用。其成孔方法包括螺旋钻成孔、螺旋钻成孔扩底、干作业的旋挖成孔等。

10）混凝土灌注桩的钢筋笼制作安装，按《市政工程工程量计算规范》（GB 50857—2013）附录 J 钢筋工程中相关项目编码列项。

11）工作内容未含桩基础的承载力检测、桩身完整性检测。

（二）现浇混凝土构件（编号：040303）

根据桥涵工程现浇混凝土构件的不同结构部位设置了25个清单项目：混凝土垫层、基础、承台、墩（台）帽、墩（台）身、支撑梁及横梁、墩（台）盖梁、拱桥拱座、拱桥拱肋、拱上构件、箱梁、连续板、板梁、板拱、挡墙墙身、挡墙压顶、楼梯、防撞护栏、桥面铺装、桥头搭板、搭板枕梁、桥塔身、连系梁、其他构件、钢管拱混凝土。

列项说明：台帽、台盖梁均应包括耳墙、背墙。

（三）预制混凝土构件（编号：040304）

根据桥涵工程预制混凝土构件的不同结构类型设置了5个清单项目：预制混凝土梁、柱、板、挡土墙墙身、其他构件。

列项说明：

1）浙江省补充规定：对于基础、柱、梁、板、墙等结构混凝土，混凝土模板应按措施项目单独列项。

2）预制混凝土构件清单项目均包括构件的场内运输。

（四）砌筑（编号：040305）

按砌筑的方式、部位不同设置了5个清单项目：垫层、干砌块料、浆砌块料、砖砌体、护坡。

列项说明：

1）干砌块料、浆砌块料和砖砌体应根据工程部位不同，分别设置清单编码。

2）清单项目中"垫层"指碎石、块石等非混凝土类垫层。

（五）装饰（编码：040308）

按不同的装饰材料设置了5个清单项目：水泥砂浆抹面、剁斧石饰面、镶贴面层、涂料、油漆。

列项说明：如遇本清单项目缺项时，可按现行国家标准《房屋建筑与装饰工程工程量计算规范》GB 50854中相关项目编码列项。

（六）其他（编码：040309）

主要包括桥梁栏杆、支座、伸缩缝、泄水管等附属结构相关的清单项目，共设置了10个清单项目：金属栏杆、石质栏杆、混凝土栏杆、橡胶支座、钢支座、盆式支座、桥梁伸缩装置、隔声屏障、桥面排（泄）水管、防水层。

列项说明：支座垫石混凝土按混凝土基础项目编码列项。

列项注意点：

1）桥梁清单内容涉及《市政工程工程量计算规范》（GB 50857—2013）中其他章内容。除上述清单项目以外，常规的桥梁工程的分部分项清单项目一般还包括《市政工程工程量计算规范》（GB 50857—2013）附录A 土石方工程、附录J 钢筋工程中的相关清单项目，如果是改建的桥梁工程，还应包括附录K 拆除工程中的有关清单项目。

附录J 钢筋工程中与桥涵工程相关的清单项目主要有：现浇构件钢筋、预制构件钢筋、钢筋笼、先张法预应力钢筋、后张法预应力钢筋、预埋铁件等。附录K 拆除工程中与桥涵工程相关的清单项目主要有：拆除混凝土结构。

2）桥梁清单内容匹配定额项目子目也涉及《市政工程工程量计算规范》（GB 50857—

2013）中其他章内容，例如桥梁工程中的钢筋工程项目，匹配定额项目子目都归于《通用项目》中。

3）补充清单项目。由于桥梁工程建设中新材料、新技术、新工艺等不断涌现，因此规范附录所列的工程量清单项目不可能包含所有项目。在编制工程量清单时，当出现《市政工程工程量计算规范》（GB 50857—2013）附录中未包括的清单项目时，编制人应做补充。在编制补充项目时应注意以下三个方面。

① 补充项目的编码应按《市政工程工程量计算规范》（GB 50857—2013）中的规定确定。具体做法如下：补充项目的编码由《市政工程工程量计算规范》（GB 50857—2013）中的代码04与B和三位阿拉伯数字组成，并应从04B001起顺序编制，同一招标工程的项目不得重码。

② 在工程量清单中应附补充项目的项目名称、项目特征、计量单位、工程量计算规则和工作内容。

③ 将编制的补充项目报省级或行业工程造价管理机构备案。

二、清单工程量计算规则

下面重点介绍桥涵工程中常见的清单项目的计算规则及计算方法。

（一）桩基

1. 预制钢筋混凝土桩

（1）计量单位　预制钢筋混凝土桩有三种计量单位：

1）以米计量，按设计图示尺寸以桩长（包括桩尖）计算；

2）以立方米计量，按设计图示桩长（包括桩尖）乘以桩的断面积计算；

3）以根计量，按设计图示数量计算。

（2）计算说明　在计算工程量时，要根据具体工程的施工图，结合桩基清单项目的项目特征，划分不同的清单项目，分别计算其工程量。

如"预制钢筋混凝土方桩"项目特征有5个：地层情况，送桩深度、桩长，桩截面，桩倾斜度，混凝土强度等级，需结合工程实际加以区别。

如果上述5个项目特征有1个不同，就应是不同的具体的清单项目，其预制钢筋混凝土方桩的工程量应分别计算。

例如，某桥梁两侧桥台下均采用C30预制钢筋混凝土管桩，均为直桩，但两侧桥台下管截面尺寸不同，分别为1200mm和1600mm，即有1个项目特征不同，所以该桥梁工程桩基有2个清单项目，应分别计算其工程量：C30钢筋混凝土方桩（D1200），项目编码：040301002001；C30钢筋混凝土方桩（D1600），项目编码：040301002002。

（3）特别注意点

1）打入桩清单项目包括以下工程内容：搭拆桩基础支架平台（陆上）、打桩、送桩、接桩；但不包括桩机进出场及安拆，桩机进出场及安拆单列施工技术措施项目计算。

2）各种桩均指作为桥梁基础的永久桩，是桥梁结构的一个组成部分，不是临时的工具桩。《市政预算定额》第一册《通用项目》中的"打拔工具桩"，均指临时的工具桩，不是永久桩，要注意两者的区别。

3）各类预制桩均按成品构件编制，购置费用应计入综合单价，如采用现场预制，包括预制构件制作的所有费用。

2. 泥浆护壁成孔灌注桩

（1）计量单位　泥浆护壁成孔灌注桩有三种计量单位：

1）以米计量，按设计图示尺寸以桩长（包括桩尖）计算。

2）以立方米计量，按不同截面在桩长范围内以体积计算。

3）以根计量，按设计图示数量计算。

（2）特别注意点

1）"泥浆护壁成孔灌注桩"清单项目可组合的工作内容包括：搭拆桩基支架平台（陆上）、埋设钢护筒、泥浆池建造和拆除、成孔、入岩增加费、灌注混凝土、泥浆外运。计算时，应结合工程实际情况、施工方案确定组合的工作内容，分别计算各项工作内容的定额工程量。

2）"泥浆护壁成孔灌注桩"清单项目不包括桩的钢筋笼、桩头的截除、声测管的制作安装。

3）人工挖孔灌注桩：以立方米计量，按桩芯混凝土体积计算；或以根计量，按设计图示数量计算。

人工挖孔灌注桩可组合的主要内容为：安装混凝土护壁、灌注混凝土。

4）挖孔桩土（石）方：按设计图示尺寸（含护壁）截面积乘以挖孔深度，以立方米为单位计算。

5）截桩头：以立方米计量，按设计桩截面乘以桩头长度以体积计算；或以根计量，按设计图示数量计算。截桩头可组合的主要内容包括：截桩头、废料外运。

6）声测管：按设计图示尺寸以质量计算；或按设计图示尺寸以长度计算。

（二）现浇混凝土

1. 计量单位

（1）混凝土防撞护栏　按设计图示尺寸以长度计算，计量单位为 m。

（2）桥面铺装　按设计图示尺寸以面积计算，计量单位为 m^2。

（3）混凝土楼梯　按设计图示尺寸以水平投影面积计算，以平方米计量；或按设计图示尺寸以体积计算，以立方米计量。

（4）其他现浇混凝土结构　按设计图示尺寸以体积计算，计量单位为 m^3。

2. 计量注意点

1）桥涵工程现浇混凝土清单项目应区别现浇混凝土的结构部位、混凝土强度等级等项目特征，划分并设置不同的清单项目，分别计算相应的工程量。

2）现浇混凝土清单项目的组合工作内容不包括混凝土结构的钢筋制作安装。

3）浙江省补充规定：对于基础、柱、梁、板、墙等结构混凝土，混凝土模板应按措施项目单独列项。

（三）预制混凝土

1. 计量单位

预制混凝土清单项目工程量均按设计图示尺寸以体积计算，计量单位为 m^3。

2. 计量注意点

1）桥涵工程预制混凝土清单项目应区别预制混凝土的结构部位、混凝土强度等级等项目特征,划分并设置不同的清单项目,分别计算工程量。

2) 预制混凝土清单项目包括的组合工作内容主要有:混凝土浇筑、构件场内运输、构件安装、构件连接、接头灌浆等;不包括混凝土结构的钢筋制作安装。

3) 浙江省补充规定:对于基础、柱、梁、板、墙等结构混凝土,混凝土模板应按措施项目单独列项。

(四) 砌筑

1. 计量单位

1) 垫层、干砌块料、浆砌块料、砖砌体工程量按设计图示尺寸以体积计算,计量单位为 m^3。

2) 护坡工程量按设计图示尺寸以面积计算,计量单位为 m^2。

2. 计算注意点

砌筑清单项目应区别砌筑的结构部位、材料品种、规格、砂浆强度等项目特征,划分设置不同的具体清单项目,并分别计算工程量。

(五) 装饰

装饰清单项目工程量均按设计图示尺寸以面积计算,计量单位为 m^2。

(六) 其他

(1) 金属栏杆 按设计图示尺寸以质量计算,计量单位为 t;或按设计图示尺寸以延长米计算,计量单位为 m。

(2) 石质栏杆、混凝土栏杆 按设计图示尺寸以长度计算,计量单位为 m。

(3) 橡胶支座、钢支座、盆式支座 按设计图示数量计算,计量单位为个。

(4) 桥梁伸缩装置 按设计图示尺寸以延长米计算,计量单位为 m。

(5) 桥面排(泄)水管 按设计图示尺寸以长度计算,计量单位为 m。

(6) 防水层 按设计图示尺寸以面积计算,计量单位为 m^2。

【例 4-9】 我国目前已系列生产的盆式橡胶支座,其竖向承载力分 12 级,为 1000~2000kN,有效纵向位移量为 ±(40~200)mm。支座的容许转角为 40°,计摩擦系数为 0.05,在某桥梁工程中,采用 16 个这种支座。试计算支座工程量。

【解】

1. 清单工程量

支座根据清单计算规则按设计数量计算,即该支座的工程量为 16 个,清单工程量计算见表 4-6。

表 4-6 清单工程量计算表

项目编码	项目名称	项目特征描述	计量单位	工程量
040309006001	盆式支座	盆式橡胶支座,竖向承载力分 12 级,为 1000~2000kN	个	16

2. 定额工程量

定额工程量同清单工程量,套用定额子目 [3-462] 盆式金属橡胶组合支座 (3000kN 以内)。

(七) 钢筋工程

现浇构件钢筋、预制构件钢筋、钢筋笼、先张法预应力钢筋、后张法预应力钢筋、预埋铁件，皆按设计图示尺寸以质量计算，计量单位为 t。

三、技术措施清单项目

根据桥涵工程的特点及常规的施工组织设计，桥涵工程通常可能有技术措施清单项目。例如，某小型桥梁工程包括以下技术措施清单项目：墙面脚手架、墩（台）盖梁模板、压顶模板、基础模板、其他现浇构件模板、小型构件模板，还包括一项补充抽水措施项目"04B018 抽水、排水"。

（一）大型机械设备进出场及安拆

大型机械设备进出场及安拆工程量按使用机械设备的数量计算，计量单位为台·次。具体包括哪些大型机械的进出场及安拆，需结合工程的实际情况和施工组织设计确定。

（二）混凝土模板

混凝土模板（基础、柱、梁、板、墙等结构混凝土）工程量按混凝土与模板接触面积计算，计量单位为 m^2。

混凝土模板应区别现浇或预制混凝土的不同结构部位、支模高度等项目特征，划分并设置不同的清单项目。

（三）脚手架

（1）墙面脚手架　工程量按墙面水平线长度乘以墙面砌筑高度计算，计量单位为 m^2。
（2）柱面脚手架　工程量按柱结构外围周长乘以柱砌筑高度计算，计量单位为 m^2。
（3）仓面脚手架　工程量按仓面水平面积计算，计量单位为 m^2。

（四）便道

便道工程量按设计图示尺寸以面积计算，计量单位为 m^2。

（五）便桥

便桥工程量按设计图示数量计算，计量单位为座。

（六）围堰

围堰工程量以立方米计量，按设计图示围堰体积计算；或以米计量，按设计图示围堰中心线长度计算。

定额子目需要到《市政定额》第一册《通用项目》中子目进行匹配。

（七）排水、降水

排水、降水工程量按排、降水日历天计算，计量单位为昼夜。

四、桥梁工程实例

【例4-10】　某桥梁工程采用预制钢筋混凝土空心板，混凝土强度等级C30，板厚40cm，横向采用6块板，中板及边板的构造形式及细部尺寸如图4-32所示，求中板、边板的工程量。其中，以人工费与机械费之和为基数，企业管理费费率为15%，利润费率为7%。

【解】

1. 清单工程量

（1）中板工程量 = $[1.24×0.4-3.141×0.12^2×3-(0.24+0.32)÷2×0.04×2-\frac{1}{2}×0.04×0.08×2]×8.96×4m^3 = [0.496-0.136-0.022-0.003]×8.96×4m^3 = 12.01m^3$

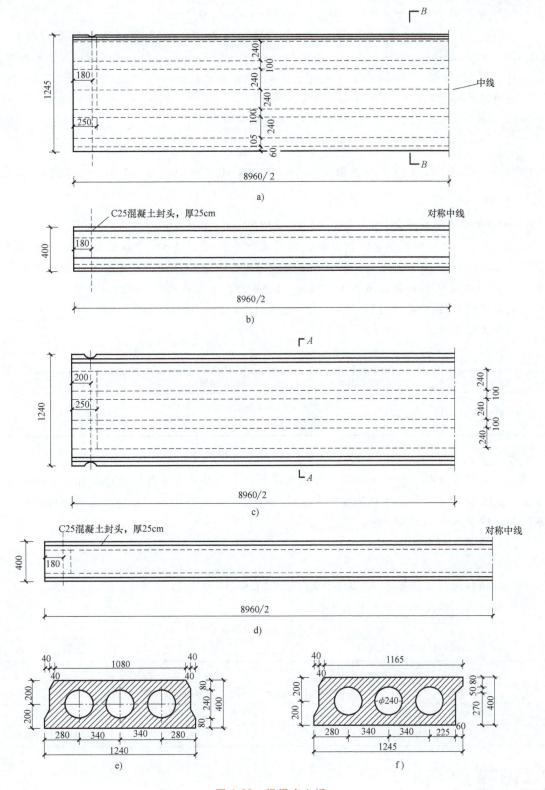

图 4-32 桥梁空心板

a) 边板平面图 b) 边板立面图 c) 中板平面图 d) 中板立面 e) A—A 截面 f) B—B 截面

(2) 中板封头工程量 = 3.141×0.12²×0.25×6×4m³ = 0.271m³

【注】（1）式中1.24为中板宽度，0.4为中板厚度，0.12为中板三个圆孔的半径，(0.24+0.32)÷2×0.04×2为图4-32e中左右空白分区中的梯形面积，其中0.32为梯形下底宽，即（0.24+0.08），0.24为其上底宽，0.04为其高度；中括号中最后一项为空白分区中两个直角三角形面积，8.96为中板长度，4为数量。

（2）式中0.25为封头厚度，6为其每个中板封头数量。

(3) 边板工程量 = [1.24×0.4 − 3.141×0.12²×3 − (0.27+0.32)×6÷2 − (0.24+0.32)×0.04÷2 − $\frac{1}{2}$×0.04×0.08×2]×8.96×2m³ = (0.498 − 0.136 − 0.018 − 0.011 − 0.002)×8.96×2m³ = 5.93m³

(4) 边板封头工程量 = 3.141×0.12²×0.25×6×2m³ = 0.136m³

【注】1.245为边板宽度，0.4为边板厚度，0.27为图4-32f中右边空白部分梯形的上底宽，0.32为其下底宽，即（0.27+0.05），0.04为其高度，0.24为左边空白部分梯形上底宽，0.08为左边空白部分上部三角形的高，0.04为其直角边长，2为边板数量。

空心预制板的工程量 = (12.01+0.271+5.93+0.136)m³ = 18.35m³

清单工程量计算见表4-7。

表4-7 清单工程量计算表

项目编码	项目名称	项目特征描述	计量单位	工程量
040304003001	预制混凝土板	预制钢筋混凝土空心板,板厚40cm,横向采取6块板	m³	18.35

2. 定额工程量

定额工程量说明：预制空心构件的工程量计算，清单的计算规则是以设计尺寸的体积扣除空心板空洞计算的，定额的计算规则也按设计尺寸以体积计算，但空心板梁的堵头板体积不计入工程量内，不需要扣除。

（1）中板工程量 = 12.01m³

（2）边板工程量 = 5.93m³

空心预制板的工程量 = (12.01+5.93)m³ = 17.94m³

分部分项工程清单计价表见表4-8。

表4-8 分部分项工程清单计价表

单位（专业）工程名称：××桥梁工程　　　　　　　　　　　　　　　　　　　第　页　共　页

序号	编码	名称	单位	数量	综合单价/(元/m³)						合计/元
					人工费	材料费	机械费	管理费	利润	小计	
1	040304003001	预制混凝土板	m³	18.35	52.03	441.30	1.55	8.04	3.75	506.67	9297.39
	3-290	预制混凝土空心板	m³	17.94	53.22	451.39	1.58	8.22	3.84	518.25	9297.41

老造价员说

杭州湾跨海大桥北起嘉兴市海盐，跨越宽阔的杭州湾海域后止于宁波市慈溪水路湾，全长 36km，建成后极大缩短了陆路距离。大桥工程规模宏大，设计施工难度极大，充分体现了大国的工匠精神。

但是大型基建工程常由于工期长等原因，受人工与材料价格上涨、设计与施工方案调整等因素影响，难免造成建设成本增加。做好前期造价控制，能较大幅度地降低项目的成本。

复习思考与练习题

1. 桥梁由哪些部件组成？
2. 桥梁支座的作用功能有哪些？目前常用的有哪些支座？
3. 板和板梁如何界定？
4. 某新建简支梁，轻型桥台，钻孔灌注桩基础，该工程通常包括哪些分部分项清单项目？
5. 某桥梁陆上起重机安装板梁，提升高度为 12m，梁长 18m，试套用定额并计算基价。
6. 有一立交箱涵顶进工程，分为两节，每节长 40m，单重 800t（不考虑拖带的设备重量等），不设中继间，顶进距离按管节全部顶入土体为止，预制时箱涵顶进头部距顶进土体 8m。
7. 某桥梁工程钻孔灌注桩工程，钢筋笼总重为 900kg，其中圆钢重 126kg，螺旋钢重 774kg，求钢筋笼套用的定额子目及基价（子目参考通用项目）。
8. 某工程采用人工挖孔灌注桩工程，如图 4-33 所示，$D = 820\text{mm}$，$\frac{1}{4}$ 砖护壁，C20 混凝土桩芯，桩深 27m，现场搅拌，求单桩工程量并列清单。

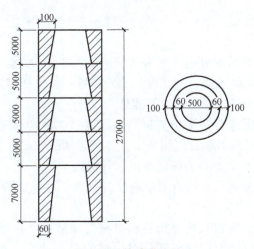

图 4-33 挖孔灌注桩

情境五

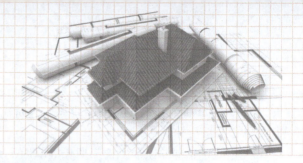

市政隧道工程计量计价

> 【学习目标】
>
> 1. 学会市政隧道工程项目基础知识；
> 2. 掌握市政隧道工程项目工程量的计算；
> 3. 掌握市政隧道工程项目清单编制以及定额的应用。

隧道是指修建在地层中的各种用途的地下通道和洞室，可扩大到地下空间利用的各个方面，广泛用于克服高程障碍、缩短路线长度、改善线路条件（平面、纵断面），作为水流通道（给排水）和公用事业用地（电缆、地下停车场）等。

任务一 基础知识

一、隧道分类

隧道包括的范围广，根据不同角度，可以把隧道分为不同种类，下面介绍几种工程中常见的隧道分类方法。

（1）按照隧道穿越地处情况分类 可分为岩石隧道和软土隧道。由于所处地理位置不同，岩石隧道修建在山体中的较多，故又称为山岭隧道；软土隧道通常修建在水底或修建城市立交时采用，故又称水底隧道或城市道路隧道。

（2）按照隧道埋深分类 分为深埋隧道和浅埋隧道。深埋隧道和浅埋隧道的临界深度以隧道顶部覆盖层能否形成压力拱为原则确定。不同类别围岩的临界深度也是不一样的，一般采用塌方平均高度 h 的 2~2.5 倍为深浅埋的临界深度。

（3）按隧道断面形式分类 主要有圆形断面隧道、多心圆断面隧道、马蹄形断面隧道、矩形断面隧道等。

（4）按隧道长度分类 隧道长度是指进出口洞门端墙面之间的距离，以端墙面或斜切式洞门的斜切面与设计内轨顶面的交线同线路中线的交点计算。双线隧道按下行线长度计算，位于车站上的隧道以正线长度计算，设有缓冲结构的隧道长度从缓冲结构的起点计算。隧道长度 $L>3000m$ 为特长隧道；$1000m \leqslant L \leqslant 3000m$ 为长隧道；$250m<L<1000m$ 为中隧道；$L \leqslant 250m$ 为短隧道。

二、隧道结构构成

隧道结构主要包括主体构造物和附属构造物两部分（图 5-1）。

情境五
市政隧道工程计量计价

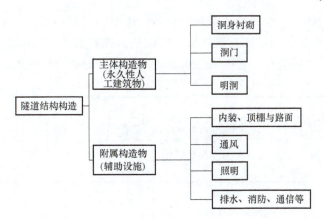

图 5-1　隧道结构构造图

主体构造物由洞门、洞身衬砌、明洞组成。

① 洞门：隧道两端洞口处的结构部分称为洞门（图 5-2）。它是在隧道洞口利用圬工材料等用以保护洞口稳定、引离地表水，并对周围环境起到装饰作用的支挡结构物。它联系隧道衬砌与隧道外路基部分，是隧道的主体结构物之一。

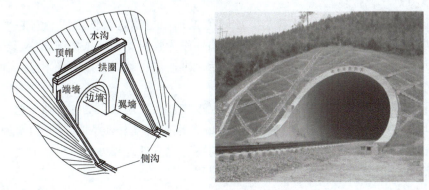

图 5-2　洞门的构造及型式示意图

② 洞身衬砌：承受地层压力，维持岩体稳定，阻止坑道周围地层变形的永久性支撑物。它由拱圈、边墙、托梁和仰拱组成。拱圈位于坑道顶部，呈半圆形，为承受地层压力的主要部分。边墙位于坑道两侧，承受来自拱圈和坑道侧面的土体压力，可分为垂直形和曲线形两种。托梁位于拱圈和边墙之间，为防止拱圈底部挖空时发生松动开裂，用来支承拱圈。仰拱位于坑底，形状与一般拱圈相似，但弯曲方向与拱圈相反，用来抵抗土体滑动和防止底部土体隆起。

③ 明洞：采用明挖法修建的隧道（或区段）称为明洞，一般设置在隧道的进出口处，是隧道洞口或线路上能起到防护作用的重要建筑物。

为了使隧道能够正常使用，保证车辆通过的安全性，除了隧道的主体结构洞门及洞身衬砌外，还应设置一些附属结构。附属构造物包括隧道内装、顶棚与路面、通风、消防设施、应急通信和排水设施等，长隧道还有专门的照明设备。

三、隧道施工方法

按照开挖成型方法、破岩掘进方式、支护结构施工方式或空间围护方式的不同，以及隧道穿越地层的不同,目前一般隧道施工方法分为:矿山法(钻爆法)、新奥法(我国称为锚喷构筑法)、浅埋暗挖法、明挖法、盖挖法、盾构法、掘进机法、沉埋法(沉管法)等。

以上各种方法与地层条件、埋深条件、建筑环境条件的适应性见表5-1。

表5-1 隧道施工方法及其适用条件

地层条件	施工方法							
	钻爆法	新奥法	浅埋暗挖法	明挖法	盖挖法	盾构法	掘进机法	沉管法
山岭隧道	适用	适用最常用	浅埋段适用	浅埋段适用		软岩段适用	适用	
浅埋隧道(软岩、土质)	可用	加特殊措施适用	常用	常用	适用	适用		
水下隧道(水下地层中)			硬岩段适用			软岩段适用		
水底隧道(水下河床上)								适用

(一) 矿山法(钻爆法)

矿山法因其采用钻眼爆破方式破岩,故隧道工程中也称之为钻爆法。它是采用纵向分段、横向全断面或分部开挖,采用木构件或钢构件作为临时支撑,抵抗围岩变形,承受围岩压力,获得坑道的临时稳定,待隧道开挖成型后,再逐步将临时支撑撤换下来,而代之以永久性单层衬砌的施工方法。

优缺点:矿山法是人们在长期的施工实践中逐步自然发展起来的一种传统施工方法,作为一种维持坑道稳定的措施,是很直观和奏效的,也容易被施工人员理解和掌握,直至现在,这种方法还常被应用于不便采用锚喷支护的隧道中或处理塌方等,但临时支撑难以撤换等一些问题,在一定程度上限制了它的发展和应用。

(二) 新奥法

新奥法是目前我国山岭隧道工程中广泛使用的施工方法,简称为 NATM(New Austrian Tunnelling Method)。新奥法主要采用锚杆和喷射混凝土作为维护围岩稳定的初期支护,施作后的锚喷支护即成为永久性承载结构的一部分而不予以拆除,然后,在此基础上再施作内层衬砌作为安全储备,称为二次衬砌。初期支护、二次衬砌与围岩三者共同构成了永久的隧道结构体系。

新奥法优点主要有以下三个。

1)各工序的组合和调整的灵活性很大,尤其是当地质条件发生变化时,它依然表现出很强的适应性。

2)与传统矿山法的钢木构件临时支撑相比较,新奥法的锚喷初期支护具有显著的灵活性、及时性、密贴性、深入性、柔韧性、封闭性等工程特点。

3)施工机械和设备的配套比较灵活,且多数是常规设备,组装方法简单、转移方便,重复利用率高。

虽然新奥法和矿山法都是采用钻眼爆破式掘进,但二者的支护方式有着显著的不同,且二者的施工原则和理论解释也不同。

(三) 浅埋暗挖法

浅埋暗挖法是在距离地表较近的地下进行各种类型地下洞室暗挖施工的一种方法。它既可以作为独立施工方法,也可以与其他施工方法结合使用。车站经常采用浅埋暗挖法与盖挖法相结合,区间隧道用盾构法与浅埋暗挖法结合施工。三者的应用情况见表 5-2。

表 5-2 施工方法比较表

工法	浅埋暗挖	盾构	明(盖)挖
地质条件	有水需处理	各种地层	各种地层
地面拆迁	小	小	大
地下管线	无须拆迁	无须拆迁	需拆迁
断面尺寸	各种断面	特定断面	各种断面
施工现场	较小	一般	大
进度	开工快,总工期偏慢	前期慢,总工期一般	总工期快
震动噪声	小	小	大
防水	有一定难度	有一定难度	较容易

浅埋暗挖法施工顺序如图 5-3 所示。

图 5-3 浅埋暗挖法施工顺序
a) 预加固 b) 掘进 c) 初期支护 d) 二次衬砌 e) 监控量测

(四) 明挖法

当隧道埋深较浅时,可将上覆一定范围内的覆土及隧道内的岩体逐层分块挖除,并逐次分段施工隧道衬砌结构,然后回填土,这种施工方法叫明挖法。

明挖法的优点是施工技术简单、快速、经济、主体结构受力条件较好等,在没有地面交通和环境等条件限制时,应是首选方法。但其缺点也是明显的,如阻断交通时间较长,有噪声与震动等。

明挖法施工主要工序是:降低地下水位、基坑(边坡)支护、土方开挖、防水工程及结构施工等。

(五) 盖挖法

盖挖法是在隧道浅埋时,由地面向下开挖至一定深度后,先修筑地下结构顶板,并恢复地面原状,其余绝大部分土体的挖除和主体结构的施工在封闭的顶板掩盖下完成的施工方法。

盖挖法主要适用于城市地铁浅埋隧道及地下工程中,尤其适用于地铁车站等地下洞室建筑物的施工。其特点是:封闭道路时间比较短,而且允许分段实施,一旦路面先期恢复,后续施工对地面交通几乎不再产生影响;对周围环境的干扰时间较短,对防止地面沉降及对周围建筑物和地下管线的保护具有良好的效果；挖土是在顶部封闭状态下进行，大型机械应用受到限制，施工工期较长需设置中间竖向临时支承系统，与侧墙共同承受结构封底前的竖向载荷。本工法的施工难度、施工工期及土建造价均属中等水平。

按照盖板下土体挖除和主体结构施作的顺序，盖挖法可以分为盖挖顺作法、盖挖逆作法和盖挖半逆作法。其中，盖挖顺作法主要适用于单层地铁车站施工，盖挖逆作法主要适用于多层地铁站施工。应当注意的是，采用盖挖逆作法施工时应特别注意结构体系受力状态的转换，以保证结构受力状态良好。

1. 盖挖顺作法

盖挖顺作法是在地表作业完成挡土结构后，以定型的预制标准覆盖结构（包括纵、横梁和路面板）置于挡土结构上维持交通，往下反复进行开挖和加设横撑，直至设计标高。依序由下而上，施工主体结构和防水，回填土并恢复管线路或埋设新的管线路。最后，视需要拆除挡土结构外露部分并恢复道路。在道路交通不能长期中断的情况下修建车站主体时，可考虑采用盖挖顺作法，其施工步骤如图 5-4 所示。

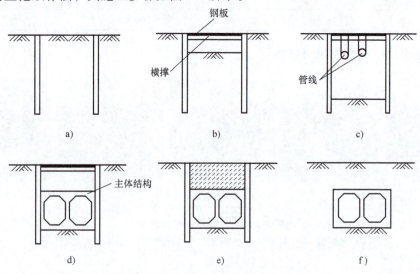

图 5-4 盖挖顺作法施工步骤示意图

a) 构筑挡土结构　b) 开挖、支撑安装和构筑顶板　c) 开挖及布置管线
d) 施工主体结构和防水　e) 回填土并恢复管线路或埋设新的管线路　f) 路面复原

2. 盖挖逆作法

盖挖逆作法是先在地表面向下做基坑的围护结构和中间桩柱，随后即可开挖表层土体至主体结构顶板地面标高，利用未开挖的土体作为土模浇筑顶板。顶板可作为有力横撑，以防止围护结构向基坑内变形，待回填土后将道路复原，恢复交通。后续工作都是在顶板覆盖自上而下逐层开挖并建造主体结构直至底板。如果开挖面积较大、覆土较浅、周围沿线建筑物过于靠近，为尽量防止因开挖基坑而引起临近建筑物的沉陷，或需及早恢复路面交通，但又缺乏定型覆盖结构，常采用逆作法施工。

3. 盖挖半逆作法

盖挖半逆作法与盖挖顺作法的主要区别在于结构顶板的构筑时机不同，在半逆作法中顶板是先做好，而顺作法中顶板是最后才完成（之前为临时顶板）。与明挖法相比，半逆作法减少了对地面交通的干扰;与全逆作法相比,它仍然需要设置临时横撑。

四、岩石隧道

岩石隧道是指构筑在成岩地层中的隧道。硬岩隧道的围岩一般具有较长时间的自稳能力和较强的自承能力,多采用全断面或上下断面钻爆掘进施工,常采用柔性的锚喷支护作为主要受力结构;软岩隧道的围岩一般自稳时间较短、自承能力较差,因而施工时多采用超前支护、分部开挖、强支护等措施,复合衬砌的二次衬砌也考虑承担一定的荷载。

(一)开挖方法

隧道工程根据施工方法和埋藏条件不同,分为隧道和明洞两个部分。隧道开挖方法实际上是指开挖成形方法,根据开挖隧道的横断面分部情形不同,开挖方法可采取全断面开挖法、台阶开挖法、分部开挖法、单侧壁导坑法(CD法)、双侧壁导坑法(DCD法)、中隔壁法(CRD法)及若干变化方案。

根据《公路隧道设计规范》的规定,围岩分为六级,其主要定性特征见表5-3。

表5-3 公路隧道围岩分级表

围岩级别	主要定性特征
Ⅰ	坚硬岩,岩体完整,巨整体状或巨厚层状结构
Ⅱ	坚硬岩,岩体较完整,块状或厚层状结构;较坚硬岩,岩体完整,块状整体结构
Ⅲ	坚硬岩,岩体较破碎,巨块(石)碎(石)状镶嵌结构;较坚硬岩或较软硬岩层,岩体较完整,块状体或中厚层结构
Ⅳ	坚硬岩,岩体破碎,碎裂结构;较坚硬岩,岩体较破碎~破碎,镶嵌碎裂结构;较软岩或软硬岩互层,且以软岩为主,岩体较完整~较破碎,中薄层状结构
	土体:压密或成岩作用的黏性土及砂性土;黄土(Q1、Q2);一般钙质、铁质胶结的碎石土、卵石土、大块石土
Ⅴ	较软岩,岩体破碎;软岩,岩体较破碎~破碎;极破碎各类岩体,碎、裂状,松散结构
	一般第四系的半干硬至硬塑的黏性土及稍湿至潮湿的碎石土、卵石土、圆砾、角砾土及黄土(Q3、Q4)。非黏性土呈松散结构,黏性土及黄土呈松软结构
Ⅵ	软塑状黏性土及潮湿、饱和粉细砂层、软土等

1. 全断面开挖法

全断面开挖法(图5-5)是将全部设计断面一次开挖成形,再修筑衬砌,一般适用于Ⅰ~Ⅲ级,并配有钻孔台车和高效率装运机械,开挖工作面较大,钻爆效率高。

全断面开挖法的优缺点如下。

1)全断面开挖法有较大的工作空间,适用于大型配套机械化施工,施工速度较快,且因单工作面作业,故便于施工组织和管理。但其开挖面大,围岩相对稳定性降低,且每循环工作量相对较大,因此要求具有较强的开挖、出渣能力和相对的支护能力。

2)有较大的断面进尺比(即开挖断面面积与掘进进尺比),可获得较好的爆破,对围岩的振动次数较少,有利于围岩的稳定。但每次爆破振动强度较大,因此对于稳定性较差的围岩,要求进行严格的控制爆破设计。

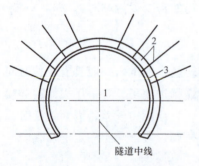
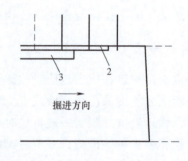

图 5-5 全断面开挖法

1—全断面开挖　2—锚喷支护　3—模筑混凝土衬砌

2. 台阶开挖法

台阶开挖法（图 5-6a）是全断面开挖法的变化方案（图中均省略了锚杆），是将设计断面分上半部断面和下半部断面在二次开挖成型，或采用上弧导洞超前开挖和中核开挖及下部开挖。开挖关键是台阶划分形式，一般将断面划分为上下两个台阶分部开挖，适用于Ⅲ、Ⅳ类围岩。

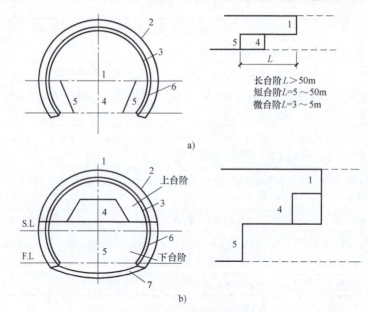

图 5-6 台阶开挖法及台阶分部开挖法

a）台阶开挖法

1—上半部开挖　2—拱部锚喷支护　3—拱部衬砌　4—下半部中央部分开挖
5—边墙部分开挖　6—边墙锚喷支护及衬砌

b）台阶分部开挖

1—上弧形导坑开挖　2—拱部锚喷支护　3—拱部衬砌　4—中核开挖　5—下部开挖
6—边墙锚喷支护及衬砌　7—灌注仰拱

（1）台阶开挖法的优点

1）灵活多变、适用性强，凡是软弱地层、沉积地层，均可采用台阶开挖法；无论地层发生什么变化，都能及时变换成其他方法。

2）具有足够的作业空间和较快的施工速度，台阶有利于开挖面的稳定性，尤其是上部开挖支护后，下部作业则较为安全。

（2）台阶开挖法的缺点　上下部作业互为干扰；另外，台阶开挖会增加对围岩的扰动次数。

3. 分部开挖法

分部开挖法适用于Ⅳ、Ⅴ类围岩，是将隧道断面分部开挖逐步成型，且一般将某部超前开挖，故也可称为导坑超前开挖法，主要适用于围岩软弱破碎严重的隧道或设计断面较大的隧道中。其优缺点如下。

1) 分部开挖法作业面较多，各工序相互干扰较大，且增加了对围岩的扰动次数，若采用钻爆掘进，则更不利于围岩的稳定，施工组织和管理的难度亦较大。

2) 导坑超前开挖，有利于提前探明地质情况，并予以及时处理。但若采用的导坑断面过小，则施工速度就较慢。

（二）爆破

隧道开挖中常用的起爆方法有火花起爆法、电力起爆法和导爆管起爆法等。

1. 火花起爆法

火花起爆是用火雷管（铜雷管或纸雷管）和导火索加工成起爆药卷，通过点燃导火索点燃雷管起爆药卷。此法操作简单容易掌握，但不安全因素多，如导火索燃烧速度不均匀不能精确控制起爆时间，点燃导火索必须在工作面上进行等，特别是长隧道和全断面一次开挖炮眼数量较多时，应有相应的安全措施，如点燃信号引线，分工划分点炮范围等。

2. 电力起爆法

用电雷管和导线联成爆破网络，通过接通电源起爆的方法。此法可预先检测爆破的准确性，防止产生拒爆，安全性好，是较普遍采用的方法。采用此法应特别注意对洞内电源的管制，注意消除杂散电流、感应电流和高压静电等，以防发生意外早爆现象。

3. 导爆管起爆法

导爆管是一种非电起爆器材。它由普通雷管、激光枪或导爆索引爆，引爆的导爆管以2000m/s的速度传递着冲击波，从而引爆与其相连的雷管（普通瞬发雷管和非电延时雷管）起爆。此种方法具有抗静电杂电、抗水、抗冲击、耐火和传爆长度大等优点。

光面爆破是通过加密周边炮眼、减少每一炮眼装药量、控制起爆顺序等措施，使爆破后形成准确的隧道轮廓线。优点有：减少超挖，隧道断面整齐美观；围岩稳定，减少临时支护，保证安全，加快施工进度；为锚喷支护节省衬砌材料创造了条件。

（三）隧道开挖

隧道一般按水平方向进行掘进开挖，根据地质地形情况，较长或较大的隧道，通常会通过增加辅助坑道的技术手段，以实现长隧短打。辅助坑道，通常就采用横洞、斜井、平洞、平行导坑等方法。

1. 平洞开挖

隧道开挖一般采用平洞开挖，只有当隧道较长时才采用辅助坑道。

2. 斜井开挖

斜井是隧道侧面上方开挖的与之相连的倾斜坑道，可用于增加隧道施工的施工面、通风道、排水道、逃生道。当隧道洞身一侧有较开阔的山谷且覆盖不太厚时，可考虑设置斜井。斜井设计施工时应注意以下事项：

1) 当隧道埋深不大，地质条件较好，隧道侧面有沟谷等低洼地形时，可采用斜井作为辅助坑道。

2）斜井长度一般不超过200m，以降低工程造价及保证运输效能。选用较长斜井方案时，应作经济性比较。

3）斜井井口位置不应设在洪水可能淹没处。

4）斜井开挖与一般隧道导坑的开挖工作相同。必须注意的是，钻爆破的方向应严格控制与斜井的倾角相同，以保证爆破后的断面合乎要求。斜井支护一般采用锚喷支护。

5）斜井提升一般采用卷扬机牵斗车，坡度很小时也可采用皮带输送或无轨运输，斜井内轨道数视出渣量而定。

6）为保证施工安全，应注意井底车场需加支撑或修筑衬砌。

3. 竖井开挖

竖井是隧道上方开挖的与隧道相连的竖向坑道（图5-7），可作为隧道与地表间的联通道、通风道、排水道等。其构造包括井口圈、井筒、壁座、井筒与隧道间的联接段、井下集水坑等部分。竖井常用于长隧道，以增加作业面，缩短搬运距离；增加换气和排水口，缩短通风排水距离。竖井施工有自上向下或自下向上两种掘进方法，前者使用吊盘、吊桶、抓渣机等，竖井直径可达9m左右，深度可达数百米以上，一般需修筑到达井位的便道；后者使用掘进机，竖井直径3m左右，深度不限，但需隧道掘进能够到达竖井位底部。

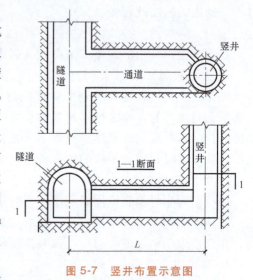

图5-7 竖井布置示意图

覆盖层较薄的长隧道，或在中间适当位置覆盖层不厚、具备提升设备、施工中又需增加工作面时，可用竖井增加工作面的方案。竖井深度一般不超过150m。

竖井的位置可设在隧道一侧，与隧道的距离一般情况下为15~25m之间，或设置在正上方。

竖井的位置、断面形状，应根据施工要求、通风、是否作为永久通风道、造价等因素综合考虑确定。当隧道设两个以上竖井时，应作经济性分析，以保证工程造价不致过高。

（四）支护与衬砌

1. 临时支护

只为施工而进行的支护称为临时支护。隧道开挖后，除坚硬整体性好的稳定围岩外，必须进行及时的临时支护。常见的类型有：构件支撑、锚杆支护、喷混凝土支护和锚喷联合支护。

（1）构件支撑　构件支撑有木支撑及钢架支撑。

木支撑加工容易，装卸方便，受力变形大，容易加固，但易腐朽，周转次数少，消耗大。木支撑根据地层松软程度可采用圆木密排连续撑和间断撑，木材多采用坚硬且有弹性的松杉木种。

钢架支撑最好的一种是花拱钢支撑，即用内外层钢轨或工字钢弯成弧形并用钢筋焊成拱节，每榀花拱由3~5节拱节组成，用螺栓夹板联结或焊接。

（2）锚杆支撑　锚杆是安设在岩土层深处的受拉构件，一端与隧道内表面松动岩石相连，另一端锚固在稳定的基岩中，用以承受岩层压力和防止较大变形。锚杆按锚固长度分为端头（集中）锚固类和全长锚固类。每类中又按锚固方式分为机械型和黏结型，前者以摩擦阻力为主起锚固作用，后者以黏结力为主起锚固作用。机械型锚杆有楔缝式和倒模式等；黏结型锚杆的黏结剂有水泥砂浆、快硬水泥浆、树脂等。锚杆是总称，其组成有锚固体、拉杆及锚头三部分。

（3）管棚　管棚指在隧道开挖轮廓外顺纵向预先置入成排的大直径钢管，开挖后用钢拱架支撑钢管组成的预先支护系统。管棚适用于含水的沙土地层和破碎带，以及浅埋隧道或地面有重要建筑物地段，对防止软弱围岩下沉、松弛和坍塌有显著效果。管棚一般采用 $\phi 80 \sim 180mm$ 热轧无缝钢管，长度 $10 \sim 45m$，可根据地质条件、地层压力发布、结构形状布设在隧道拱部、墙部甚至底部；环向设置间距应根据地层破碎程度、地层压力、导管布置位置来确定，一般为 $30 \sim 50cm$。

（4）小导管　小导管指预先沿拱部周边朝前斜向设置密排注浆钢花管，钢花管外露端支于格栅拱架上的超前支护系统。小导管多用于较干燥的沙土层、沙卵石层、断层破碎带、软弱围岩浅埋隧道段，既能加固洞壁一定范围内的围岩，又能支托围岩，预支护效果大于超前锚杆。小导管一般采用 $\phi 42 \sim 50mm$ 热轧无缝钢管，长度 $3 \sim 5m$。导管前端钻有注浆孔，后段留有 $L \geqslant 30cm$ 的止浆段，小导管环向设置间距为 $20 \sim 50cm$，外插角 $10° \sim 30°$。

（5）喷混凝土支护　作为施工支撑也可采用边开挖边喷混凝土的办法，喷射混凝土是利用压缩空气的力量，将混凝土高速喷射到岩面上，混凝土在高速连续冲击作用下，与岩面紧密地黏结在一起，并能充填岩面的裂隙和凹坑，把岩面加固成完整而稳定的结构。喷射厚度一般为 $5 \sim 10cm$。喷射混凝土具有速凝、早强、黏结牢固、不用模板、省工省料等优点，是一种先进的施工技术，目前主要用于隧道开挖的临时支护与永久衬砌、隧道大修加固、桥梁墩台基坑开挖护壁、路基边坡加固工程及其他地下工程的支护衬砌施工。

（6）锚喷联合支护　锚喷联合支护是锚杆支撑与喷混凝土结合的支护方法，根据围岩的破碎程度有时需在喷射混凝土层中加设钢筋网。

2. 永久衬砌

永久衬砌是隧道对围岩的永久支护，分整体式和复合式两种。

整体式衬砌施工可根据需要成型，与地面建筑普通混凝土施工作业大体相同，其特点是衬砌混凝土不需外模，整体性好，抗渗性强，适用于各种施工条件。超挖量大时，用浆砌或干砌片石做外模边回填边灌注混凝土；当用光面爆法超挖量很小时，则不需外模。支内模应留有沉降量。

复合式永久衬砌是将施工的锚喷支护与以后的二次模筑混凝土共同组成的衬砌。二次模筑需在锚喷支护下岩层的变形趋于稳定或收敛时进行。

锚喷结构层既可做临时支撑也可做永久衬砌，不仅在石质隧道中已为成熟技术，而且已逐步推广到软弱围岩和黄土隧道中。锚喷技术配合光面爆破构成了隧道施工的新体系，对节约投资加快施工进度都起到了极为重要的作用。隧道洞门衬砌断面示意图如图5-8所示。

五、软土隧道

软土隧道是指构筑在软土地层中的隧道，由于开挖时易坍塌、成洞困难，施工中常需采用预加固、超前支护等措施。新奥法、明挖法、盖挖法、顶进法是常用的施工方法。

(一) 隧道沉井

隧道沉井适用于软土隧道工程中采用沉井方法施工的盾构工作井及暗埋段连续沉井。

1. 隧道沉井的特点

沉井是地下建筑施工的一种方法，先在建筑地点开挖基坑，铺设砂垫层，浇捣刃脚垫层混凝土，根据沉井的高度、地基承载力、施工机械设备等条件，用钢筋混凝土一次或分节制成一个上无盖、下无底的筒状结构物，在其井壁的挡土和防水的围护作用下，从井内取土，借其自重使之下沉到设计标高，形成一个地下构筑物。

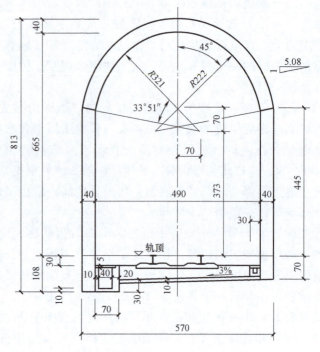

图 5-8 隧道洞门衬砌断面示意图

隧道沉井一般平面尺寸比较大，埋设比较深，其井壁结构不仅要考虑四周土体的压力，而且要考虑盾构机在隧道掘进时，把井壁作为盾构推进后坐力，要承受较大压力，因此井壁比较厚，含筋率亦大，称为厚壁沉井。

2. 隧道沉井的施工

隧道沉井的施工程序可分为沉井制作前的准备、沉井制作、沉井下沉和沉井封底四个步骤。

(1) 沉井制作前的准备　在沉井平面位置确定后，先开挖沉井基坑（基坑深度一般在地面以下 2~3m），搭施工脚手架，设置井点降水。为了防止沉井制作过程中的不均匀下沉，基坑内部分层铺砂垫层，其厚度由预制沉井的自重和刃脚踏面的面积决定。隧道沉井井壁比较厚，自重比较大，所以刃脚下需铺设混凝土条形垫层。

(2) 沉井制作　根据不同的情况和施工条件，可采用分节制作一次下沉，也可以一次制作一次下沉，或制作与下沉交替进行。采用何种施工方案，由施工组织设计根据基坑承载力、沉井高度、沉井自重以及施工机械等因素决定。沉井制作包括：刃脚、框架、井壁以及底板等。

(3) 沉井下沉　当沉井混凝土达到一定强度时（按设计要求），方可抽拆垫木或敲拆混凝土边沿垫层，然后开始挖土下沉。沉井下沉前，井壁的预留孔及洞门，必须用砖封堵或安装钢封门，以防止沉井外土涌入井内。由于沉井下沉深度和地层承载力的差异，根据具体情况可采用排水下沉或不排水下沉，一般排水下沉用吊车挖土下沉和水力机械冲吸泥下沉，不排水下沉用潜水员吸泥下沉和钻吸法出土下沉。

(4) 沉井封底　当沉井下沉到设计标高后，即停止挖土，准备封底工作。一般先在沉井锅底内抛铺块石，铺垫层。然后在井底的土体能保持稳定，且环境保护符合要求时，可采用混凝土干封底。在采用不排水下沉的条件下，则采用水下混凝土封底。在封底混凝土层达到一定强度后，浇筑钢筋混凝土底板。为了防止沉井上浮，在底板上要预留集水滤井，当底板混凝土未达到设计强度之前，要不断地抽水，以释放底板以下的水压。待底板达到设计强度后，再将集水井封堵。

（二）盾构法掘进

盾构法掘进是指在软土地层中暗挖隧道的一种特殊掘进作业法。盾构是地下工程中开挖土方和安装衬砌结构的施工机械，盾构机械化施工对地面建筑物和交通的影响很小。由于技术上的不断改进，盾构法施工能适应各种地层，因此广泛地应用于地下工程的建设。

盾构法掘进施工过程一般可以分为7步：泥水循环、盾构推进、同步注浆、管片拼装、管路接续、轨道接续、风筒接续。

（三）垂直顶升施工

垂直顶升法就是在隧道出水口的位置，预先埋置一个特殊的开口环（钢管片），用顶升车架上的千斤顶将预制方管的首节顶升至开口环的封顶块位置，并将螺栓与其连接固定，然后拆除封顶块与邻接块的螺栓，向上顶升。顶至第二节预制方管节可就位的高度，将第二节预制方管节运至顶升车架上与首节方管节连接，这样逐节垂直顶升，到所有管节组成一个立管柱，穿过隧道复土层，进入江、河、海底，最后在水中揭开首节方管节顶部的钢管片，使隧道与水域接通，达到取排水的目的。近年来沿海地区大型电厂、化工厂、钢铁厂、炼油厂不断增多，这些工厂的正常运作都需要大量水资源的支持，需设置管道与离岸线较远的水源相连接，位于这些管道尽端的取排水口通常都是采用筑岛沉井、浮用沉井或水上钻井法施工，这些施工方法的实施离不开水上作业，并需动用大型的水上作业船舶及机具，因此施工费用昂贵，受潮汛、风浪干扰大。垂直顶升法是在隧道内直接拼装顶升一组立管，它具有施工方便、工程造价低、施工工期短、不受潮汛和风浪干扰的影响等优点，在取排水隧道中被广泛采用。

任务二　定额工程量清单计价

一、定额说明

《市政定额》第四册《隧道工程》由岩石隧道（第一章~第三章）和软土隧道（第四章~第九章）两部分组成，包括隧道开挖与出渣、临时工程、隧道内衬、盾构法掘进、隧道沉井、垂直顶升、地下混凝土结构、金属构件和矩形顶管组成，共9章505个子目。

岩石隧道适用于城镇管辖范围内新建、改建和扩建的各种车行隧道、人行隧道、给排水隧道及电缆（公用事业）隧道等工程。软土隧道适用于城镇管辖范围内新建和扩建的各种车行隧道、人行隧道、给排水隧道及电缆（公用事业）隧道等工程。

现浇混凝土工程，除岩石隧道的喷射混凝土支护采用现场拌制混凝土外，其他的现浇混凝土工程均采用商品混凝土。

岩石隧道将围岩按Ⅰ~Ⅳ级进行划分。软土隧道的围护土层一般指沿海地区细颗粒的软弱冲击土层，按土壤分类包括黏土、亚黏土、淤泥质亚黏土、淤泥质黏土、亚砂土、粉砂土和细砂。

岩石层隧道与《市政定额》其他各册，乃至省内或全国其他定额的关系与界限，应按以下原则确定：凡岩石层隧道定额项目中所缺项的子目，首先执行《市政定额》其他各册的相关子目；若还缺项的，可参照省内或全国其他定额。岩石层隧道工程的洞内项目，执行其他分册或本省其他专业定额时，其定额的人工和机械应乘以系数1.2。

二、岩石隧道

适用范围：只考虑了隧道（以隧道洞口断面为界）的岩石开挖、运输和衬砌成型，以及在开挖、运输和衬砌成型的施工过程中必须采用的临时工程子目。至于进出隧道洞口的土石方开挖与运输（含仰坡）、进出隧道口两侧（不含洞门衬砌）的护坡、挡墙等应执行第一册《通用项目》相应子目；岩石层隧道内的道路路面、各种照明（不含施工照明）通过隧道的各种给水排水管（不含施工用水管）等等，均应执行市政工程预算定额其他分册的相应子目。

（一）隧道开挖与出渣

1. 定额应用

1）围岩分级，是根据《公路隧道设计规范》（JTG D70—2004）中的"公路隧道围岩分级表"（表5-3）进行划分的。隧道内地沟开挖定额的岩石分类，详见第一册《通用项目》第一章中的"土壤及岩石分类表"。

2）开挖定额均按光面爆破制订，已综合考虑了超挖和预留变形因素，计算开挖工程量时不得另行计算允许超挖量。

3）平洞全断面开挖适用于坡度在5°以内的洞；斜井全断面开挖适用于坡度在90°以内的井；竖井全断面开挖适用于垂直度为90°的井。平洞和斜井洞内出渣的"机械装渣、自卸汽车运输"定额已综合考虑洞门外500m以内的运距，当洞门外运距超过500m时，可按照第一册《通用项目》第一章中自卸汽车运石渣的定额计算增运部分费用。洞内地沟开挖定额，只适用于洞内独立开挖的地沟，非独立开挖地沟不得执行本定额。

【例5-1】 断面180m^2、围岩级别Ⅳ级、长度2km的隧道，有5600m^3的开挖石渣需由自卸汽车外运至洞外1200m处的弃渣点，试套用定额计算隧道石渣的运输费用。

【解】 定额编号：［4-40］+［4-46］+［1-155］

计量单位：100m^3

人工费=(2152.58+85.46)元=2238.04元

材料费=1034.46元

机械费=(1082.58+32.35+905.297)元=2020.23元

4）平洞、斜井和竖井钻爆开挖的定额子目设置方式：按开挖断面面积及洞长综合设置。平洞各断面开挖的施工方法、斜井的上行和下行开挖、竖井的正井和反井开挖，定额中均按综合考虑，施工方法不同时，不得换算。

5）爆破材料的运输用工已包含，但未包括由相关部门规定配送而发生的配送费，发生时按实计算。

6）出渣定额中，岩石类别已综合取定，石质不同时不予调整。

7）平洞出渣"人力、机械装渣，轻轨斗车运输"子目中，重车上坡，坡度在2.5%以内的工效降低因素已综合在定额内，实际坡度在2.5%以内的不同坡度，定额不得换算。

8）"斜井人装、卷扬机轻轨运输""竖井人装、卷扬机吊斗提升"出渣定额，均包括洞口外50m运输，若出洞口后运距超过50m，运输方式与本运输方式相同时，超过部分可执行"平洞出渣、轻轨斗车运输，每增加50m运距"的定额；若出洞后，改变了运输方式，应执行第一册《通用项目》中相应石渣运输定额。

9)"隧道开挖与出渣"定额是按无地下水制订的(不含施工湿式作业积水),如果施工出现地下水时,积水的排水费和施工的防水措施费,另行计算。

10)隧道施工中出现塌方和溶洞时,由于塌方和溶洞造成的损失(含停工、窝工)及处理塌方和溶洞发生的费用,另行计算。

11)隧道工程洞口的明洞开挖、仰坡及天沟开挖等执行第一册《通用项目》土石方工程的相应开挖定额。

2. 工程量计算规则

1)岩石隧道长度是指隧道进出口(不含与隧道相连的明洞)洞门端墙墙面之间的距离,即两端墙面与路面的交线同路线中线交点间的距离。双线隧道按上、下行隧道长度的平均值计算。

2)隧道的平洞、斜井、竖井的开挖、出渣工程量,按设计图示开挖断面尺寸计算,包含其洞身及附属洞室的数量。定额中已综合考虑超挖因素,不得将超挖数量计入工程量。

3)隧道内地沟的开挖和出渣工程量按设计断面尺寸以"m^3"计算,不得另行计算超挖量。

4)平洞出渣的运距按装渣重心至卸渣重心的直线距离计算,若平洞的轴线为曲线时,洞内段的运距按相应的轴线长度计算。

5)斜井出渣的运距按装渣重心至斜井口摘钩点的斜距离计算。

6)竖井的提升运距按装渣重心至井口吊斗摘钩点的垂直距离计算。

(二)临时工程

适用范围:适用于隧道洞内施工所用的通风、供水、压风、照明、动力管线以及轻便轨道线路的临时性工程。

1. 定额说明

1)定额按年摊销量计算,"一年内"不足一年按一年计算,超过一年按"每增一季"定额增加,不足一季(三个月)按一季计算(不分月)。

2)洞内施工排水定额仅适用于反坡排水的情况,排水量按 $10m^3/h$ 以内考虑。超过 $10m^3/h$ 排水量时,抽水机械台班按表 5-4 系数调整。

表 5-4 抽水机械台班系数调整表

排水量/(m^3/h)	10 以内	15 以内	20 以内
调整系数	1.00	1.20	1.25

注:当排水量超过 $20m^3/h$ 时,根据采取治水措施后的排水量采用表中系数调整。

2. 工程量计算规则

1)洞长 = 主洞 + 支洞(均以洞口断面为起止点,不含明槽)。

2)洞内通风按洞长计算。

3)粘胶布通风筒及铁风筒按每一洞口施工长度减 20m 计算。

4)风、水钢管按洞长加 100m 计算。

5)照明线路按洞长计算,如施工组织设计规定需安装双排照明时,应按实际双线部分增加。

6）动力线路按洞长加 50m 计算。

7）轻便轨道以施工组织设计所布置的起、止点为准，定额为单线，如实际为双线应加倍计算。对所设置的道岔，每处按相应轨道折合 30m 计算。

8）洞内排水根据隧道的不同长度考虑，按隧道排水量来计算工程量。

（三）隧道内衬

1. 定额说明

1）隧道内衬现浇混凝土边墙、拱部均考虑了施工操作平台，竖井采用的脚手架已综合考虑在定额内，不另计算。喷射混凝土定额中已考虑喷射操作平台费用。

2）混凝土边墙、拱部衬砌，按先拱后墙、先墙后拱的衬砌比例综合考虑。定额中已综合考虑超挖回填因素，当设计采用的混凝土不同时，可进行换算。

3）隧道混凝土衬砌定额中已综合考虑了周转模板的材料消耗量，编制预算时不得另行计算。

4）料石砌拱部，不分拱跨大小和拱体厚度均执行"隧道内衬"定额。

5）隧道内衬施工中，凡处理地震、涌水、流沙、坍塌等特殊情况所采取的必要措施，必须做好签证和隐蔽验收手续。

6）喷射混凝土已综合考虑回弹量。钢纤维混凝土定额中，当设计采用的钢纤维掺入量与"隧道内衬"定额不同时，或采用其他材料时，可进行换算。

7）边墙、拱顶、仰拱、洞门墙、中隔墙、斜井、竖井等衬砌混凝土定额均按使用商品混凝土考虑，喷射混凝土定额按现场拌制考虑。喷射混凝土定额已包括混合料 200m 的运输，超过该运距时另行按第一册《通用项目》中场内运输半成品混合料定额计算现场运输增加的费用。

8）斜井支护按平洞的相关支护定额计算。

9）隧道钢支撑定额是按永久性支护考虑编制的，如作为临时支护使用时，应按规定计取回收。编制预算时，临时支护的钢支撑按表 5-5 规定的周转次数计算耗用量，如因工程规模或工期限制达不到规定的周转次数时，可按施工组织设计的工程量编制预算，并按表 5-5 规定的回收率计算回收费用。

表 5-5 临时支护钢支撑回收率计算表

回收项目	周转次数					计算基数
	50	40	30	20	10	
型钢、钢板、钢筋	—	30%	50%	65%	80%	材料原价

2. 工程量计算规则

1）隧道内衬现浇混凝土和石料衬砌的工程量，按设计图示尺寸以"m^3"计算，不扣除单孔面积 $0.3m^2$ 以内孔洞所占体积。

2）隧道边墙为直墙时，以起拱线为分界线，以下为边墙，以上为拱部；隧道为单心圆或多心圆断面时，以拱部 120° 为分界线，以下为边墙，以上为拱部。边墙底部的扩大部分工程量（含附壁水沟），应并入相应厚度边墙体积内计算。拱部两端支座，先拱后墙的扩大部分工程量，应并入拱部体积内计算。

3）喷射混凝土数量及厚度按设计图所示计算，不另增加超挖、填平补齐的数量。

4）混凝土初喷 5cm 为基本层，每增 1cm 按增加定额计算，若作临时支护可按一个基本层计算。

5）砂浆锚杆及药卷锚杆工程量按锚杆设计图示尺寸以重量计算，锁定钢筋、定位钢筋等重量已包含在定额消耗量内，不单独计算；中空注浆锚杆、自进式锚杆的工程量按锚杆设计长度计算。

6）定额中砂浆锚杆按 φ22 计算，若实际不同时，定额人工、机械应按表 5-6 中系数调整，锚杆按净重计算不加损耗。

表 5-6 砂浆锚杆定额人工、机械系数调整表

锚杆直径	φ28	φ25	φ22	φ20	φ18	φ16
调整系数	0.62	0.78	1.00	1.21	1.49	1.89

7）模板工程量按模板与混凝土接触面积以"m^2"计算。

8）防水板按设计敷设面积计算工程量；止水带（条）、盲沟、透水管的工程量均按设计数量计算。纵向弹簧管按隧道纵向每侧铺设长度之和计算。环向盲沟按隧道横断面敷设长度计算。

9）钢筋工程量按设计图示尺寸以"t"计算。现浇混凝土中固定钢筋位置的支撑钢筋、双层钢筋用的架立筋（铁马），伸出构件的锚固钢筋及设计明确的钢筋搭接，均并入钢筋工程量内。

10）拱、墙背压浆的工程量按设计数量计算。

11）钢支撑工程量按钢架的设计重量计算，连接钢筋的数量不得并入钢架的工程量中，定额中已综合考虑连接钢筋的数量。

12）管棚、小导管的工程量按设计钢管长度计算。当管径不同时，可调整定额中钢管的消耗量。

三、软土隧道

适用范围：只包含隧道沉井、垂直顶升、地下混凝土结构和金属构件制作。软土隧道的土石方开挖、盾构法掘进等项目，可按市政定额其他分册或其他工程预算定额的相关子目执行。

（一）盾构法掘进

1. 定额说明

1）盾构车架安装按井下一次安装就位考虑，如井下车架安装受施工现场影响，需要增加车架转换时，其费用另计。

2）盾构机及车架场外运输费按实另计。

3）盾构掘进定额分为水力出土盾构、刀盘式泥水平衡盾构、刀盘式土压平衡盾构三种掘进机掘进。盾构掘进机选型，应根据地质报告、隧道覆土层厚度、地表沉降量要求及掘进机技术性能等条件进行确定。

4）如盾构掘进地层遇有表 5-7 和表 5-8 情形时，相应定额的人工、机械、材料消耗量按表 5-7 和表 5-8 中系数调整。

表 5-7 盾构掘进软硬不均、上软下硬段系数调整表

地质类型	强度、断面、长度	定额调整系数
软硬不均、上软下硬	1. 同一掘进断面强度、断面要求： （1）有单轴饱和抗压强度大于或等于60MPa硬岩面，且硬岩面占掘进断面的比例大于或等于25% （2）有单轴饱和抗压强度小于或等于20MPa的软土（岩）面，且软土（岩）面占掘进断面的比例大于或等于25% 2. 长度要求：符合以上掘进断面、强度要求的连续长度大于或等于30m	人工和机械消耗量乘以系数1.4，不构成实体的损耗材料消耗量乘以系数2.0，另行增加4500元/延长米的带压开仓费

注：1. 断面单轴饱和抗压强度以地勘资料确认为准，硬岩占断面比和软土（岩）面占断面均按"掘进断面中达到强度标准的地勘岩芯长度/掘进断面岩芯总长度"确定。
　　2. 软硬不均、上软下硬地质影响长度指在盾构掘进路线方向上符合本表要求的软硬不均、上软下硬的地层累计长度，系数只在影响长度内调整。
　　3. 如采取注浆加固等措施处理软硬不均地质，盾构掘进通过该受影响段，则采取措施的措施费另计，人工和机械消耗量乘以系数1.1，不构成实体的损耗材料消耗量乘以系数1.25。
　　4. 不构成实体的损耗性材料是指：水、电、各种油脂、泡沫添加剂、膨润土、盾构刀具费。

表 5-8 盾构掘进孤石段系数调整表

地质类型	通过方式	定额调整系数
孤石	盾构机直接掘进孤石影响段	人工和机械消耗量乘以系数1.25，不构成实体的损耗性材料消耗量乘以系数1.5
	采用了其他措施处理，如爆破小孤石等，再盾构掘进通过影响	人工和机械消耗量乘以系数1.1，不构成实体的损耗性材料消耗量乘以系数1.25，其他措施费用另计

注：1. 孤石情况按地勘资料、签证确认。
　　2. 一个孤立孤石影响长度按1.0个盾构管片结构外径计；孤石在掘进方向上的间距大于1倍盾构结构外径的按孤立孤石考虑；孤石在掘进方向上的间距小于1.0倍盾构管片结构外径的连续孤石群，其影响长度按掘进线路上相距最远的孤石间距离再加1.0个盾构管片结构外径计；系数只在影响长度内调整。
　　3. 不构成实体的损耗性材料是指：水、电、各种油脂、泡沫添加剂、膨润土、盾构刀具费。

5）盾构掘进出土，其土方（泥浆）以出井口至堆土场地为止，土方和泥浆需外运时费用另计。

6）采用水力出土和泥水平衡盾构掘进时，井口到泥浆沉淀池的管路铺设费用按实另计。泥水平衡盾构掘进所需泥水分离处理系统的安拆等费用另计。

7）泥浆经泥水分离处理形成渣土后，其外运费用应执行第一册《通用项目》的相应土方外运定额；泥浆不经处理直接外运则执行第三册《桥涵工程》中泥浆运输定额。

8）给排水隧道的盾构壳体废弃费用另计。

9）盾构掘进定额已综合考虑了管片的宽度和成环块数等因素，执行定额时不做调整。

10）盾构掘进定额中包含贯通测量费用，不包括设置平面控制网、高程控制网、过江水准及方向、高程传递等测量，发生时费用另计。

11）预制混凝土管片及管片成环水平试拼装定额适用于施工单位现场预制管片。预制混凝土管片采用高精度钢模和高标号混凝土，定额中已含钢模摊销费，管片预制场地费和管片场外运输费另计。管片的场内运输定额适用于管片预制场地驳运到中转场地堆放或预制管片自现场堆放场地运至吊装井口堆放。

12）同步压浆和分步压浆中的压浆材料与定额不同时，可以据实调整。

2. 工程量计算规则

1）掘进过程中的施工阶段分为以下几个。

① 负环段：从拼装后靠管片起至盾尾离开出洞井内壁止。

② 出洞段：从盾尾离开出洞井内壁起，按表5-9计算掘进长度。

表 5-9 出洞段掘进长度

盾构机开挖直径/mm	$\phi \leqslant 4000$	$4000 < \phi \leqslant 5000$	$5000 < \phi \leqslant 6000$	$6000 < \phi \leqslant 7000$	$7000 < \phi \leqslant 11500$	$11500 < \phi \leqslant 15500$
出洞段掘进长度/m	40	50	80	100	150	200

③ 正常段：从出口段掘进结束至进洞段掘进开始的全段掘进。

④ 进洞段：按盾构切口距进洞井外壁的距离，按表5-10计算掘进长度。

表 5-10 进洞段掘进长度

盾构机开挖直径/mm	$\phi \leqslant 4000$	$4000 < \phi \leqslant 5000$	$5000 < \phi \leqslant 6000$	$6000 < \phi \leqslant 7000$	$7000 < \phi \leqslant 11500$	$11500 < \phi \leqslant 15500$
进洞段掘进长度/m	25	30	50	80	100	150

2）衬砌压浆量根据盾尾间隙，由施工组织设计确定。

3）柔性接缝环适用于盾构工作井洞门与圆隧道的接缝处理，长度按管片中心圆周长以"m"计算。

4）管片嵌缝按设计图示以"环"为单位计算，管片手孔封堵按设计图示以"个"为单位计算。管片手孔封堵使用材料与定额不同时可按实调整。

5）预制混凝土管片工程量按实体积加1%损耗计算，管片试拼装以每100环管片拼装1组（3环）计算。

【例 5-2】 某隧道工程采用刀盘式泥水平衡盾构掘进，且泥浆采用泥水分离处理形成渣土后外运。该盾构机刀盘直径为6.9m，掘进长度2km，渣土外运运距5km，试计算外运费用。

【解】 工程量 $= \pi \times (6.9/2)^2 \times 2000 \text{m}^3 = 74785 \text{m}^3$

渣土外运套用定额：[1-94]+[1-95]×4

$(5564.89+1556.61 \times 4)$ 元$/1000\text{m}^3 \times 74785\text{m}^3 = 881815$ 元。

若泥浆不经处理直接外运，套用定额：[3-152]

898.64 元$/10\text{m}^3 \times 74785\text{m}^3 = 6720479$ 元。

（二）隧道沉井

适用范围：适用于软土隧道工程中采用沉井方法施工的盾构工作井及暗埋段连续沉井。

1. 定额说明

1）沉井定额按矩形和圆形综合取定，不论沉井的形状是矩形还是圆形均可套用本定额。

2）定额中列有几种沉井下沉方法，套用何种沉井下沉定额由批准的施工组织设计确定。挖土下沉不包括土方外运费，水力出土不包括砌筑集水坑及排泥水处理费用。

3）水力机械出土下沉及钻吸法吸泥下沉等子目均包括井内、外管路及附属设备的费用。

2. 工程量计算规则

1）沉井工程的井点布置及工程量按批准的施工组织设计计算，执行第一册《通用项目》相应定额。

2）基坑开挖的底部尺寸按沉井外壁每侧加宽 2.0m 计算，执行第一册《通用项目》基坑挖土定额。

3）沉井基坑砂垫层及刃脚基础垫层工程量按批准的施工组织设计计算。

4）刃脚的计算高度从刃脚踏面至井壁外凸口计算，如沉井井壁没有外凸口，则以刃脚踏面至底板顶面为准。底板下的地梁并入底板计算。框架梁的工程量包括切入井壁部分的体积。井壁、隔墙或底板混凝土中，不扣除单孔面积在 $0.3m^2$ 以内的孔洞所占体积。

5）沉井制作的脚手架安拆，不论分几次下沉，工程量均按井壁中心线周长与隔墙长度之和乘以井高计算。

6）沉井下沉的土方工程量，按沉井外壁所围的平面投影面积乘以下沉深度（预制时刃脚底面至下沉后设计刃脚底面的高度），并分别乘以土方回淤系数计算。

回淤系数：排水下沉深度大于 10m 时为 1.05；不排水下沉深度大于 15m 时为 1.02。

7）沉井触变泥浆的工程量，按刃脚外凸口的水平面积乘以高度计算。

8）沉井砂石料填心、混凝土封底的工程量按设计图纸或批准的施工组织设计计算。

9）钢封门安拆工程量按施工图用量计算。钢封门制作费另计，拆除后应回收 70% 的主材原值。

（三）垂直顶升

适用范围：适用于管节外壁断面小于 $4m^2$、每座顶升高度小于 10m 的不出土垂直顶升。

1. 定额说明

1）预制管节制作混凝土已包括内模摊销费及管节制成后的外壁涂料。管节中的钢筋已归入顶升钢壳制作的子目中。

2）阴极保护安装不包括恒电位仪、阳极、参比电极的原值。

3）滩地揭顶盖只适用于滩地水深不超过 0.5m 的区域，定额未包括进出水口的围护工程，发生时可套用相应定额计算。

2. 工程量计算规则

1）复合管片不分直径，管节不分大小，均执行"垂直顶升"定额。

2）顶升车架及顶升设备的安拆，以每顶升一组出口为安拆一次计算。顶升车架制作费按顶升一组摊销 50% 计算。

3）顶升管节外壁如需压浆时，则套用分块压浆定额计算。

4）垂直顶升管节试拼装工程量所需顶升的管节数计算。

（四）地下混凝土结构

适用范围：适用于地下车行或人行通道、隧道暗埋段、引道段沉井内部结构、隧道内路面等地下设施的现浇内衬混凝土工程。

1. 定额说明

1）定额中混凝土浇捣未含脚手架费用，发生时执行第一册《通用项目》相应定额。

2）圆形隧道路面以大型槽形板作为底模，如采用其他形式时定额允许调整。

3）隧道内衬施工未包括各种滑模、台车及操作平台费用，可另行计算。

2. 工程量计算规则

1）现浇混凝土工程量按施工图计算，不扣除 $0.3m^2$ 内的孔洞体积。

2）有梁板的柱高，自柱基础顶面至梁、板顶面计算，梁高以设计高度为准。梁与柱交接，梁长算至柱侧面（即柱间净长）。

3）结构定额中未列预埋件费用，可另行计算。

4）隧道路面的沉降缝、变形缝套用第二册《道路工程》相应定额，其人工、机械乘以 1.1 系数。

（五）金属构件

适用范围：适用于软土隧道施工中的钢管片、复合管片钢壳及盾构工作井布置、隧道内施工用的金属支架、安全通道、钢闸墙、垂直顶升的金属构件以及隧道明挖法施工中大型支撑等加工制作。

1. 定额说明

1）本定额仅适用于施工单位加工制作，需外加工者，按实结算。

2）钢支撑按 $\phi 600$ 考虑，采用 12mm 厚钢板卷管焊接而成，若采用成品钢管时定额不作调整。

3）钢管片制作已包括台座摊销费，侧面环板燕尾槽加工不包括在内。

4）复合管片钢壳包括台模摊销费，钢筋已归入复合管片混凝土浇捣子目内。

5）垂直顶升管节钢骨架已包括法兰、钢筋和靠模摊销费。

6）构件制作均按焊接计算，不包括安装螺栓在内。

2. 工程量计算规则

1）金属构件的工程量按设计图纸的主材（型钢、钢板、方钢、圆钢等）的重量以"t"计算，不扣除孔眼、缺角、切肢、切边的重量。圆形和多边形的钢板按作方计算。

2）支撑由活络头、固定头和本体组成，本体按固定头单价计算。

（六）矩形顶管

适用范围：适用于 6.9m×4.2m 矩形顶管机施工的地下人行通道。

1. 定额说明

1）吊装指现场吊装及调试，吊拆指拆卸装车。矩形顶管机及附属设备的场外运输费用另计。

2）在单位工程中，顶进距离小于或等于 20m 时，顶进定额中的人工及机械消耗量乘以系数 1.3。

3）顶进中挖掘的土方以吊出井口至集土点为止，土方装车、外运费用另计。

4）矩形顶管顶进定额中已综合考虑了管节吊装。

5）矩形顶管柔性接缝环可参照"盾构法掘进"的相应定额。

6）预制管节按成品构件外购价格另计。

2. 工程量计算规则

1）顶进距离按设计图示顶进长度以"延长米"计算。

2）浆液置换＝顶管机外壁与管节外径间隙的体积×2倍的充填系数。

任务三 国标工程量清单计价

一、工程清单项目设置

《市政工程工程量计算规范》（GB 50857—2013）附录 D "隧道工程" 共 7 个部分。

D.1 隧道岩石开挖，用于岩石隧道的开挖。

D.2 岩石隧道衬砌，用于岩石隧道的衬砌。

D.3 盾构掘进，用于软土地层采用盾构法掘进的隧道。

D.4 管节顶升、旁通道，用于采用顶升法掘竖井和主隧道之间连通的旁通道。

D.5 隧道沉井，主要用于盾构机吊入、吊出口和沉管隧道两岸连接部分。

D.6 混凝土结构，用于城市道路隧道内的混凝土结构。

D.7 沉管隧道，用于用沉管法建造隧道工程。

二、清单工程量计算规则

（一）D.1 隧道岩石开挖

隧道岩石开挖工程量清单项目设置、项目特征描述的内容、计量单位及工程量计算规则，应按表 5-11 的规定执行。

表 5-11 隧道岩石开挖（编码：040401）

项目编码	项目名称	项目特征	计量单位	工程量计算规则	工作内容
040401001	平洞开挖	1. 岩石类别 2. 开挖断面 3. 爆破要求 4. 弃渣运距	m^3	按设计图示结构断面尺寸乘以长度以体积计算	1. 爆破或机械开挖 2. 施工面排水 3. 出渣 4. 弃渣场内堆放、运输 5. 弃渣外运
040401002	斜井开挖				
040401003	竖井开挖				
040401004	地沟开挖	1. 断面尺寸 2. 岩石类别 3. 爆破要求 4. 弃渣运距			
040401005	小导管	1. 类型 2. 材料品种 3. 管径、长度	m	按设计图示尺寸以长度计算	1. 制作 2. 布眼 3. 钻孔 4. 安装
040401006	管棚				
040401007	注浆	1. 浆液种类 2. 配合比	m^3	按设计注浆量以体积计算	1. 浆液制作 2. 钻孔注浆 3. 堵孔

注：列项时项目特征中弃渣运距可以不描述，但应注明由投标人根据施工现场实际情况考虑决定报价。

（二）D.2 岩石隧道衬砌

岩石隧道衬砌工程量清单项目设置、项目特征描述的内容、计量单位及工程量计算规则，应按表 5-12 的规定执行。

表 5-12　岩石隧道衬砌（编码：040402）

项目编码	项目名称	项目特征	计量单位	工程量计算规则	工作内容
040402001	混凝土仰拱衬砌	1. 拱跨径 2. 部位 3. 厚度 4. 混凝土强度等级	m³	按设计图示尺寸以体积计算	1. 模板制作、安装、拆除 2. 混凝土拌和、运输、浇筑 3. 养护
040402002	混凝土顶拱衬砌				
040402003	混凝土边墙衬砌	1. 部位 2. 厚度 3. 混凝土强度等级			
040402004	混凝土竖井衬砌	1. 厚度 2. 混凝土强度等级			
040402005	混凝土沟道	1. 断面尺寸 2. 混凝土强度等级			
040402006	拱部喷射混凝土	1. 结构形式 2. 厚度 3. 混凝土强度等级 4. 掺加材料品种、用量	m²	按设计图示尺寸以面积计算	1. 清洗基层 2. 混凝土拌和、运输、浇筑、喷射 3. 收回弹料 4. 喷射施工平台搭设、拆除
040402007	边墙喷射混凝土				
040402008	拱圈砌筑	1. 断面尺寸 2. 材料品种、规格 3. 砂浆强度等级	m³	按设计图示尺寸以体积计算	1. 砌筑 2. 勾缝 3. 抹灰
040402009	边墙砌筑	1. 厚度 2. 材料品种、规格 3. 砂浆强度等级			
040402010	砌筑沟道	1. 断面尺寸 2. 材料品种、规格 3. 砂浆强度等级			
040402011	洞门砌筑	1. 形状 2. 材料品种、规格 3. 砂浆强度等级			
040402012	锚杆	1. 直径 2. 长度 3. 锚杆类型 4. 砂浆强度等级	t	按设计图示尺寸以质量计算	1. 钻孔 2. 锚杆制作、安装 3. 压浆
040402013	充填压浆	1. 部位 2. 浆液成分强度	m³	按设计图示尺寸以体积计算	1. 打孔、安装 2. 压浆
040402014	仰拱填充	1. 填充材料 2. 规格 3. 强度等级	m³	按设计图示回填尺寸以体积计算	1. 配料 2. 填充

(续)

项目编码	项目名称	项目特征	计量单位	工程量计算规则	工作内容
040402015	透水管	1. 材质 2. 规格	m	按设计图示尺寸以长度计算	安装
040402016	沟道盖板	1. 材质 2. 规格尺寸 3. 强度等级	m	按设计图示尺寸以长度计算	制作、安装
040402017	变形缝	1. 类别 2. 材料品种、规格 3. 工艺要求			
040402018	施工缝				
040402019	柔性防水层	材料品种、规格	m²	按设计图示尺寸以面积计算	铺设

遇上述清单项目未列的砌筑构筑物时，应按《市政工程工程量计算规范》(GB 50857—2013)附录 C 桥涵工程中相关项目列项。

(三) D.3 盾构掘进

盾构掘进工程量清单项目设置、项目特征描述的内容、计量单位及工程量计算规则，应按表 5-13 的规定执行。

表 5-13 盾构掘进（编码：040403）

项目编码	项目名称	项目特征	计量单位	工程量计算规则	工作内容
040403001	盾构吊装及吊拆	1. 直径 2. 规格型号 3. 始发方式	台·次	按设计图示数量计算	1. 盾构机安装、拆除 2. 车架安装、拆除 3. 管线连接、调试、拆除
040403002	盾构掘进	1. 直径 2. 规格 3. 形式 4. 掘进施工段类别 5. 密封舱材料品种 6. 弃土(浆)运距	m	按设计图示掘进长度计算	1. 掘进 2. 管片拼装 3. 密封舱添加材料 4. 负环管片拆除 5. 隧道内管线路铺设、拆除 6. 泥浆制作 7. 泥浆处理 8. 土方、废浆外运
040403003	衬砌壁后压浆	1. 浆液品种 2. 配合比	m³	按管片外径和盾构壳体外径所形成的充填体积计算	1. 制浆 2. 送浆 3. 压浆 4. 封堵 5. 清洗 6. 运输
040403004	预制钢筋混凝土管片	1. 直径 2. 厚度 3. 宽度 4. 混凝土强度等级		按设计图示尺寸以体积计算	1. 运输 2. 试拼装 3. 安装

（续）

项目编码	项目名称	项目特征	计量单位	工程量计算规则	工作内容
040403005	管片设置密封条	1. 管片直径、宽度、厚度 2. 密封条材料 3. 密封条规格	环	按设计图示数量计算	密封条安装
040403006	隧道洞口柔性接缝环	1. 材料 2. 规格 3. 部位 4. 混凝土强度等级	m	按设计图示以隧道管片外径周长计算	1. 制作、安装临时防水环板 2. 制作、安装、拆除临时止水缝 3. 拆除临时钢环板 4. 拆除洞口环管片 5. 安装钢环板 6. 柔性接缝环 7. 洞口钢筋混凝土环圈
040403007	管片嵌缝	1. 直径 2. 材料 3. 规格	环	按设计图示数量计算	1. 管片嵌缝槽表面处理、配料嵌缝 2. 管片手孔封堵
040403008	盾构机调头	1. 直径 2. 规格型号 3. 始发方式	台·次	按设计图示数量计算	1. 钢板、基座铺设 2. 盾构拆卸 3. 盾构调头、平行移运定位 4. 盾构拼装 5. 连接管线、调试
040403009	盾构机转场运输				1. 盾构机安装、拆除 2. 车架安装、拆除 3. 盾构机、车架转场运输
040403010	盾构基座	1. 材质 2. 规格 3. 部位	t	按设计图示尺寸以质量计算	1. 制作 2. 安装 3. 拆除

注：1. 衬砌壁后压浆清单项目在编制工程量清单时，其工程数量可为暂估量，结算时按现场签证数量计算。
2. 盾构基座系指常用的钢结构，如果是钢筋混凝土结构，应按《市政工程工程量计算规范》（GB 50857—2013）附录 D.7 沉管隧道中相关项目进行列项。定额套取第八章"金属构件"中子目。
3. 钢筋混凝土管片按成品编制，购置费用应计入综合单价中。

（四）D.4 管节顶升、旁通道

管节顶升、旁通道工程量清单项目设置、项目特征描述的内容、计量单位及工程量计算规则，应按表 5-14 的规定执行。

表 5-14 管节顶升、旁通道（编码：040404）

项目编码	项目名称	项目特征	计量单位	工程量计算规则	工作内容
040404001	钢筋混凝土顶升管节	1. 材质 2. 混凝土强度等级	m³	按设计图示尺寸以体积计算	1. 钢模板制作 2. 混凝土拌和、运输、浇筑 3. 养护 4. 管节试拼装 5. 管节场内外运输

（续）

项目编码	项目名称	项目特征	计量单位	工程量计算规则	工作内容
040404002	垂直顶升设备安装、拆除	规格、型号	套	按设计图示数量计算	1. 基座制作和拆除 2. 车架、设备吊装就位 3. 拆除、堆放
040404003	管节垂直顶升	1. 断面 2. 强度 3. 材质	m	按设计图示以顶升长度计算	1. 管节吊运 2. 首节顶升 3. 中间节顶升 4. 尾节顶升
040404004	安装止水框、连系梁	材质	t	按设计图示尺寸以质量计算	制作、安装
040404005	阴极保护装置	1. 型号 2. 规格	组	按设计图示数量计算	1. 恒电位仪安装 2. 阳极安装 3. 阴极安装 4. 参变电极安装 5. 电缆敷设 6. 接线盒安装
040404006	安装取、排水头	1. 部位 2. 尺寸	个		1. 顶升口揭顶盖 2. 取排水头部安装
040404007	隧道内旁通道开挖	1. 土壤类别 2. 土体加固方式	m³	按设计图示尺寸以体积计算	1. 土体加固 2. 支护 3. 土方暗挖 4. 土方运输
040404008	旁通道结构混凝土	1. 断面 2. 混凝土强度等级			1. 模板制作、安装 2. 混凝土拌和、运输、浇筑 3. 洞门接口防水
040404009	隧道内集水井	1. 部位 2. 材料 3. 形式	座	按设计图示数量计算	1. 拆除管片建集水井 2. 不拆管片建集水井
040404010	防爆门	1. 形式 2. 断面	扇		1. 防爆门制作 2. 防爆门安装
040404011	钢筋混凝土复合管片	1. 图集、图样名称 2. 构件代号、名称 3. 材质 4. 混凝土强度等级	m³	按设计图示尺寸以体积计算	1. 构件制作 2. 试拼装 3. 运输、安装
040404012	钢管片	1. 材质 2. 探伤要求	t	按设计图示以质量计算	1. 钢管片制作 2. 试拼装 3. 探伤 4. 运输、安装

（五）D.5 隧道沉井

隧道沉井工程量清单项目设置、项目特征描述的内容、计量单位及工程量计算规则，应按表 5-15 的规定执行。

表 5-15 隧道沉井（编码：040405）

项目编码	项目名称	项目特征	计量单位	工程量计算规则	工作内容
040405001	沉井井壁混凝土	1. 形状 2. 规格 3. 混凝土强度等级	m³	按设计尺寸以外围井筒混凝土体积计算	1. 模板制作、安装、拆除 2. 刃脚、框架、井壁混凝土浇筑 3. 养护
040405002	沉井下沉	1. 下沉深度 2. 弃土运距		按设计图示井壁外围面积乘以下沉深度以体积计算	1. 垫层凿除 2. 排水挖土下沉 3. 不排水下沉 4. 触变泥浆制作、输送 5. 弃土外运
040405003	沉井混凝土封底	混凝土强度等级		按设计图示尺寸以体积计算	1. 混凝土干封底 2. 混凝土水下封底
040405004	沉井混凝土底板				1. 模板制作、安装、拆除 2. 混凝土拌和、运输、浇筑 3. 养护
040405005	沉井填心	材料品种			1. 排水沉井填心 2. 不排水沉井填心
040405006	沉井混凝土隔墙	混凝土强度等级			1. 模板制作、安装、拆除 2. 混凝土拌和、运输、浇筑 3. 养护
040405007	钢封门	1. 材质 2. 尺寸	t	按设计图示尺寸以质量计算	1. 钢封门安装 2. 钢封门拆除

注：沉井垫层按《市政工程工程量计算规范》（GB 50857—2013）附录 C 桥涵工程中相关项目编码列项。

（六）D.6 混凝土结构

混凝土结构工程量清单项目设置、项目特征描述的内容、计量单位及工程量计算规则，应按表 5-16 的规定执行。

表 5-16 混凝土结构（编码：040406）

项目编码	项目名称	项目特征	计量单位	工程量计算规则	工作内容
040406001	混凝土地梁	1. 类别、部位 2. 混凝土强度等级	m³	按设计图示尺寸以体积计算	1. 模板制作、安装、拆除 2. 混凝土拌和、运输、浇筑 3. 养护
040406002	混凝土底板				
040406003	混凝土柱				
040406004	混凝土墙				
040406005	混凝土梁				
040406006	混凝土平台、顶板				

(续)

项目编码	项目名称	项目特征	计量单位	工程量计算规则	工作内容
040406007	圆隧道内架空路面	1. 厚度 2. 混凝土强度等级	m³	按设计图示尺寸以体积计算	1. 模板制作、安装、拆除 2. 混凝土拌和、运输、浇筑 3. 养护
040406008	隧道内其他结构混凝土	1. 部位、名称 2. 混凝土强度等级			

注：1. 隧道洞内道路路面铺装应按《市政工程工程量计算规范》(GB 80857—2013) 附录 B 道路工程相关清单项目编码列项。
2. 隧道洞内顶部和边墙内衬的装饰应按《市政工程工程量计算规范》(GB 80857—2013) 附录 C 桥涵工程相关清单项目编码列项。
3. 隧道内其他结构混凝土包括楼梯、电缆沟、车道侧石等。
4. 垫层、基础应按《市政工程工程量计算规范》(GB 80857—2013) 附录 C 桥涵工程相关清单项目编码列项。
5. 隧道内衬弓形底板、侧墙、支承墙应按本表混凝土底板、混凝土墙的相关清单项目编码列项，并在项目特征中描述其类别、部位。

（七）D.7 沉管隧道

沉管隧道工程量清单项目设置、项目特征描述的内容、计量单位及工程量计算规则，应按表 5-17 的规定执行。

表 5-17　沉管隧道（编码：040407）

项目编码	项目名称	项目特征	计量单位	工程量计算规则	工作内容
040407001	预制沉管底垫层	1. 材料品种、规格 2. 厚度	m³	按设计图示沉管底面积乘以厚度以体积计算	1. 场地平整 2. 垫层铺设
040407002	预制沉管钢底板	1. 材质 2. 厚度	t	按设计图示尺寸以质量计算	钢底板制作、铺设
040407003	预制沉管混凝土板底	混凝土强度等级	m³	按设计图示尺寸以体积计算	1. 模板制作、安装、拆除 2. 混凝土拌和、运输、浇筑 3. 养护 4. 底板预埋注浆管
040407004	预制沉管混凝土侧墙	混凝土强度等级	m³	按设计图示尺寸以体积计算	1. 模板制作、安装、拆除 2. 混凝土拌和、运输、浇筑 3. 养护
040407005	预制沉管混凝土顶板				
040407006	沉管外壁防锚层	1. 材质品种 2. 规格	m²	按设计图示尺寸以面积计算	铺设沉管外壁防锚层
040407007	鼻托垂直剪力键	材质		按设计图示尺寸以质量计算	1. 钢剪力键制作 2. 剪力键安装
040407008	端头钢壳	1. 材质、规格 2. 强度	t		1. 端头钢壳制作 2. 端头钢壳安装 3. 混凝土浇筑
040407009	端头钢封门	1. 材质 2. 尺寸			1. 端头钢封门制作 2. 端头钢封门安装 3. 端头钢封门拆除

（续）

项目编码	项目名称	项目特征	计量单位	工程量计算规则	工作内容
040407010	沉管管段浮运临时供电系统	规格	套	按设计图示管段数量计算	1. 发电机安装、拆除 2. 配电箱安装、拆除 3. 电缆安装、拆除 4. 灯具安装、拆除
040407011	沉管管段浮运临时供排水系统	规格	套	按设计图示管段数量计算	1. 泵阀安装、拆除 2. 管路安装、拆除
040407012	沉管管段浮运临时通风系统	规格	套	按设计图示管段数量计算	1. 进排风机安装、拆除 2. 风管路安装、拆除
040407013	航道疏浚	1. 河床土质 2. 工况等级 3. 疏浚深度	m^3	按河床原断面与管段浮运时设计断面之差以体积计算	1. 挖泥船开收工 2. 航道疏浚挖泥 3. 土方驳运、卸泥
040407014	沉管河床基槽开挖	1. 河床土质 2. 工况等级 3. 挖土深度	m^3	按河床原断面与槽设计断面之差以体积计算	1. 挖泥船开收工 2. 沉管基槽挖泥 3. 沉管基槽清淤 4. 土方驳运、卸泥
040407015	钢筋混凝土块沉石	1. 工况等级 2. 沉石深度	m^3	按设计图示尺寸以体积计算	1. 预制钢筋混凝土块 2. 装船、驳运、定位沉石 3. 水下铺平石块
040407016	基槽抛铺碎石	1. 工况等级 2. 石料厚度 3. 沉石深度	m^3	按设计图示尺寸以体积计算	1. 石料装运 2. 定位抛石、水下铺平石块
040407017	沉管管节浮运	1. 单节管段质量 2. 管段浮运距离	kt·m	按设计图示尺寸和要求以沉管管节质量和浮运距离的复合单位计算	1. 干坞放水 2. 管段起浮定位 3. 管段浮运 4. 加载水箱制作、安装、拆除 5. 系缆柱制作、安装、拆除
040407018	管段沉放连接	1. 单节管段重量 2. 管段下沉深度	节	按设计图示数量计算	1. 管段定位 2. 管段压水下沉 3. 管段端面对接 4. 管节拉合
040407019	砂肋软体排覆盖	1. 材料品种 2. 规格	m^2	按设计图示尺寸以沉管顶面积加侧面外表面积计算	水下覆盖软体排
040407020	沉管水下压石	1. 材料品种 2. 规格	m^3	按设计图示尺寸以顶、侧压石的体积计算	1. 装石船开收工 2. 定位抛石、卸石 3. 水下铺石
040407021	沉管接缝处理	1. 接缝连接形式 2. 接缝长度	条	按设计图示数量计算	1. 按缝拉合 2. 安装止水带 3. 安装止水钢板 4. 混凝土拌和、运输、浇筑

(续)

项目编码	项目名称	项目特征	计量单位	工程量计算规则	工作内容
040407022	沉管底部压浆固封充填	1. 压浆材料 2. 压浆要求	m³	按设计图示尺寸以体积计算	1. 制浆 2. 管底压浆 3. 封孔

三、工程量清单编制注意事项

（一）开挖方式

隧道岩石开挖分为平洞、斜井、竖井和地沟开挖。平洞指隧道轴线与水平线之间的夹角在5°以内的；斜井指隧道轴线与水平线之间的夹角在5°~30°之间；竖井指隧道轴线与水平线垂直的；地沟指隧道内地沟的开挖部分。隧道开挖的工程内容包括：开挖、临时支护、施工排水、弃渣的洞内运输、外运弃置等。清单工程量按设计图示尺寸以体积计算，超挖部分由投标者自行考虑在组价内。是采用光面爆破还是一般爆破，除招标文件另有规定外，均由投标者自行决定。

（二）隧道衬砌

岩石隧道衬砌包括混凝土衬砌和块料衬砌，按拱部、边墙、竖井、沟道分别列项。清单工程量按设计图示尺寸计算，如设计要求超挖回填部分要以与衬砌同质混凝土来回填的，则该部分回填量由投标者在组价中考虑。如超挖回填设计用浆砌块石和干砌块石回填的，则按设计要求另列清单项目，其清单工程量按设计的回填量以体积计算。

（三）隧道沉井

隧道沉井的井壁清单工程量按设计尺寸以体积计算。工程内容包括制作沉井的砂垫层、刃脚混凝土垫层、刃脚混凝土浇筑、井壁混凝土浇筑、框架混凝土浇筑养护等。

（四）盾构掘进

盾构掘进的工作内容包括：掘进；管片拼装；密封舱添加材料；负环管片拆除；隧道内管线路铺设、拆除；泥浆制作；泥浆处理；土方、废浆外运。根据实际工作内容进行定额套取勿漏项。盾构吊装及吊拆、盾构机调头、盾构机转场运输均按设计图示数量以"台·次"计算。盾构掘进按设计图示掘进长度计算。

（五）沉管隧道

沉管隧道在水下隧道中被广泛应用，例如港珠澳海底隧道，其实体部分包括沉管的预制，河床基槽开挖，航道疏浚、浮运、沉管、下沉连接、压石稳管等，均设立了相应的清单项目。但预制沉管的预制场地没有列清单项目，沉管预制场地一般使用干坞（相当于船厂的船坞）或船台来作为预制场地，这是属于施工手段和方法部分，这部分可列为措施项目。若在定额中没有匹配的项目，可新增补充定额。

老造价员说

隧道工程是复杂的大中型交通建设工程，相比于结构工程，隧道工程往往要更加侧重于其实用性、耐久性和安全性。在我国隧道建设历史中，无论是春秋战国时期修建的褒斜栈道，还是近代第一条自行设计的京张铁路，抑或是目前已几乎满布全国的高铁网络，无一不展现出一种独属于中华民族的精神，即继往开来、敢于尝试、勇于创新的精神，以及隧道工程建设者身上吃苦耐劳、敢于拼搏、自强不息等优秀品质。

复习思考与练习题

1. 隧道的开挖方法主要有哪几种？各自的优缺点是什么？
2. 水下隧道的施工方法主要有哪些？
3. 简述平洞、斜井及竖井开挖的方法和特点。
4. 设计长度 2.5km 的隧道，其开挖中心距离石渣弃置点 10km，应该如何套用定额计算挖、运费用？
5. 请查阅近几年新建隧道工程相关资料，结合本情境学习内容，谈谈你对"中国建造、中国智慧、中国方案和中国力量"的理解和认知。

情境六

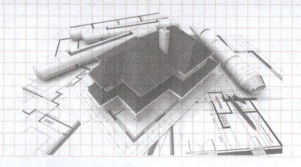

市政给水工程计量计价

▷【学习目标】

1. 学会市政给水工程项目基础知识。
2. 掌握市政给水工程项目工程量计算。
3. 掌握市政给水工程项目清单报价编制方法,学会定额的应用。

管道工程是市政工程不可或缺的组成部分,其中,给排水系统是人类生产生活中不可或缺的水资源保障体系。给水系统一般由给水水源、取水构筑物、输水管、给水处理厂和给水管网五个部分组成,分别起取集、输送原水、改善原水水质和输送合格用水到用户的作用。在一般地形条件下,给水系统中还包括必要的贮水和抽升设施。给水管网由管道、配件和附属设施组成。给排水系统示意图如图 6-1 所示。

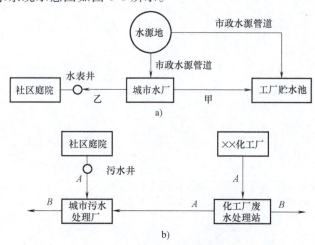

图 6-1 给排水系统示意图
a) 给水管网　b) 排水管网
注:甲、乙为市政输(配)水管道;A、B 为市政排水管道。

任务一　基础知识

一、管道通用知识

管道附件是指连接在管道上的阀门接头配件等部件的总称。为便于生产厂家制造,设计、施工单位选用，国家对管道和管道附件制定了统一的规定标准。管道和管道附件的通用标准主要包括公称通径、公称压力、试验压力和工作压力等方面。

① 公称通径（或称公称直径）：是管道和管道附件的标准直径。它是只近似于内径而不是实际内径，是外径与内径的平均值，称平均内径。同一规格的管道，外径都相等，但对各种不同工作压力，要选用不同壁厚的管道，压力大则选用管壁较厚的管道，内径因壁厚增大而减小。

公称通径用字母 DN 作为标志符号，后面注明单位为毫米的尺寸。例如 $DN50$，即公称通径为 50mm 的管子。公称通径是有缝钢管、铸铁管、混凝土管等管道的标称，但无缝钢管不用此表示法。

管道和管道附件以及各种设备上的管道接口，都要符合公称通径标准，根据公称通径生产制造或加工，不得随意选定尺寸。

② 公称压力：在管道内流动的介质，都具有一定的压力和温度。用不同材料组成的管道与管道附件所能承受的压力，受介质工作温度的影响。随着温度的升高，材料强度要降低。所以，须以某一温度下，制品所允许承受的压力，作为耐压强度标准，这个温度称为基准温度。制品在基准温度下的耐压强度称为公称压力，用符号 PN 表示，如公称压力 2.5MPa，可记为 $PN2.5$。

公称压力表示管道与管道附件的一般强度标准，因此可根据所输送介质的参数选择管道及管道附件，而不必再进行强度计算，这样既便于设计，又便于安装。

③ 试验压力：是在常温下检验管道及管道附件强度及严密性能的压力标准，即通常水压试验的压力标准。试验压力以 P_S 表示。水压试验采用常温下的自来水，试验压力为公称压力的 1.5~2 倍，即 $P_S=(1.5~2)PN$。公称压力 PN 较大时，倍数值选小的；PN 值较小时，倍数值取大的。

④ 工作压力：是指管道内流动介质的工作压力，用字母 P_t 表示，其中 t 为介质最高温度 1/10 的整数值。例如，$P_t=P_{20}$ 时，"20" 表示介质最高温度为 200°。

二、常用管材分类

给排水工程所选用的管材，分为金属管材与非金属管材两大类。对给排水工程用材的基本要求一是有一定的强度和刚度；二是管材内外表面光滑，水力条件较好；三是易加工，且有一定的耐腐蚀能力。在保证质量的前提下，应选择价格低廉、货源充足、供货方便的管材。

（一）铸铁管

铸铁管是给水管网及输水管道中最常用的管材。其优点是抗腐蚀性好、经久耐用、价格较钢管低，缺点是质脆、不耐震动和弯折、工作压力较钢管低、管壁较钢管厚，且自重较大。给水铸铁管按材质分为灰口铸铁管和球墨铸铁管。在灰口铸铁管中，碳全部或大部分不是与铁呈化合物状态，而是呈游离状态的片状石墨；球墨铸铁管中，碳大部分呈球状，石墨存在于铸铁中，使之具有优良的机械性能，故又可称为可延性铸铁管。

1. 灰口铸铁管

给水管道中常用的一种管材，与钢管比较，其价格较低、制造方便、耐腐蚀性较好，但质脆、自重大。管径以公称直径表示，其规格为 $DN75\sim DN1500$，有效长度（单节）为 4m、5m、6m，承受压力分为低压、普压及高压三种规格。铸铁管的接口基本可分为承插式和法兰接口，不同形式接口，其安装方式又各不相同。

1）青铅接口承插铸铁管安装工作内容：检查及清扫管材、切管、管道安装、化铅、打麻、打铅口。

2）石棉水泥接口承插铸铁管安装工作内容：检查及清扫管材、切管、管道安装、调制接口材料、接口、养护。

3）膨胀水泥接口承插铸铁管安装工作内容：检查及清扫管材、切管、管道安装、调制接口材料、接口、养护。

4）胶圈接口承插铸铁管安装工作内容：检查及清扫管材、切管、管道安装、上胶圈。

2. 球墨铸铁管

以镁或稀土镁合金球化剂在浇筑前加入铁水中，使石墨球化，同时加入一定量的渣铁或渣钙合金作孕育剂，以促进石墨球化。石墨呈球状时，对铸铁基本的破坏程度减轻，应力集中也大大降低，因此它具有较高的强度与延伸率。

球墨铸铁管采取胶圈接口，其 T 形推入式接口工具配套，操作简便、快速，适用于 $DN75\sim DN2000$ 的输水管道，在国内外输水工程中被广泛采用。

胶圈接口工作内容：检查及清扫管材、切管、管道安装、上胶圈。

（二）塑料管道

塑料管按不同原料种类，分为硬聚氯乙烯管（PVC-U 管）、聚丙烯管（PPR 管）、聚丁烯管（PB 管）和工程塑料管（ABS 管）等。塑料管的共同特点是质轻、耐腐蚀性好、管内壁光滑、流体摩擦阻力小、使用寿命长。

1. 硬聚氯乙烯管（PVC-U 管）

按采用的生产设备及其配方工艺，PVC-U 管分为给水用 PVC-U 管和排水用 PVC-U 管。用于制造给水用 PVC-U 管的树脂中含有的氯乙烯单体不得超过 5mg/kg；对生产工艺上所要求添加的重金属稳定剂等一些助剂，应符合《给水用硬聚氯乙烯（PVC-U）管材》（GB/T 10002.1—2006）的要求。管材的额定压力分三个等级：0.63MPa、1.0MPa 和 1.6MPa。给水用硬聚氯乙烯管常用规格为 $D20\sim D315$（塑料管内径一般用 D 表示），常采用承插粘接和承插橡胶圈接口。

2. 聚丙烯管（PPR 管）

PPR 管是以石油炼制厂的丙烯气体为原料聚合而成的聚烃族热塑性管材。由于原料来源丰富，因此价格便宜。PPR 管是热塑性管材中材质最轻的一种管材，密度为 $0.91\sim 0.92\text{g/cm}^3$，呈白色蜡状，比 PB 管透明度高，其强度、刚度和热稳定性也高于 PB 管。PPR 管常用规格为 $D20\sim D500$，常采用热熔连接。

3. 聚丁烯管（PB 管）

PB 管重量很轻（相对密度为 0.925g/cm^3），具有独特的抗蠕变（冷变形）性能，故机械密封接头能保持紧密，抗拉强度在屈服极限以上时，能阻止变形，使之能反复绞缠而不折断。

PB管在温度低于80℃时，对皂类、洗涤剂及很多酸类、碱类有良好的稳定性，室温时对醇类、醛类、酮类、醚类和脂类有良好的稳定性；但易受某些芳香烃类和氯化溶剂侵蚀，温度越高侵蚀越严重。PB管常用规格为$D20～D200$，常采用热熔连接。

4. 工程塑料管（ABS管）

ABS管是丙烯腈-丁二烯-苯乙烯的共混物，属于热塑料管材，表面光滑、管质轻，具有较高的耐冲击强度和表面硬度。ABS管常用规格为$D20～D220$，常采用承插粘接。

三、常用法兰、螺栓及垫片分类

管道与阀门、管道与管道、管道与设备的连接，常采用法兰连接。采用法兰连接既有安装拆卸的灵活性，又有可靠的密封性。法兰连接是一种可拆卸的连接形式，它的应用范围很广。法兰连接包括上下法兰、垫片及螺栓螺母三部分。

（一）法兰

法兰按照结构形式和压力不同可分为以下几种。

（1）平焊法兰 是中低压工艺管道最常用的一种。平焊法兰与管道固定时，是将法兰套在管端，焊接法兰里口和外口，使其固定。平焊法兰适用于公称压力不超过2.5MPa的管道。

（2）对焊法兰 又称为高颈法兰。其优点是强度大，不易变形，密封性能较好，分为以下几种形式。

1）光滑式对焊法兰，其公称压力为2.5MPa以下，规格范围为$DN10～DN800$。

2）凹凸式密封面对焊法兰，由于凹凸密封严密性强，承受压力大，每副法兰的密封面必须一个是凹面，另一个是凸面。常用公称压力范围为4.0～16.0MPa，规格范围为$DN15～DN400$。

3）榫槽密封面对焊法兰，这种法兰密封性能好，结构形式类似凹凸式密封面法兰，一副法兰必须配套使用。公称压力为1.6～6.4MPa，常用规格范围为$DN15～DN400$。

4）梯形槽式密封面对焊法兰，这种法兰承受压力大，常用公称压力为6.4MPa、10.0MPa、16.0MPa，常用规格$DN15～DN250$。

上述各种形式的密封对焊法兰，只是法兰密封面的形式不同，法兰安装方法是一样的。

（3）管口翻边活动法兰 管口翻边活动法兰多用于铜、铝等有色金属及不锈钢管道上，其优点是可以节省贵重金属，同时由于法兰可以自由活动，因此法兰穿螺钉时非常方便；缺点是不能承受较大的压力。管口翻边活动法兰适用于0.6MPa以下的管道连接，规格范围为$DN10～DN500$。法兰材料为Q235号钢。

（4）焊环活动法兰 焊环活动法兰多用于管壁比较厚的不锈钢管以及不易于翻边的有色金属管道的法兰连接。法兰的材料为Q235、Q255碳素钢，它的连接方法是将与管道材质相同的焊环直接焊在管端，利用焊环作密封面。其密封面有光滑式和榫槽式两种。

（5）螺纹法兰 螺纹法兰是用螺纹与管端连接的法兰，有高压和低压两种。低压螺纹法兰现已逐步被平焊法兰代替；高压螺纹法兰被广泛应用于现代工业管道的连接。密封面由管端与透镜垫圈形成，对螺纹和管端垫圈接触面的加工要求精度很高。高压螺纹的特点是法兰与管内介质不接触，安装也比较方便。

（二）垫片

法兰垫片是法兰连接时起密封作用的材料。根据管道所输送介质的腐蚀性、温度、压力及法兰密封面的形式，有以下几种常见垫片。

（1）橡胶石棉垫　橡胶石棉垫是法兰连接用量最多的垫片，适用于很多介质，如蒸汽、煤气、空气、盐水、酸碱等。

炼油工业常用的橡胶石棉垫有两种。一种是耐油橡胶石棉垫，适用于输送油品、液化气、丙烷和丙酮等介质。另一种是高温耐油橡胶石棉垫，使用温度可达350~380℃。

（2）橡胶垫　橡胶垫有一定的耐腐蚀性。其特点是利用橡胶的弹性，达到较好的密封效果，常用于输送低压水、酸碱等介质的管道法兰连接。

（3）缠绕式垫片　缠绕式垫片是用金属钢带和非金属填料带缠绕而成。这种垫片具有制造简单、价格低廉、材料能被充分利用、密封性能较好的优点，在石油化工工艺管道上被广泛利用。

（4）齿形垫　利用同心圆的齿形密纹与法兰密封面相接触，构成多道密封，因此密封性能较好，常用于凹凸式密封面法兰的连接。齿形垫的材质有普通碳素钢、低合金钢和不锈钢等。

（5）金属垫片　金属垫片按形状分为金属平垫片、椭圆形垫片、八角形垫片和透镜式垫片，按制造材质分为低碳钢、不锈钢、紫铜、铝和铅等。

（6）塑料垫　塑料垫适用于输送各种腐蚀性较强管道的法兰连接。常用的塑料垫片有聚氯乙烯垫片、聚四氟乙烯垫片和聚乙烯垫片等。

四、常用控件分类

各种管道系统中，阀门是用于控制各种管道设备内流体（空气、燃气、水、蒸汽、油等）工况的一种机械装置。阀门一般由阀体、阀瓣、阀盖、阀杆及手轮等部件组成。

（一）常用阀门

常用阀门有截止阀、闸阀、止回阀、安全阀、减压阀等。

（1）截止阀　截止阀主要用于热水供应及高压蒸汽管路中，它结构简单，严密性较高，制造和维修方便，阻力比较大。

流体经过截止阀时要转弯改变流向，因此水阻力较大，安装时要注意流体"低进高出"，方向不能装反。

选用特点：结构比闸阀简单，制造、维修方便，也可以调节流量，应用广泛。但流动阻力大，为防止堵塞和磨损，不适用于带颗粒和黏性较大的介质。

（2）闸阀　又称闸门或闸板阀，它是利用闸板升降控制开闭的阀门，流体通过阀门时流向不变，因此阻力小。闸阀广泛用于冷、热水管道系统中。

闸阀和截止阀相比，在开启和关闭时较省力，水阻较小，阀体比较短，当闸阀完全开启时，其阀板不受流动介质的冲刷磨损。闸阀的缺点是严密性较差，尤其启闭频繁时，闸板与阀座之间密封面受磨损；不完全开启时，水阻仍然较大。因此闸阀一般只作为截断装置，即用于完全开启或完全关闭的管路中，而不宜用于需要调节开度大小和启闭频繁的管路上。闸阀无安装方向，但不宜单侧受压，否则不易开启。

选用特点：密封性能好，流体阻力小，开启、关闭力较小，也有一定调节流量的性能，并且能从阀杆的升降高低看出阀的开度大小，主要适合一些大口径管道上。

（3）止回阀 又名单流阀或逆止阀，它是一种根据阀瓣前后的压力差而自动启闭的阀门。它有严格的方向性，只允许介质向一个方向流通，而阻止其逆向流动。止回阀用于不让介质倒流的管路上，如用于水泵出口的管路上作为水泵停泵时的保护装置。

根据结构不同，止回阀可分为升降式和旋启式。升降式的阀体与截止阀的阀体相同。升降式止回阀只能用在水平管道上，垂直管道应用旋启式止回阀，安装时应注意介质的流向，它在水平或垂直管路上均可应用。

选用特点：一般适用于清洁介质，对于带固体颗粒和黏性较大的介质不适用。

（4）安全阀 是一种安全装置，当管路系统或设备（如锅炉、冷凝器）中介质的压力超过规定数值时，便自动开启阀门排汽降压，以免发生爆破危险。当介质的压力恢复正常后，安全阀又自动关闭。

安全阀一般分为弹簧式和杠杆式两种。弹簧式安全阀是利用弹簧的压力来平衡介质的压力，阀瓣被弹簧紧压在阀座上，平常阀瓣处于关闭状态。转动弹簧上面的螺母，即改变弹簧的压紧程度，便能调整安全阀的工作压力，一般要先用压力表参照定压。

杠杆式安全阀，或称重锤式安全阀，它是利用杠杆将重锤所产生的力矩紧压在阀瓣上。保持阀门关闭，当压力超过额定数值，杠杆重锤失去平衡，阀瓣就打开。改变重锤在杠杆上的位置，就可以改变安全阀的工作压力。

安全阀的主要参数是排泄量，它决定了安全阀的阀座口径和阀瓣开启高度。由操作压力决定安全阀的公称压力，由操作温度决定安全阀的使用温度范围，由计算出的安全阀定压值决定弹簧或杠杆的调压范围，再根据操作介质决定安全阀的材质和结构型式。

（5）减压阀 用于管路中降低介质压力。常用的减压阀有活塞式、波纹管式及薄膜式等几种。各种减压阀的原理是介质通过阀瓣通道小孔时阻力大，经节流造成压力损耗从而达到减压目的。减压阀的进、出口一般要伴装截止阀。

选用特点：减压阀只适用于蒸汽、空气和清洁水等清净介质。在选用减压阀时要注意，不能超过减压阀的减压范围，保证在合理情况下使用。

（二）阀门型号及表示方法

阀门产品的型号一般由7个单元组成，如图6-2所示。

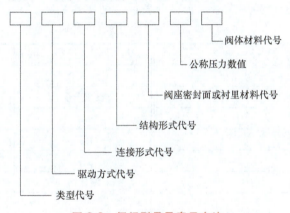

图6-2 阀门型号及表示方法

1）类型代号用汉语拼音字母表示，具体见表6-1。

表6-1　阀门类型代号

类型	代号	类型	代号
闸阀	Z	旋塞阀	X
截止阀	J	止回阀和底阀	H
节流阀	L	安全阀	A
球阀	Q	减压阀	Y
蝶阀	D	疏水阀	S
隔膜阀	G		

2）驱动方式代号用阿拉伯数字表示，见表6-2。

表6-2　阀门驱动方式代号

类型	代号	类型	代号
电磁动	0	锥齿轮	5
电磁波动	1	气动	6
电液动	2	液动	7
涡轮	3	气液动	8
圆柱齿轮	4	电动	9

3）连接形式代号用阿拉伯数字表示，见表6-3。

表6-3　阀门连接形式代号

连接形式	代号	连接形式	代号
内螺纹	1	对夹	7
外螺纹	2	卡箍	8
法兰	4	卡套	9
焊接	6		

4）阀座密封或衬里材料用汉语拼音字母表示，见表6-4。

表6-4　阀座密封或衬里材料代号

阀座密封或衬里材料	代号	阀座密封或衬里材料	代号
铜合金	T	渗氮钢	D
橡胶	X	硬质合金	Y
尼龙塑料	N	衬胶	J
氟塑料	F	衬铅	Q
锡基轴承合金（巴氏合金）	B	搪瓷	C
合金钢	H	渗硼钢	P

5）阀体材料代号用汉语拼音字母表示，见表6-5。

表6-5 阀体材料代号

阀体材料	代号	阀体材料	代号
HT250	Z	Cr5Mo	I
KTH300-06	K	1Cr18Ni9Ti	P
QT400-15	Q	Cr18Ni12Mo2Ti	R
H62	T	12Cr1MoV	V
ZG230-450	C		

(三) 室外消火栓

室外消火栓是发生火警时的取水龙头,按安装形式可分为地上式(图6-3)和地下式(图6-4)两种。

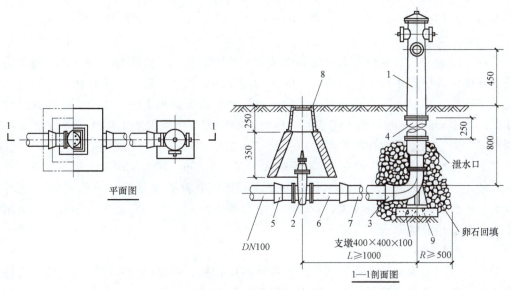

图6-3 地上式消火栓

1—地上式消火栓 2—闸阀 3—弯管底座 4—法兰连管 5、6—短管 7—铸铁管 8—闸阀套筒 9—混凝土支墩

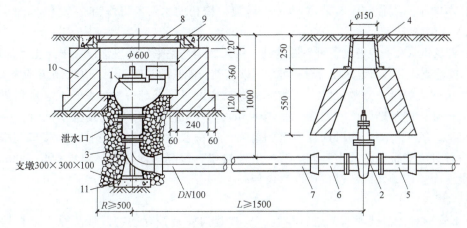

图6-4 地下式消火栓

1—地下式消火栓 2—闸阀 3—弯管底座 4—闸阀套筒 5、6—铸铁短管 7—铸铁管
8—井盖 9—井座 10—砖砌井室 11—混凝土支墩

地上式消火栓一般适用于气温较高的地区，装于地面上，消火栓下部直埋，检修闸阀设闸井，通过弯头和三通与给水支管连接。地上式消火栓目标明显，易于寻找，但较易损坏，并妨碍交通。

地下式消火栓适用于气温较低的地区，装于地下消火栓井室内，使用方面不如地上式消火栓方便；在栓体下部设有检修蝶阀，通过弯管底座与给水支管连接。

《建筑给水排水及采暖工程施工质量验收规范》（GB 50242—2002）规定，接室外消火栓的管径不得小于100mm，相邻两消火栓的间距不应大于120m。室外消火栓距离建筑物外墙不得小于5m，距离车行道边不大于2m。

五、给水管道工程施工

给水管道工程常见施工顺序：测量放线→沟槽开挖→管沟支撑→管道安装→阀门井、水表井砌筑及阀门安装→回填土至管顶50cm→水压试验→分层夯实回填→冲洗、消毒。

（一）挖管沟

管沟开挖的方式主要分人工开挖和机械开挖两种。人工挖管沟时，应认真控制管沟底的标高和宽度，并注意不使沟底的原土遭受扰动或破坏；机械挖管沟，应确保沟底原土结构不被扰动或破坏，同时由于机械不可能准确地将沟底按规定标高平整，因此，在达到设计管沟底标高以上20cm左右时，由人工清挖。挖管沟的土方，可根据施工环境、条件堆放在管沟的两侧或一侧。堆土需放在距管沟沟边0.8~1m之间。根据施工规范要求，管沟开挖深度：一、二类土深度大于等于1m，三类土深度大于等于1.5m，四类土深度大于等于2m时，应考虑放坡。若在路面施工时，考虑到放坡造成破坏原有路面（混凝土路面或沥青路面）相对较大，补偿及修复费用也较大，且影响正常交通，因此，在马路面开挖管沟时，宜用挡板支撑，尽量少用放坡形式。

（二）管沟支撑

管沟支撑可分为密撑和疏撑两种。密撑即满铺挡板，疏撑即间隔铺挡板。用于支撑的材料有木材、钢板桩等。选用的木材作支撑应符合下列要求：撑板的厚度一般为5cm，方木截面一般为15cm×15cm，如因下管需要，横方木的支撑点间距大于2.5m时，其方木截面应加大。圆撑木的小头直径，一般采用10cm。劈裂、糟朽的木料不得作为支撑材料。

（三）管道基础

铸铁管及钢管在一般情况下可不做基础，将天然地基整平，管道铺设在未经扰动的原土上；如在地基较差或在含岩石地区埋管时，可采用砂基础，砂基础厚度不小于100mm并应夯实。

承插式钢筋混凝土管敷设时，如地基良好，也可不设基础；如地基较差，则需做砂基础或混凝土基础。砂基础厚度一般为150~200mm，并应夯实。采用混凝土基础时，一般可用垫块法施工，管子下到沟槽后用混凝土块垫起，待符合设计标高进行接口，接口完毕经水压试验合格后再浇筑整段混凝土基础。若为柔性接口，每隔一段距离应留出600~800mm范围不浇混凝土而填砂，使柔性接口可以自由伸缩。

（四）管道安装

1) 下管前检查。应对管沟进行检查，检查管沟底是否有杂物，管基原土是否被扰动并进行处理，管沟底标高及宽度是否符合标准，检查管沟两边土方是否有裂缝及坍塌的危险。另外，下管前应对管材、管件及配件等的规格、质量进行检查，合格者方可使用；吊装及运输时,对法兰盘面、预应力钢筋混凝土管承插口密封工作面及金属管的绝缘防腐层等均应采取必要的保护措施,避免损伤。采用起重机吊装下管时,应事先与起重人员或起重机司机一起踏勘现场,根据管沟深度、土质、附近的建筑物、架空电线及设施等情况,确定起重机距沟边距离、进出各线及有关事宜。绑扎套管应找准重心,使起吊平稳,起吊速度均匀,回转应平稳,下管应低速轻放。人工下管是采用压绳下管的方法,下管绳应紧固、不断股、不腐烂。

2) 给水管道铺设。要求接口严密紧固,经水压试验合格;平面位置和纵断面高程准确;地基和管件、阀门等的支墩紧固稳定;保持管内清洁,经冲洗消毒,化验水质合格。

铸铁管的承口和插口的对口间隙,最大不得超过表 6-6 的规定。接口环形间隙应均匀,允许偏差不得超过表 6-7 的规定。

表 6-6 承口和插口对口最大间隙

管径/mm	沿直线铺设时/mm	沿曲线铺设时/mm
75	4	5
100~250	5	7
300~500	6	10
600~700	7	12
800~900	8	15
1000~1200	9	17

表 6-7 接口环形间隙允许偏差

管径/mm	标准环形间隙/mm	允许偏差/mm
75~200	10	+3 -2
250~400	11	+3 -2
500~900	12	+4 -2
1000~1200	13	+4 -2

3) 钢管安装。除阀件或有特殊要求用法兰或丝扣连接外,均采用焊接。钢管安装前应进行检查,不符合质量标准的,管道对口前必须进行修口,使管道端面、坡口、角后、钝边、圆度等均符合对口接头尺寸的要求。管道端面应与管中心线垂直,允许偏差不得大于 1mm。安装管道上的阀门或带有法兰的附件时,应防止产生拉应力。邻近法兰一侧或两侧接口,应在法兰上所有螺栓拧紧后方准焊接。电焊壁厚大于等于 4mm 和气焊壁厚大于等于 3mm 的管道,其端头应切坡口。两根管子对口的管壁厚度相差不得超过 3mm。对口时,两管纵向焊缝应错开,错开的环向距离不得小于 1000mm。

4) 阀门安装。安装前应按设计要求检查型号,清除阀内污物,检查阀杆是否灵活,明确开关转动的方向,以及阀本、零件等有无裂纹砂眼等,检查法兰两面的平面是否平整,阀门安装的位置及阀杆方向,应便于检修和操作;如设计上无规定时,在水平管段上阀门的阀杆应垂直向上,阀门必须要安装在支承座上。

(五) 钢管内外防腐

金属材料或合金材料在外部介质影响下会产生化学作用或电化学作用,导致管道腐蚀引起系统漏水。金属管道表面涂油漆前,应将铁锈、铁屑、油污、灰尘等物清洗干净,露出金属光泽,除锈工作完成后,应及时涂第一层底油漆;刷油漆时,金属表面应干燥清洁,第一层油漆应与金属表面接触良好,第一层油漆干燥后,再刷第二层。涂刷的油漆应厚度均匀、光亮一致,不得脱皮、起褶、起泡、漏涂等。防腐层的分类和结构,应根据土壤腐蚀性不同来确定,见表6-8。

表6-8 防腐层分类和结构

防腐层次	防腐层种类		
	正常防腐层	加强防腐层	特强防腐层
1	冷底子油	冷底子油	冷底子油
2	沥青涂层	沥青涂层	沥青涂层
3	外包保护层	加强包扎层(封闭层)	加强包扎层(封闭层)
4		沥青涂层	沥青涂层
5		沥青涂层	加强包扎层(封闭层)
6			沥青涂层
7			外包保护层

钢板卷管内防腐,多采用水泥砂浆内喷涂,所采用的水泥强度等级为32.5级或42.5级,所用的砂颗粒要坚硬、洁净,级配良好,水泥砂浆抗压强度不得低于30MPa,管段里水泥砂浆防腐层达到终凝后,必须立即进行浇水养护或在管段内筑水养护,保持管内湿润状态7天以上。

(六) 阀门井、水表井砌筑

阀门井、水表井的作用是便于阀门管理人员从地面上进行操作,井内净空尺寸要便于检修人员对阀杆密封填料进行更换,并且能在不破坏井壁结构的前提下(有时需要揭开面板)更换阀杆、阀杆螺母、阀门螺栓。

水表井是保护水表的设施,起方便抄表与水表维修的作用,其砌筑大致与阀门井要求相同。

井室的形式可根据附件的类型、尺寸确定,可参照《室外给水管道附属构筑物》(05S502)选用,例如地上操作收口阀门井、井下操作立式阀门井等(如图6-5所示)。

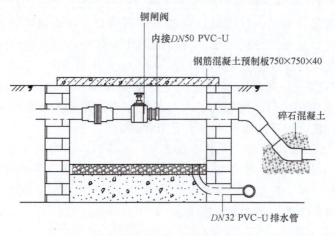

图6-5 给水阀门井大样图

（七）管道支墩、挡墩

由于给水管道为压力管道，管道内的水体有一定的水压，因此过水断面面向的对象要承担相应的压力（$F=PA$），比如末端管堵、转弯的弯头、分流的三通部位等。为避免在供水运行以及水压试验时，所产生的外推力造成承插口松脱漏水等不利现象，需要设置支墩、挡墩。支墩、挡墩常用形式有以下三种。

1）水平支墩。它是为克服管道承插口来自水平的推力而设置的，它包括各种曲率弯管支墩、管道分处三叉支墩、管道末端的塞头支墩。

2）垂直弯管支管支墩。包括向上弯管支墩和向下弯管支墩两种，它们分别是为了克服水流通过向上弯管和向下弯管时，所产生的外推力。

3）空间两向扭曲支墩。它是为了克服管道在同一地点既作水平转向，又作垂直转向所产生的外推力。支墩形式、构造、尺寸可参照《柔性接口给水管道支墩》（10S505）选用。图 6-6 为 90°水平弯管支墩图。

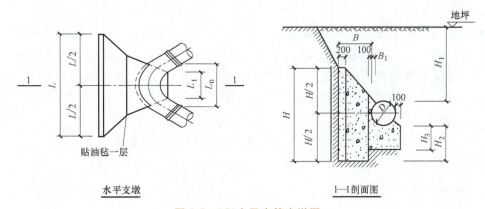

图 6-6 90°水平弯管支墩图

（八）管沟回填

管道安装完成后，管沟应立即进行回填土方工作。管沟回填必须确保构筑物的安全，管道及井室等不移位、不被破坏，接口及防腐绝缘层不受破坏。管沟回填可视情况或根据设计要求回填原土、中砂。管沟回填土应按施工图设计或有关规定，达到密实度的要求。

（九）管道水压试验

水压试验的管段长度不超过 1000m，如因特殊情况超过 1000m 时，应与设计单位、管理单位共同研究确定。水压试验分强度试验和严密性试验两种。无论采用哪种试验方法，在水压试验前，均应把管道内的气排清，将管道灌满水并浸泡一段时间；支墩、挡墩要达到设计强度；回填土应达到设计规定的密实度要求后方能试压。

（十）管道冲洗、消毒

管道消毒的目的是为了杀灭新敷设管道内的各种细菌，使其供水后不致污染水质。消毒一般采用高浓度的氯化水浸泡 2h 以上（一般用漂白粉溶液），这种水的游离氯浓度在 20~40mg/L 之间。

管道消毒后，即可进行冲洗。冲洗水的流速最好不低于 0.7m/s，否则不易把管内杂物冲掉，或造成冲洗水量过多。对于主要输水干管的冲洗，由于冲洗水量大，管网降压严重，因此应事先认真拟定冲洗方案，并调整管网压力；如有必要，事先还应通知主要用户。在冲洗过程中，严格监视水压变化情况，冲洗前应对排水口状况进行仔细检查，确认下水道或河流能否排泄正常冲洗的水量，冲洗水流是否会影响下水渠道和河堤、桥梁、船只等的安全，在冲洗过程中应设专人进行安全监护。

（十一）新旧管连接

除连接新铺设冲洗管在消毒冲洗前进行检验外，其余输配水管连接均应在新敷设的输配水管完成消毒冲洗并报请管理单位同意后才能进行。接通旧管前，应做好以下准备工作：挖好工作坑，并根据需要做好支撑及护栏，以保证安全；在放出旧管中的存水时，应根据排水量，准备足够的抽水机具，清理排水路线，以保证顺利排水；检查管件、阀门、接口材料、吊装机具、工具、用具等，要做到品种、规格、数量均符合需要，如夜间进行新旧管连接，还必须配备足够的照明设备，并做好停电准备；断管位置事先錾好（不要錾断），以便缩短停水时间。新旧管连接是一项紧张而有秩序的工作，因此分工必须明确，统一指挥，并与管网管理单位派至现场的人员密切配合，在规定的时间内完成接驳工作。

（十二）施工排水

市政给水管道施工排水，贯穿施工整个过程，包括：地下水、地表水（如管道穿越河床、渠沟时的水流、穿越河塘的积水）、雨水及各种管道的自来水（如跨越地下原敷设的上下水管，因施工需要断截排水、排污管时而流出来的下水或污水、断截给水管时流出来的自来水）等，施工排水的主要方法有抽排、引流、围截等。

任务二　定额工程量清单计价

一、定额说明

《市政定额》第五册《给水工程》，包括管道安装，管道防腐，管件制作、安装，管道附属构筑物和取水工程，共5章568个子目。

（一）适用范围

《给水工程》定额适用于城镇范围内的新建、扩建市政给水工程。

（二）《市政定额》与《浙江省通用安装工程预算定额》（以下简称《安装定额》）的界限划分

1) 界限划分图如图6-7所示。一般情况下，水源地至城市水厂或工厂蓄水池的管道，执行《市政定额》，但钢制输水管执行《安装定额》。

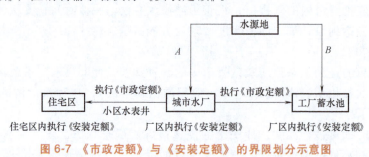

图6-7　《市政定额》与《安装定额》的界限划分示意图

A、*B*—水源管道

2) 小区室外管道与市政管道,有水表井的以水表井为界,无水表井的以两者碰头处为界。

3) 工业管道与通用安装工程界定,给水管道以厂区入口水表井为界。

(三)《给水工程》与其他相关册的关系

1) 给水管道沟槽和给水构筑物的土石方工程、打拔工具桩、围堰工程、支撑工程、脚手架工程、拆除工程、井点降水、临时便桥等执行第一册《通用项目》有关定额。

2) 给水管过河工程及取水头工程中的打桩工程、桥管基础、承台、混凝土桩及钢筋的制作安装等执行第三册《桥涵工程》有关定额。

3) 给水工程中的沉井工程、构筑物工程、顶管工程、给水专用机械设备安装均执行第六册《排水工程》有关定额。

4) 过桥钢管安装、法兰安装、阀门(除与承盘、插盘短管法兰连接阀门外)安装均执行第七册《燃气与集中供热工程》有关定额。

5) 管道除锈、防腐除《给水工程》包括内容外执行《安装定额》的有关定额。

(四) 使用定额时应注意的问题

1)《给水工程》定额管道、管件安装均按沟深 3m 以内考虑,如超过 3m 时,另行计算。

2)《给水工程》定额均按无地下水考虑。

二、管道安装

(一) 定额说明

"管道安装"定额包括衬塑镀锌钢管安装(螺纹连接)、钢管安装(电焊弧)、承插铸铁管安装、球墨铸铁管安装(胶圈接口)、预应力(自应力)混凝土管安装(胶圈接口)、塑料管安装、新旧管连接、管道试压、管道消毒冲洗等,共9节190个子目。

1) "管道安装"定额管节长度是综合取定的。承插式铸铁管管节长度:$DN200$ 以内取定 4m,$DN1600$ 以内取定 5m(球墨铸铁管取定 6m)。塑料管管节长度取定 5m。实际不同时,不作调整。

2) 管道安装工作内容除各节所列内容之外,还包括施工场内管材运输、外观检查、沿沟摆管、关口清理等。

3) 套管内的管道铺设按相应的管道安装人工、机械乘以系数 1.2。

【例 6-1】 套管内安装球墨铸铁管(胶圈接口)$DN300$,试套用定额。

【解】 套用定额编号 [5-57H],单位:10m。

换算后人工费 = 133.65×1.2 = 160.38 元

材料费 = 2.02 元

机械费 = 37.28 元×1.2 = 44.74 元

注意:定额中材料消耗量打括号者并未计入主材价内。本例题未计价主材:球墨铸铁管(10.000m)和橡胶圈 $DN300$(1.720只)。

预算价:球墨铸铁管 $DN300$(355.30 元/m)和橡胶圈 $DN300$(27.70 元/只)。

主材单位价值 = (355.30×10.000+27.70×1.720)元/10m = 3600.64 元/10m。

4) 衬塑镀锌钢管安装定额包含管件安装,管件不得另行计算。

5)除衬塑镀锌钢管外,管道安装均不包括管件(指三通、弯头、异径管)、阀门的安装,管件安装执行"管道安装"有关定额。

6)混凝土管安装不需要接口时,套用第六册《排水工程》有关定额。

7)"管道安装"定额给定的消毒冲洗水量,如水质达不到饮用水标准,水量不足时,可按实调整,其他不变。

8)新旧管线连接项目所指的管径是指新旧管中最大的管径。

9)实际施工时管道规格与定额子目规格不符时,按相近规格套用,主材按实际规格计算。

10)以下内容需套用其他定额。

① 管道试压、消毒冲洗、新旧管道连接的排水工作内容,按批准的施工组织设计另计。

② 新旧管连接所需的工作坑及工作坑垫层、抹灰执行第六册《排水工程》有关定额。

③ 塑料管安装(对接熔接、电熔管件熔接)套用第七册《燃气与集中供热工程》有关定额。

(二)工程量计算规则

1)管道安装均按施工图中心线的长度计算(支管长度从主管中心开始计算到支管末端交接处的中心),管件、阀门所占长度已在管道施工损耗中综合考虑,计算工程量时均不扣除其所占长度。

2)遇有新旧管连接时,除球墨铸铁管新旧管连接(胶圈接口)外,管道安装工程量计算到碰头的阀门旧管处,但阀门及与阀门相连的承(插)盘短管、法兰盘的安装均包括在新旧管连接定额内,不再另计。球墨铸铁管新旧管连接(胶圈接口),阀门及与阀门相连的承(插)盘短管的安装不包括在新旧管连接定额内,另计。如旧管留预留口,则不能套用新旧管连接定额。旧管预留口支墩拆除套用第一册《通用项目》相关定额。

【例 6-2】 钢管新旧管连接(焊接)如图 6-8 所示,试套用定额。

【解】 套用定额编号 [5-135],单位:处。

基价 = 664.71 元,其中人工费 = 481.01 元,机械费 = 91.44 元。

未计价主材:钢板卷管(0.460m)、法兰(2.000 片)和法兰阀门(1.000 个)。

预算价:钢板卷管 DN300(390.88 元/m)、平焊法兰 DN300(138 元/片)和法兰阀门 Z45T-1.0 DN300(3293 元/个)。

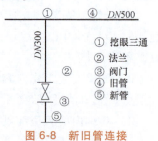

图 6-8 新旧管连接

主材单位价值 =(390.88×0.460+ 138×2.000+3293×1.000)元/处=3748.81 元/处。

三、管道防腐

(一)定额说明

"管道防腐"定额内容包括铸铁管(钢管)地面离心机械内涂、铸铁管(钢管)地面人工内涂、IPN8710 防腐涂料、保护层安装、氯磺化聚乙烯漆、环氧煤沥青、熔结环氧粉末防腐,共 7 节 40 个子目。

1)地面防腐综合考虑了现场和厂内集中防腐两种施工方法。

2)钢管管道接口处防腐执行相应定额。

3) 除《给水工程》定额已包括内容外，其他管道防腐套用《安装定额》的有关定额。

（二）工程量计算规则

管道防腐按施工图中心线长度计算，计算工程量时不扣除管件、阀门所占的长度，但管件、阀门的防腐也不另行计算。

【例6-3】 无缝钢管中 $\phi 325 \times 9$ 共50m，采用IPN8710防腐涂料进行管道内外防腐，试计算防腐工程量。

【解】 IPN8710防腐涂料管道外防腐工程量 $= \pi \cdot \phi \cdot L = 3.14 \times 0.325 \times 50 \text{m}^2 = 51.03 \text{m}^2$。

IPN8710防腐涂料管道内防腐工程量 $= \pi (\phi - 2\delta) L = 3.14 \times (0.325 - 2 \times 0.009) \times 50 \text{m}^2 = 48.20 \text{m}^2$。

四、管件制作、安装

（一）定额说明

"管件制作、安装"定额包括钢管件制作、钢管件安装、铸铁管件安装（膨胀水泥接口）、铸铁法兰盲板安装、承插式预应力混凝土转换件安装（膨胀水泥接口）、塑料管件安装、分水栓安装、马鞍卡子安装、二合三通安装（膨胀水泥接口）、铸铁穿墙管安装、法兰式水表安装、法兰阀门安装（与铸铁承盘、插盘连接）、自动双口排气阀安装、室外消火栓安装、埋地式水表箱安装、铸铁管钻眼攻丝，共16节257个子目。

1) 钢管件制作的重量是按《室外给水管道附属构筑物标准图集》（05S502）计算的，管壁厚度取定同直管。

2) 铸铁管件安装适用于铸铁三通、弯头、套管、渐缩管、短管、承盘、插盘的安装，并综合考虑了承口、插口、带盘的接口。与承盘插盘短管法兰连接的阀门安装以"个"计，包括两个垫片及两副法兰用的螺栓。其他阀门或法兰安装套用第七册《燃气与集中供热工程》有关定额。

3) 铸铁管件安装（胶圈接口）也适用于球墨铸铁管件的安装。

【例6-4】 球墨铸铁法兰盲板 DN400 安装，试套用定额。

【解】 套用定额编号 [5-351]，单位：个。

基价 = 156.45元，其中人工费 = 113.81元，材料费 = 42.64元，机械费 = 0元。

未计价主材：法兰盲板（1.000个）。

预算价：球墨铸铁法兰盲板 DN400（402元/个）。

主材单位价值 = 402元/个 × 1.000 = 402元/个。

4) 钢弯头、异径管安装、钢制三通安装定额中，当采用成品件时，可计取钢弯头、异径管、钢三通的主材费，不可再套用制作定额。

5) 钢制三通、哈夫三通、马鞍卡子安装所列直径是指主管直径。

6) Y形三通钢管件制作套用钢制三通，定额乘以系数1.2。

7) 法兰式水表安装仅为水表安装以"个"计。与水表前后连接的阀门及止回阀、管件另套用有关定额。

8) 法兰伸缩节套用相应阀门定额。

9) 以下内容需套用其他定额。

① 与马鞍卡子相连的阀门安装，执行第七册《燃气与集中供热工程》有关定额。

② 分水栓、马鞍卡子、二合三通（哈夫三通）安装的排水内容，应按批准的施工组织设计另计。

（二）工程量计算规则

1) 管件、分水栓、马鞍卡子、二合三通、水表、与铸铁承盘插盘短管法兰连接阀门、自动双口排气阀的安装按图示数量以"个"为单位计算。

2) 钢管件制作工程量，按不同弯头角度（30°、45°、60°、90°），以制作焊接弯头的个数计算，工程量 = 管外径×壁厚。

3) 弯头（异径管）安装工程量，按不同管外径×壁厚，以安装弯头（异径管）的个数计算。管外径以大口径为准。

4) 钢管件制作是按无内涂管材考虑，实际制作时如发生有内涂衬的，可按其相应定额中的人工乘以系数1.1。

5) 室外消火栓按图示数量以"套"为单位计算。

【例6-5】 法兰式水表安装 $DN200$，试套用定额。

【解】 套用定额编号［5-455］，单位：个。

基价 = 82.09 元，其中人工费 = 65.61 元，材料费 = 16.48 元，机械费 = 0 元。

未计价主材：法兰水表（1.000个）。

预算价：法兰水表 $DN200$（1238元/个）。

主材单位价值 = 1238元/个×1.000 = 1238元/个。

五、管道附属构筑物

（一）定额说明

"管道附属构筑物"定额内容包括砖砌圆形阀门井、砖砌矩形卧式阀门井、砖砌矩形水表井、消火栓井、圆形排泥湿井、管道支墩（挡墩），共6节67个子目。

1) 砖砌圆形阀门井、矩形卧式阀门井、矩形水表井、消火栓井、圆形排泥湿井是按《室外给水管道附属构筑物标准图集》（05S502）编制的，全部按无地下水考虑。

2) 井深是指垫层顶面至铸铁井盖顶面的距离。井深大于1.5m时，应按第六册《排水工程》有关项目计取脚手架搭拆费。

3) "给水工程"定额是按普通铸铁井盖、井座考虑的，如设计要求采用球墨铸铁井盖、井座，其材料单价换算，其他不变。

4) 排气阀井可套用阀门井的有关定额。

5) 矩形卧式阀门井筒每增0.2m定额，包括2个井筒同时增加0.2m。

【例6-6】 直筒式砖砌阀门井（井内径1.2m，井深1.3m），试套用定额。

【解】 套用定额编号［5-504］-［5-505］，单位：座。

换算后人工费 = (559.98-49.28) 元 = 510.7 元。

换算后材料费 = (1384.87-85.26) 元 = 1299.61 元。

换算后机械费 = 5.02 元。

未计价主材：无。

6) 以下内容需套用其他定额。

① 如发生模板安装、拆除时，执行第六册《排水工程》有关定额。

② 如发生钢筋制作安装、预制盖板、成型钢筋的场外运输时，执行第一册《通用项目》有关定额。

③ 圆形排泥湿井的进水管、溢流管的安装执行《给水工程》有关定额。

（二）工程量计算规则

1) 各种井均按施工图数量，以"座"为单位。

2) 管道支墩按施工图以实体积计算，不扣除钢筋、铁件所占的体积。

3) 埋地式复合型水表箱安装按图示数量以"座"计算。

六、取水工程

（一）定额说明

"取水工程"定额内容包括大口井内套管安装、辐射井管安装、钢筋混凝土渗渠管制作安装、渗渠滤料填充，共 4 节 14 个子目。

1) 大口井内套管安装。

① 大口井套管为井底封闭套管，按法兰套管全封闭接口考虑。

② 大口井底作反滤层时，执行渗渠滤料填充项目。

2) 不包括以下内容，如发生时，按以下规定执行。

① 辐射井管的防腐执行《安装定额》的有关定额。

② 模板制作、安装、拆除，沉井工程执行第六册《排水工程》有关定额。其中渗渠制作的模板安装、拆除人工按相应项目乘以系数 1.2。

③ 土石方开挖、回填、脚手架搭拆、围堰工程执行第一册《通用项目》有关定额。

④ 船上打桩及柱的制作，执行第三册《桥涵工程》有关项目。

⑤ 水下管线铺设，执行第七册《燃气与集中供热工程》有关项目。

（二）工程量计算规则

大口井内套管、辐射井管安装按设计图中心线长度计算。

任务三　国标工程量清单计价

《计算规范》附录 E "管网工程" 共 5 节，51 个清单项目。

E.1 管道铺设（编码：040501）

E.2 管件、阀门及附件安装（编码：040502）

E.3 支架制作及安装（编码：040503）

E.4 管道附属构筑物（编码：040504）

E.5 相关问题及说明

注意：以上 5 节皆为管网部分，项目不区分给水、排水、燃气工程。其中，给水、燃气工程主要会用到 E.3 支架制作与安装和 E.4 管道附属构筑物。

一、工程量清单项目设置

（一）E.1 管道铺设

1) 管道铺设的工作内容：垫层、基础铺筑及养护；模板制作、安装、拆除；混凝土拌和、运输、浇筑、养护；管道铺设；管道检验及试验；集中防腐运输。

2）管道工程量计算规则：按设计图示管道中心线长度以延长米计算。不扣除附属构筑物、管件及阀门所占长度。

3）管道架空跨越铺设的支架制作、安装及支架基础、垫层应按 E.3 支架制作及安装相关清单项目编码列项。

4）管道铺设项目中的做法如为标准设计，也可在项目特征中标注标准图集号。

（二）E.2 管件、阀门及附件安装

1）040502013 中凝水井（燃气工程）应按 E.4 管道附属构筑物相关清单项目编码列项。

2）管件、阀门及附件安装工程量按设计图示数量计算。

（三）E.3 支架制作及安装

1）砌筑支墩、混凝土支墩工程量按设计图示尺寸以体积计算。

2）金属支架制作安装、金属吊架制作安装按设计图示质量计算。

（四）E.4 管道附属构筑物

1）管道附属构筑物为标准定型附属构筑物时，在项目特征中应标注标准图集号及页码。

2）管道附属构筑物工程量按设计图示数量计算。

（五）E.5 相关问题及说明

1）"管网工程"清单项目所涉及土方工程的内容应按《计算规范》附录 A 土石方工程中相关项目编码列项。

2）刷油、防腐、保温工程、阴极保护及牺牲阳极应按《通用安装工程工程量计算规范》（GB 50856—2013）中刷油、防腐蚀、绝热工程的相关项目编码列项。

3）高压管道及管件、阀门安装，不锈钢及管件、阀门安装，管道焊缝无损探伤应按《通用安装工程工程量计算规范》（GB 50856—2013）工业管道中相关项目编码列项。

4）管道检验及试验要求：应按各专业的施工验收规范及设计要求，对已完管道工程进行的管道吹扫、冲洗消毒、强度试验、严密性试验、闭水试验等内容进行描述。

5）阀门电动机需单独安装，应按《通用安装工程工程量计算规范》（GB 50856—2013）附录 K 给排水、采暖、燃气工程中相关项目编码列项。

二、市政管网工程编制注意事项

清单内容包括管道铺设，管件、钢支架制作安装及新旧管连接，阀门、水表、消防栓安装，井类、设备基础及出水口，顶管，构筑物，设备安装等，适用于市政管网工程及市政管网专用设备安装工程。

（一）定额说明

1）管道铺设项目设置中没有明确区分是排水、给水、燃气还是供热管道，它适用于市政管网管道工程。在列工程量清单时可冠以排水、给水、燃气、供热的专业名称以示区别。

2）管道铺设中的管件、钢支架制作安装及新旧管连接，应分别列清单项目。

3）管道法兰连接应单独列清单项目，内容包括法兰片的焊接和法兰的连接；法兰管件

安装的清单项目包括法兰片的焊接和法兰管体的安装。

4）管道铺设除管沟挖填方外，包括从垫层起至基础，管道防腐、铺设、保温、检验试验、冲洗消毒或吹扫等内容。

5）《浙江省建设工程工程量清单计价指引：市政工程》中，设备基础的清单项目包括了地脚螺栓灌浆和设备底座与基础面之间的灌浆，即包括了一次灌浆和二次灌浆的内容。

6）顶管的清单项目，除工作井的制作和工作井的挖、填方不包括外，包括了顶管过程的其他全部内容。

7）"水设备安装"只列了市政管网的专用设备安装，工作内容包括了设备无负荷试运转在内。标准、定型设备部分应按《浙江省建设工程工程量清单计价指引：市政工程》附录 C 安装工程相关项目编列清单。

（二）工程量计算规则

定额中给水、排水、燃气分开成册，清单中共用清单项目。清单工程量基本与定额工程量计算规则一致，只是排水管道与定额有区别。定额中管道铺设按井中至井中的中心扣除检查井长度，以延长米计算工程量，每座检查井扣除长度：矩形检查井按管线方向井内径计算，圆形检查井按管线方向井内径每侧减 15cm 计算，雨水口井所占长度不予扣除。定额工程量计算时要扣除井内壁间的长度，而管道铺设的清单工程量计算规则是不扣除井内壁间的距离，也不扣除管体、阀门所占的长度。

三、给水工程实例

【例 6-7】 某给水工程如图 6-9 所示，施工说明如下：

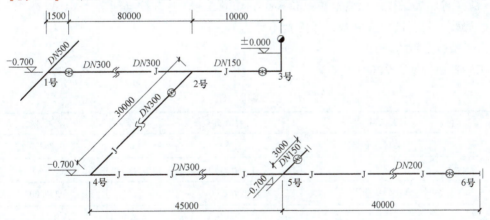

给水详图

注：(1)给水管材为球墨铸铁管，胶圈接口。
(2)消火栓采用地上式，详见《室外消火栓及消防水鹤安装》(13S201)。
(3)阀门采用 SZ45T-10 型，阀门井采用圆形(收口式)，井内径 1.2m 详见《室外给水管道附属构筑物》(05S502)。
(4)管道安装完毕后进行消毒冲洗。

图 6-9 某给水工程详图

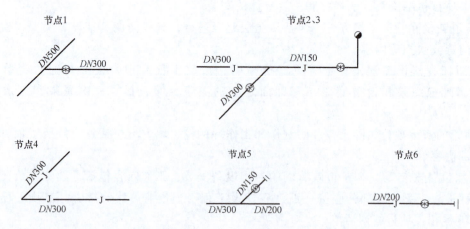

图 6-9 某给水工程详图（续）

1）给水管采用球墨铸铁管，胶圈接口。
2）消火栓采用地上式，详见《室外消火栓及消防水鹤安装》（13S201）。
3）阀门采用 SZ45T-10 型，阀门井采用圆形（收口式），井内径 1.2m，详见《室外给水管道附属构筑物》（05S502）。
4）管道安装完毕后应进行消毒冲洗。
5）管道覆土厚度不得小于 0.7m。

【问题】 按《计算规范》编制工程量清单，并计算新旧管连接、DN300 球墨铸铁管安装清单项目的综合单价。编制依据采用规定如下：
1）《浙江省建设工程工程量清单计价指引：市政工程》《市政定额》。
2）管理费、利润按中值取费，风险费不计。
3）人工费按定额人工计。
4）主要材料价格见表 6-9。

表 6-9 主要材料价格表

序号	材料名称	规格型号	单位	单价/元
1	球墨铸铁管	DN150	m	175.20
2	橡胶圈	DN150	只	13.85
3	球墨铸铁管	DN200	m	236.00
4	橡胶圈	DN200	只	18.47
5	球墨铸铁管	DN300	m	355.30
6	橡胶圈	DN300	只	27.70
7	橡胶圈	DN500	只	50.79
8	球墨铸铁三通	DN500	个	1980.00
9	球墨铸铁套管	DN500	个	1199.00
10	承插球墨铸铁正三通		个	980.10

（续）

序号	材料名称	规格型号	单位	单价/元
11	承插球墨铸铁异径三通		个	738.10
12	承插球墨铸铁弯头		个	686.40
13	承插球墨铸铁大小头		个	418.00
14	承插球墨铸铁大小头		个	445.20
15	球墨铸铁承盘短管		个	173.80
16	球墨铸铁插盘短管		个	173.60
17	球墨铸铁承盘短管		个	250.80
18	球墨铸铁插盘短管		个	250.80
19	球墨铸铁承盘短管		个	456.50
20	球墨铸铁插盘短管		个	466.40
21	球墨铸铁盲板		个	72.90
22	球墨铸铁盲板		个	121.00
23	法兰闸阀	DN150	个	1058.00
24	法兰闸阀	DN200	个	1607.00
25	法兰闸阀	DN300	个	3293.00
26	地上式消火栓	1.0MPa 浅 150 型	套	2219.00

【解】 1) 分部分项工程量清单编制见表 6-10。

表 6-10 分部分项工程量清单表

序号	项目编码	项目名称	项目特征	计量单位	工程量
1	040501003001	铸铁管	球墨铸铁管安装（胶圈接口）DN150，管道试压，管道消毒冲洗	m	13.00
2	040501003002	铸铁管	球墨铸铁管安装（胶圈接口）DN200，管道试压，管道消毒冲洗	m	40.00
3	040501003003	铸铁管	球墨铸铁管安装（胶圈接口）DN300，管道试压，管道消毒冲洗	m	156.50
4	040501014001	新旧管连接	球墨铸铁管新旧管连接（胶圈接口）DN500	处	1
5	040502001001	铸铁管管件	承插球墨铸铁正三通 DN300（胶圈接口）	个	1
6	040502001002	铸铁管管件	承插球墨铸铁异径三通 DN300×150（胶圈接口）	个	1
7	040502001003	铸铁管管件	承插球墨铸铁弯头 DN300（胶圈接口）	个	1
8	040502001004	铸铁管管件	承插球墨铸铁大小头 DN300×150（胶圈接口）	个	1
9	040502001005	铸铁管管件	承插球墨铸铁大小头 DN300×200（胶圈接口）	个	1
10	040502001006	铸铁管管件	球墨铸铁承盘短管 DN150（胶圈接口）	个	3
11	040502001007	铸铁管管件	球墨铸铁插盘短管 DN150（胶圈接口）	个	2
12	040502001008	铸铁管管件	球墨铸铁承盘短管 DN200（胶圈接口）	个	1
13	040502001009	铸铁管管件	球墨铸铁插盘短管 DN200（胶圈接口）	个	1
14	040502001010	铸铁管管件	球墨铸铁承盘短管 DN300（胶圈接口）	个	2
15	040502007001	盲堵板制作安装	球墨铸铁 DN150	个	1
16	040502007002	盲堵板制作安装	球墨球铁 DN200	个	1

(续)

序号	项目编码	项目名称	项目特征	计量单位	工程量
17	040502006001	法兰	法兰闸阀 SZ45T-10DN150	个	2
18	040502006002	法兰	法兰闸阀 SZ45T-10DN200	个	1
19	040502006003	法兰	法兰闸阀 SZ45T-10DN300	个	2
20	040502010001	地上式消火栓	1.0MPa 浅 150 型	套	1
21	040504001001	砖砌圆形阀门井收口式	井内径1.2m,井深1.6m	座	5

2) 该工程部分工程量清单综合单价计算表范例见表 6-11。

根据条件可得，利润费率取中值为 11.44%，管理费费率为 16.78%。

表 6-11 分部分项工程量清单表

序号	编码	名称	计量单位	数量	综合单价/元						合计/元
					人工费	材料费	机械费	管理费	利润	小计	
1	040501014001	新旧管连接 球墨铸铁管新旧管连接(胶圈接口)DN500	处	1	1791.72	3392.72	14.05	303.01	206.58	5708.08	5708.08
一	5-127	球墨铸铁管新旧管连接(胶圈接口)	处	1	1791.72	3392.72	14.05	303.01	206.58	5708.08	5708.08
		球墨铸铁三通 DN500	个	1		1980.00				1980.00	1980.00
		球墨铸铁套管 DN500	个	1		1199.00				1199.00	1199.00
		橡胶圈 DN500	只	3.06		50.79				50.79	155.42
2	040501003003	铸铁管 球墨铸铁管安装(胶圈接口)DN300,管道试压,管道消毒冲洗	m	156.5	13.37	362.94	3.85	3.59	2.45	386.19	60438.92
一	5-57	球墨铸铁管安装(胶圈接口)DN300	10m	15.65	133.65	3602.66	37.28	28.68	19.55	3821.83	59811.58
		球墨铸铁管 DN300	m	10		355.30				355.30	3553.00
		橡胶圈 DN300	只	1.72		27.70				27.70	47.64
二	5-157	管道试压,公称直径 300mm 以内	100m	1.565	241.25	83.21	12.51	42.58	11.15	408.58	639.43
三	5-175	管道消毒冲洗,公称直径 300mm 以内	100m	1.565	175.64	183.96		29.47	7.46	409.17	640.34
3	040502007001	盲堵板制作安装,球墨铸铁 DN150	个	1	45.90	88.04		7.70	5.25	146.89	146.89
一	5-348	盲堵板制作安装,球墨铸铁	个	1	45.90	15.14		7.70	5.25	73.99	73.99
		盲堵板,球墨铸铁 DN150	个	1		72.90					

(续)

序号	编码	名称	计量单位	数量	综合单价/元					合计/元
					人工费	材料费	机械费	管理费	利润	小计	
4	040502007002	盲堵板制作安装,球墨铸铁DN200	个	1	49.55	136.45		8.31	5.67	199.98	199.98
—	5-349	盲堵板制作安装,球墨铸铁DN150	个	1	49.55	15.45		8.31	5.67	78.98	78.98
		盲堵板,球墨铸铁DN150	个	1		121.00					
5	040502006001	法兰安装SZ45T-10 DN150	个	2	39.96	1076.16		6.71	4.57	1127.40	2254.79
—	5-459	法兰闸阀SZ45T-10 DN150	个	2	39.96	18.16		6.71	4.57	69.40	138.79
		法兰闸阀SZ45T-10 DN150	个	2		1058.00					
6	040502006002	法兰安装SZ45T-10 DN200	个	1	64.26	1639.12		10.78	7.35	1721.51	1721.51
—	5-459	法兰闸阀SZ45T-10 DN200	个	1	64.26	32.12		10.78	7.35	114.51	114.51
		法兰闸阀SZ45T-10 DN200	个	1		1607.00					
7	040502006003	法兰安装	个	2	98.55	3343.51	40.47	23.33	15.90	3521.76	7043.52
—	5-460	法兰闸阀SZ45T-10 DN300	个	2	98.55	50.51	40.47	23.33	15.90	228.76	457.52
		法兰闸阀SZ45T-10 DN300	个	2		3293.00					
8	040502010001	地上式消火栓1.0MPa 浅150型	套	1	76	2547.71	1.16	12.95	8.83	2646.45	2646.45
—	5-542	地上式消火栓	套	1	76	328.71	1.16	12.95	8.83	427.25	427.45
		地上式消火栓1.0MPa 浅150型	套	1		2219.00					
9	040504001001	砖砌圆形阀门井收口式,井内径1.2m,井深1.6m	座	5	472.64	1293.41	0.28	79.36	54.10	1766.3	8831.5
—	5-488		座	5	472.64	1293.41	0.28	79.36	54.10	1766.3	8831.5

注:土方工程量未计入,可参照《市政定额》第一册《通用项目》计算。

根据条件，查《计价规则》可得，市政安装工程利润费率取中值为 11.44%，管理费费率为 16.78%，计算基数皆为人工费与机械费之和。

老造价员说

近年来，中国的基础设施建设成绩斐然，综合实力享誉全球。党的二十大报告中提到城镇化率提高十一点六个百分点，达到百分之六十四点七。制造业规模、外汇储备稳居世界第一。建成世界最大的高速铁路网、高速公路网、机场港口、水利、能源、信息等基础设施建设取得重大成就。总量第一、世界震撼的中国高速公路、中国高铁、中国桥梁、中国电力、中国通信基站、中国高层建筑等，每一项超级工程都是依靠勤劳智慧的中国建设者，超越人类极限，缔造出的人间奇迹，这就是中国建造、中国智慧、中国方案和中国力量。

复习思考与练习题

1. 简述给水工程《市政定额》与《安装定额》的划分界限。
2. 埋地给水管的土方是否包括在管道安装中？若不包括，该如何计算工程量？套用什么定额？
3. 给水工程常用的清单项目有哪些？
4. 定额套用（表 6-12）。

表 6-12　定额套用

序号	定额编号	项目名称	单位	数量	单位价格/元			
					主材价	基价	人工	机械
1		球墨铸铁管安装（胶圈接口）DN200	10m					
2		球墨铸铁管新旧管连接（胶圈接口）DN300	处					
3		管道水压试验 DN200	100m					
4		钢管地面离心机械内涂 DN200	10m					
5		球墨铸铁弯头（胶圈接口）DN200	个					
6		法兰闸阀安装（与铸铁承盘、插盘连接）Z45T-1 DN200	个					

5. 请查阅相关资料，结合本情境学习内容，谈谈你对"打造宜居、韧性、智慧城市"概念的理解和认识。

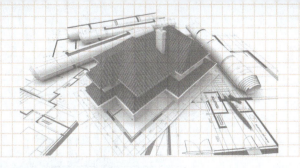

情境七

市政排水工程计量计价

> 【学习目标】
>
> 1. 学会市政排水工程项目基础知识。
> 2. 掌握市政排水工程项目工程量计算。
> 3. 掌握市政排水工程项目清单编制方法以及定额的应用。

排水工程由管道系统（或称排水管网）和污水处理系统（即污水处理厂、站）组成，它们是控制水污染的主要设施。管道系统主要包括管道、检查井、水泵站、排水设备等工程设施。市政排水管道工程由排水管道和窨井组成。

市政排水工程的主要内容可概括为三大部分：管道、各种类型排水井及出水口、排水构筑物。给水工程构筑物中的沉井、池、机械与排水工程有相近的工程特点。

排水平面图识读

任务一 基 础 知 识

一、市政管道工程分类

（一）按工作压力分类

（1）压力管道　工作压力大于或等于 0.1MPa 的给排水管道。

（2）无压管道　工作压力小于 0.1MPa 的给排水管道。

（二）按管道强度分类

（1）刚性管道　主要依靠管体材料强度支撑外力的管道，在外荷载作用下其变形很小，管道的变形是指管壁强度的控制。刚性管道一般指钢筋混凝土、预（自）应力混凝土和预应力钢筋混凝土管道。

（2）柔性管道　在外力作用下变形显著的管道，竖向荷载大部分由管道两侧土体所产生的弹性抗力所平衡，管道的失效通常由变形造成而不是管壁的破坏。柔性管道一般指钢管、化学建材管和柔性接口的球墨铸铁管道。

（三）按生产工艺分类

混凝土管一般分离心管、悬辊管；常见的化学建材管分 PVC-U 加筋管、双壁波纹管、缠绕管、HDPE 管等，如图 7-1 所示。

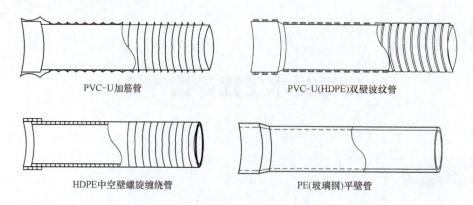

图 7-1 化学建材管

(四) 按管口形式分类

1) 混凝土管道分为承插接口、承插胶圈接口、平口、圆弧口和企口五种形式，如图 7-2 所示。

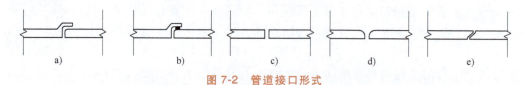

图 7-2 管道接口形式

a) 承插接口 b) 承插胶圈接口 c) 平口 d) 圆弧口 e) 企口

2) 化学建材管接口分粘接、承插胶圈接口、热熔接口、电熔带接口等几种形式，如图 7-3 所示。

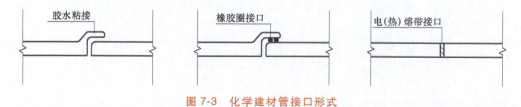

图 7-3 化学建材管接口形式

① 粘接：粘接连接一般用于较小管径（$DN200$ 以下），承插口涂刷管道专用胶水，管道由插口插入承口。

② 承插胶圈接口：每个管节均有承口和插口，安装时插口装入胶圈插入承口。

③ 热熔接口：由厂家配套生产接口带，采用高温火烧加热成型的管道连接，一般用于小口径管道连接。

④ 电熔带接口：由厂家配套生产接口电熔带，电熔带内装有电热丝，采用专用配套设备加热形成的管道连接。

(五) 按施工工艺分类

（1）开槽施工　从地表开挖沟槽，在沟槽敷设管道（渠）的施工方法。

（2）不开槽施工　在管道沿线地面下开挖成形的洞内敷设或浇筑管道（渠）的施工方法，如顶管法、盾构法、浅埋暗挖法、定向钻法、夯管法等。

二、管道设施结构形式

（一）管道基础

管道基础是指管道与地基之间经人工处理过的或专门建造的设施。目的是将管道相对集中的荷载均匀分布，以减少对地基单位面积的压力，避免排水管道产生不均匀沉降，出现管道错口、断裂、渗漏等现象，污染附近地下水，甚至影响路面及附近建筑物的基础稳定。

根据基础材料不同，常用的管道基础有以下几种。

（1）砂土基础　适用于土壤条件非常好、无地下水的地区，直径小于600mm、管顶覆土厚度在0.7~2.0m之间的管道，不在车行道下的次要管道及临时性管道。砂土基础常用于承插式混凝土管（DN400以下）及化学建材管。化学建材管基础如图7-4所示。常见的砂土基础有弧形素土基础、砂垫层基础。

（2）混凝土基础　适用在黏性土质中铺设承插式混凝土管及F形承口式钢筋混凝土管、承插式钢筋混凝土管、企口式钢筋混凝土管。混凝土管道基础由垫层、平基、管座组成，如图7-5所示。平基是指根据管道直径在安管前浇筑的混凝土带状结构；管座是管道铺设、稳管以后在平基上支模板（根据要求进行操作，有90°、120°、135°等）并浇筑混凝土，形成的构件，主要起稳定管道的作用。

基础一般二次浇筑；如管径很小，也可以一次性浇筑。

（3）钢筋混凝土基础　适用在粉性及砂性土质中铺设承插式混凝土管及F形承口式钢筋混凝土管。

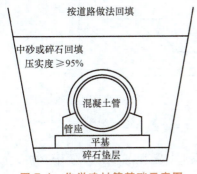

图7-4　化学建材管基础示意图

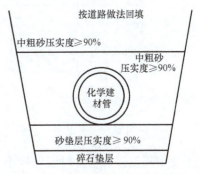

图7-5　混凝土管道基础示意图

（二）管道接口

管道接口是指用接口材料封填管节间空隙，使渗漏处于允许范围之内，并能耐受震动和管道的不均匀沉降。

混凝土管道接口按性质分为刚性接口、柔性接口和半柔半刚性接口。

① 刚性接口：不允许管道有纵向轴线的偏角，常用在地基比较好，有带型基础的管道上。刚性接口有水泥砂浆抹带接口、钢丝网水泥砂浆抹带接口等。

② 柔性接口：允许管道纵向轴线有3~5mm的交错或较小的角度偏移，而不会引起渗漏，常用在地基软硬不一，沿管道纵向轴线稍有沉降不均匀的管道上。常用的柔性接口有水泥砂浆加沥青麻丝、橡胶圈。其中，橡胶圈又分O形橡胶圈、Q形橡胶圈、F形橡胶圈等，一般钢筋混凝土承插管接口采用O形橡胶圈，钢筋混凝土企口管接口采用Q形橡胶圈，F

形钢承口式钢筋混凝土管采用 F 形橡胶圈。

③ 半柔半刚性接口：介于刚性接口和柔性接口之间，常见的有石棉水泥接口。

三、管道附属构筑物

为了排除雨水、污水，除管道本身外，还需在管网系统上设置某些附属构筑物，如雨水口、连接井、暗井、跌水井、检查井、防潮门、出水口等。其中，最常用的是检查井和雨水口。

检查井又称窨井，是为了对管道系统作定期检查、疏通、连接渠道而设置的，常设在管道交汇、转弯、尺寸和坡度改变、水位跌落等处，以及间距较大的直线段上。

（一）砖砌检查井、钢筋混凝土检查井

砖砌检查井和钢筋混凝土检查井结构类似。检查井由井底（包括基础）、井身和井盖（包括盖座）三部分组成，井身又可分为井筒和井室。根据形状不同，检查井可分为圆形和矩形两种。根据使用材料不同，检查井可分为砖砌检查井、钢筋混凝土检查井和新型材料塑料排水检查井。砖砌检查井是最早且较易制的检查井，成本较低，后期修缮简单，如图 7-6 所示。钢筋混凝土检查井的材料使得检查井整体的稳定性得到提升。

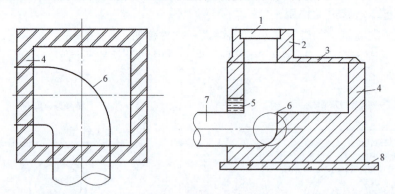

图 7-6　砖砌检查井图示

1—井盖　2—井筒　3—盖板　4—井室　5—发券砖　6—流槽　7—管道　8—基础

为了使水流流过检查井时阻力较小，防止检查井积水时淤泥沉积，且便于养护人员下井时立足，井底应设圆形或弧形流槽，检查井各种流槽的平面形式如图 7-7 所示。

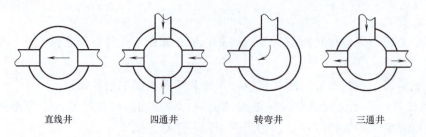

直线井　　　四通井　　　转弯井　　　三通井

图 7-7　检查井底流槽的形式

检查井井身的平面形状一般为圆形，但在大口径管道的连接处或交汇处也可做成方形、矩形、扇形或其他不同的形状。检查井的井盖材料一般采用铸铁、钢筋混凝土、钢纤维、高

强模塑料。

《市政定额》将检查井盖安装分为铸铁、（钢纤维）混凝土、高强模塑料井盖。

（二）新型材料检查井（塑料检查井）

塑料检查井关键的井座部分采用一次性注塑成型，以变径接头、可变角接头及密封圈等配件来实现改变管径及角度的连接。检查井配套的井盖、井筒、井座也是注塑成型。盖座具有上下浮动的功能，可主动适应路面的高低变化，同时井筒采用单（双）壁波纹管和调整井筒，可根据现场埋设深度截取相应长度，具有很大的灵活性。井筒、进（出）水管道与井座的连接采用橡胶密封圈柔性连接，可适应小范围的内角度变化。

塑料检查井的材料是高密度聚乙烯塑料，无毒无味，耐酸碱腐蚀、耐老化、使用寿命长，使用后可回收利用；密封性好，能有效防止雨（污）水渗漏；施工方便快捷，采用分体组装结构、井筒可现场切割、调整，适应各种安装深度要求，有效降低成本，大大加快施工进度，相比传统检查井，能缩短工期九成以上，并可全天候施工；内壁光滑流畅，设有导流槽，污物不易滞留，减少了堵塞的可能，有着出色的排水性能，雨污排放率是传统检查井的1~3倍。

（三）雨水口

雨水口是在雨水渠道或合流渠道上收集地面雨水的构筑物，设在交叉路口、路侧边沟的一定距离处以及设有道路边石的低洼地方。雨水口的形式和数量应按汇水面积上所产生的径流量和雨水口的泄水能力来确定。雨水口的构造主要包括进水箅、井筒和连接管三部分。目前浙江省常用的雨水口有立箅式、偏沟式、平箅式和为排除集中雨水而设置的联合式等几种形式。

（四）出水口

出水口一般由端墙、翼墙及下游护砌等几部分组成。

常用的出水口形式有八字式出水口（图7-8）、一字式出水口（图7-9）和门字式出水口（图7-10）三种。在出水口与水体岸边连接处，应采取防冲、加固等措施，一般用浆砌块石做护墙和铺底。材料一般分为砖砌体、浆砌石和混凝土。如设计与图集不同，编制时应作调整换算。

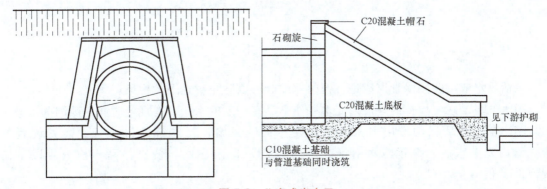

图7-8 八字式出水口

一字式出水口用于管道与河道顺接；八字式出水口用于管道正交排入河道，此时河道坡度较缓；门字式出水口用于管道正交排入河道，此时河道坡度较大。砖砌出水口只适用于无地下水、无冰冻、河道内经常无水的情况。八字式出水口河坡按1:2设计，若河坡为其他坡度时，编制时应作相应调整。一字式出水口下游河坡按 1：1.5 设计，若河坡为其他坡度时，编制时应作相应调整。

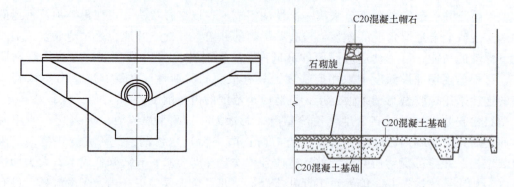

图 7-9　一字式出水口

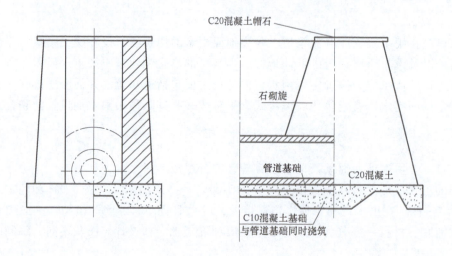

图 7-10　门字式出水口

四、排水管道闭水试验

生活污水或工业废水管道应进行密闭性试验，以防止对地下的污染。

闭水试验是在要检查的管段内充水并使其具有一定的水头，在规定时间内观测漏水量。

闭水前，在管段两端用水泥砂浆砌砖抹面、封堵，低端连接进水管，高处设置气管。管内充满水后，继续向水槽（或利用检查井）内注水，使水位高于检查管段上游端部的管顶。

闭水试验的水位应该是试验管段上游管内顶以上 2m，如下游管内顶至检查井口高度小于 2m 时，闭水试验至井口为止。

充水 24h 后开始进行观测，记录 30min 内的水位降落值，折合成每 km 管道 24h 的渗水量是否超过规范的规定。如小于规定数值，该管段闭水试验为合格。

五、不开槽施工

（一）顶管工程

顶管施工是一种不开挖沟槽而敷设管道的工艺，它可以解决正常排水管道中无法进行的施工，例如穿越铁路、河流、公路及城市重要道路、大型地下设施等。

顶管施工主要有以下几种：手掘式顶管、挤压式顶管、泥水式顶管（泥水平衡）、土压式顶管（土压平衡）等。施工时，根据不同的管径、土层性质、管线长度及其他因素来确定相应的施工方法。下面介绍各种顶管的施工工艺。手掘式、挤压式顶管工艺如图7-11所示。

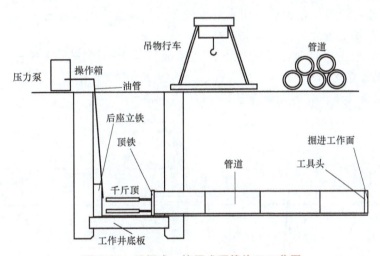

图 7-11　手掘式、挤压式顶管施工工艺图

1. 手掘式顶管法

手掘式顶管施工是最早发展起来的一种施工方法，它在特定的土质条件下和采用一定的辅助施工措施后便具有施工操作简便、投入设备少、施工成本低、施工进度快等优点，至今仍被许多施工单位采用。

手掘式工具管是供顶管作业人员在比较安全的条件下进行挖土、纠偏、顶进及测量等作业而置于所顶管子最前段的工具，它由壳体、纠偏油缸、液压阀、高压管、测量装置及照明等组成。

2. 挤压式顶管法

挤压式顶管是用主顶油缸或中断间油缸的推力把工具管挤到土里去，而被挤压的土则从工具管的排土口内挤出。挤压式顶管具有局限性，它必须在覆土较深且土质又比较软的黏土中才能使用。

3. 泥水式顶管法（泥水平衡）

在顶管施工的分类中，用水力切削泥土以及虽采用机械切削泥土但采用水力输送弃土，同时利用泥水压力来平衡地下水压力和土压力的形式称为泥水式顶管施工。

在泥水式顶管施工中，要使挖掘面保持稳定，就必须在泥水仓中充满一定压力的泥水，而不能充清水，因为泥水在挖掘面上可以形成一定不透水的泥膜，它可以阻止泥水向挖掘面渗透。同时，该泥水本身又有一定的压力，因此，它可以用来平衡地下水压力和土压力。这就是泥水平衡式顶管的基本原理。

（1）泥水式顶管施工的优点

1）适用的土质范围较广，如在地下水位较高的条件下也能适用。

2）可有效地保持挖掘面稳定，对管子周围土体扰动较少，对地面沉降也较少。

3）与其他种类顶管相比，总推力比较小，适用长距离顶管。

4）工作坑作业条件较安全，由于采用管道输送泥土，不存在吊土运土等发生的安全隐患。

5）由于泥水出土可连续进行，施工进度也比较快。

（2）泥水式顶管施工的缺点

1）弃土运输与存放比较困难，用水量也较大，泥浆运输成本较高。

2）所需作业场地较大，且设备成本高。

3）如果遇到覆土层过薄，或者遇上渗透系数特别大的砂砾、碎石层中，泥浆就会渗透，致使压力无法建立起来。

完整的泥水顶管系统分为九大部分，如图7-12所示。

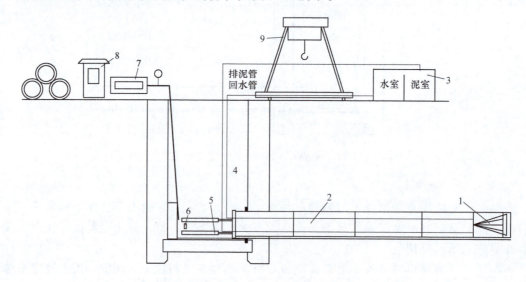

图7-12　泥水顶管系统

1—掘进机　2—进排泥管路　3—泥水处理箱　4—洞口止水　5—千斤顶　6—激光经纬仪
7—主顶油泵　8—操作室　9—吊物行车

国产泥水平衡掘进机主要由切削搅拌系统、泥水仓、壳体、动力系统、纠偏系统、进排泥系统、电气系统及显示系统组成，如图7-13所示。

4. 土压式顶管法（土压平衡）

土压式顶管施工是机械式顶管施工的一种，它的主要特征是在顶管过程中，利用土仓内的压力和螺旋输送机排土来平衡地下水压力和土压力，它排出的土可以是含水量很少的干土或含水量较大的泥浆。它与泥水式顶管相比，最大特点是排出的泥浆不用二次处理就可以装运，与手掘式顶管相比又具有适应土质范围广的特点。土压式顶管系统可分为掘进机、排土机构、输土系统、土质改良系统、操纵系统和主顶系统六大部分。

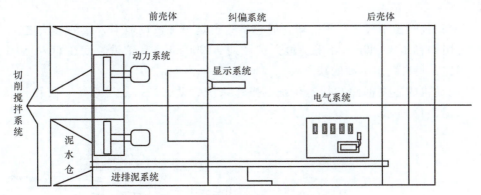

图 7-13　国产泥水平衡掘进机

　　从刀盘与机械转动来看，土压式顶管掘进机有三种形式。中心传动形式如图 7-14 所示；中间传动形式如图 7-15 所示；周边传动形式如图 7-16 所示。

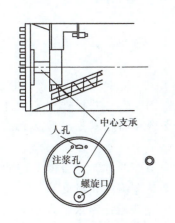 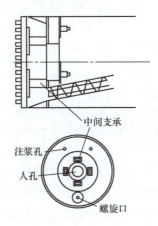 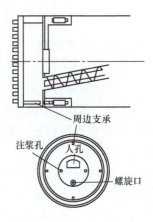

图 7-14　中心传动形式　　　　图 7-15　中间传动形式　　　　图 7-16　周边传动形式

5. 中继间顶进、触变泥浆减阻

　　顶管施工的一次顶进长度取决于顶力大小、管材强度、后座墙强度、机械性能、顶进操作技术水平等。通常情况下，一次顶进长度可达 100~200m。长距离顶管时，可以采用中继间、触变泥浆减阻等方法，提高一次顶进长度，减少工作井数目，降低工程成本。

　　（1）中继间顶进　中继间，有时也称中继站或中继环，是安装在一次顶进的某个部位，把这段一次顶进的管段分成若干个推进区间。在顶进过程中，先由若干个中继间按程序把管子推进一小段距离以后，再由主顶油缸推进最后一个区间管段，这样不断地重复，一直把管子从工作井顶到接收井的一种顶管手段叫中继间顶进。管子接通以后，中继间需按先后程序在拆除其内部油缸以后再合拢。

　　（2）触变泥浆减阻　长距离顶管，如果注入的润滑浆能在管子的外周围形成一个比较完整的泥浆套，则可减少管壁与土壁之间的摩擦阻力，一次顶进长度可较非泥浆套顶进增加 2~3 倍。

　　触变泥浆的要求是泥浆在输送和灌注过程中具有流动性、可泵性和一定的承载力，经过一定的固结时间，产生强度。触变泥浆主要由膨润土和水组成。

(二) 水平定向钻

1) 定向钻技术虽不属于顶管范畴，但它毕竟也是一种敷设地下管线的方法之一。目前排水工程常用钻有 $\phi 44\sim 80\mathrm{mm}$ 不等，最大扩径到 $\phi 1000\mathrm{mm}$，其钻进长度在 $60\sim 360\mathrm{m}$ 之间。它与顶管相比，具有精度不高的缺点。

2) 定向钻机的主要部件有行走系统、操作系统、动力站、液压系统、回转头、钻杆、机架等，如图 7-17 所示。

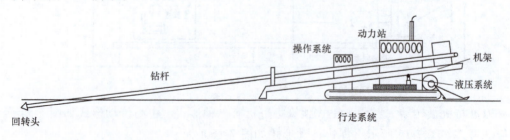

图 7-17　定向钻机

3) 施工工艺流程。主要工艺流程为：施工准备→导向孔施工→反拉扩孔、成孔→牵引管道→基坑开挖→砌检查井→回填→清场。

4) 施工方法

① 按照机械安装使用要求进行安装。钻机运到现场后须先锚固稳定，并根据预先设计的钻机倾斜角进行调整，依靠钻机动力将锚杆打入土中，使后支承和前底座锚与地层固结稳定。

② 钻杆轨迹的第一段是造斜段，控制钻杆的入射角度和钻头斜面的方向，缓慢给进而不旋转钻头，就能使钻头按设计的造斜段（AB 段）钻进。钻头到达造斜段完成处后便进行排水管流水段（即 BC 直线段）的钻进：旋转钻头并提供给进力，钻头就能沿水平直线方向钻进。钻头上装有带信号发射功能的探测仪器，在钻进过程中通过地面接收仪器接收探头发出的信号，经译码后便可获知钻头深度、顶角、工具面向角、探头温度等参数，根据所接收的数据调整钻头操作参数，使钻进按照流水线标高路线前进，到达出口工作坑后完成钻孔工序，如图 7-18 所示。

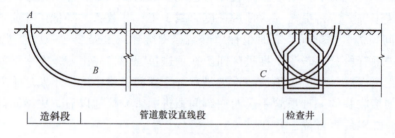

图 7-18　牵引管敷设示意图

③ 回扩：导向孔完成后，必须将钻孔扩大至适合生产管铺设的直径。一般在钻机对面的出口坑将回扩钻头连接于钻杆上，再回拉进行回扩，在其后不断地加接钻杆。根据导向孔与适合生产管铺设孔的直径大小和地层情况，回扩可一次或多次进行。推荐最终回扩直径按

下式计算。

$$D_1 = K_1 D$$

式中　D_1——适合生产管铺设的钻孔直径；
　　　D——生产管外径；
　　　K_1——经验系数，一般 $K_1 = 1.2 \sim 1.5$，当地层均质完整时，K_1 取小值，当地层复杂时，K_1 取大值。

④ 回拉：回扩完成后，即可拉入待铺设的生产管。管子最好预先全部连接妥当，以利于一次接入。若地层情况复杂，如：钻孔缩径或孔壁垮塌，可能对分段拉管造成困难。回拉时，应将回扩钻头接在钻杆上，然后通过单动接头连接到管子的拉头上。单动接头可防止管线与回扩钻头一起回转，保证管线能够平滑地回拉成功。

⑤ 钻进液/泥浆：定向钻机采用泥浆作为钻进液。钻进液可冷却、润滑钻头、软化地层、辅助破碎地层、调整钻进方向、携带碎屑、稳定孔壁、回扩和回拉时润滑管道，还可以在钻进硬地层时为泥浆马达提供动力。常用的钻进液/泥浆是膨润土和水的混合物。导向孔施工完成后，泥浆可稳定孔壁，便于回扩。

六、排水构筑物

排水构筑物及机械设备安装工程是为解决城市雨水排水、城市污水、工业污水处理而设立的专业工程。排水构筑物工程主要包括土建工程和设备安装工程两个方面，土建工程主要涉及泵站下部结构和污水处理构筑物及其他附属工程，建成后形成泵站排水系统和污水处理系统。设备安装工程是指雨水、污水排水泵站及污水处理厂专用非标机械设备的安装工程，主要用于污水处理、循环、提升、排放、利用及清污等。

（一）沉井工程

沉井施工法是深基础施工中采用的主要方法之一，是排水构筑物施工中的一个比较特殊的施工方法，具有占地面积小、挖土量少、对邻近建筑物影响比较小等优点，目前一般与顶管工程配套使用。

沉井施工过程，开挖基坑、沉井制作，然后在井筒内挖土，由于支撑井筒的土被挖空，井筒克服自重及井外壁与土之间的摩擦力，逐渐下沉到设计标高。最后浇筑混凝土底板封底，固定井筒位置，再完成内部结构工程。

① 基坑开挖：沉井制作前先开挖基坑，以清除表面障碍物及减少沉井下沉的深度，也可减少相对地面的高度和垂直运输的工程量。基坑开挖时，必须做好基坑排水，以防止基坑积水。

② 沉井制作：沉井刃脚制作前应先铺砂垫层，然后再设置垫木（图7-19）或浇筑混凝土垫层（图7-20）。设置垫木一般在圆形筒纵横线的四点或方形筒的四角开始，按一定间距铺设，垫木面必须严格找平，垫木之间用砂石找平，垫木在沉井下沉前拆除，垫木拆除处用砂卵石填平。

沉井制作有一次浇筑一次下沉、分节浇筑分次下沉和分节浇筑一次下沉三种形式。

③ 沉井挖土下沉：沉井混凝土强度达到设计强度70%时开始下沉。下沉前要封堵井壁各处的预留孔。沉井下沉有排水下沉和不排水下沉两种施工方法。

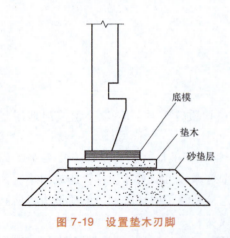

图 7-19 设置垫木刃脚

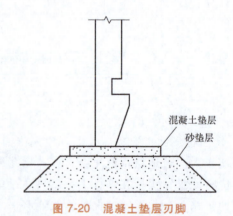

图 7-20 混凝土垫层刃脚

④ 井内抛石：井内抛石是指下沉结束后封底前经常采用的施工内容，特别是不排水下沉施工法更是常用。井内抛石主要是垫实刃脚、保护土体稳定，为浇筑混凝土底板作准备。

⑤ 沉井封底：沉井下沉至设计标高，经观测沉降率在允许范围内后，即可进行铺筑碎石和浇筑混凝土。沉井封底根据沉井下沉方式不同分为干封底和水下混凝土封底两种。在井底土体能保持稳定时可采用干封底方式，否则应采取水下混凝土封底方式施工。

（二）钢筋混凝土池

钢筋混凝土池指用于市政工程的排水工程中处理污水的各类池，采用钢筋混凝土现浇，主要有沉砂池、沉淀池、消化池等。

任务二　定额工程量清单计价

一、定额说明

1) 《排水工程》定额适用于城镇范围内新建、改建、扩建的市政排水管渠工程。

2) 《排水工程》定额与建筑、安装定额的界限划分及执行范围：

① 给排水构筑物工程中的泵站上部建筑工程以及本册定额中未包括的建筑工程，执行《浙江省房屋建筑与装饰工程预算定额》（2018 版）有关子目。

② 给排水机械设备安装中的通用机械应执行《浙江省通用安装工程预算定额》（2018 版）有关子目。

③ 管道接口、检查井、给排水构筑物需做防腐处理的，执行《浙江省房屋建筑与装饰工程预算定额》（2018 版）和《浙江省通用安装工程预算定额》（2018 版）有关子目。

3) 《排水工程》定额与《市政定额》其他册的关系：《排水工程》定额所涉及的土石方挖运、脚手架、支撑、围堰、打拔桩、降（排）水、拆除、钢筋等工程，除另有说明外，应按第一册《通用项目》相应定额执行。

4) 《排水工程》定额需说明的有关事项：

① 《排水工程》定额所称混凝土管管径均指内径，钢管、塑料管均指公称直径，如实际管径、长度与定额取定不同可以进行调整换算。

②《排水工程》定额中的混凝土强度等级和砂浆标号与设计不同时，可以换算，但用量不变。

③《排水工程》定额所需的模板、井字架均执行"模板、井字架工程"的相应项目。

④《排水工程》定额按无地下水考虑，如有地下水，需降（排）水、湿土排水时执行第一册《通用项目》相应定额；需设排水盲沟时执行第二册《道路工程》相应定额。

二、管道铺设

（一）定额说明

1）"管道铺设"定额包括混凝土管道铺设、塑料排水管铺设、排水管道接口、管道闭水试验、管道检测，共5节243个子目。

2）ϕ300~700mm 混凝土管铺设分为人工下管和人机配合下管，ϕ800~3000mm 为人机配合下管；ϕ300~400mm 塑料管为人工下管，ϕ500~1000mm 为人机配合下管。

3）如在无基础的槽内铺设混凝土管道，其人工、机械乘以系数1.18。

4）如遇有特殊情况，必须在支撑下串管铺设，人工、机械乘以系数1.33，单价已包括接口费用，则不得重复套用管道接口相关子目。

5）管道铺设采用胶圈接口时，如排水管管材为成套购置（即管材单价中已包含了胶圈价格），则胶圈接口定额中的胶圈费用不再计取。

6）排水管道接口定额中，企口管的膨胀水泥砂浆接口和石棉水泥接口适于360°，其他接口均是按管座120°和180°列项的。如管座角度不同，按相应材质的接口做法，以管道接口调整系数表进行调整（见表7-1）。

表 7-1 管道接口调整系数表

序号	项目名称	实做角度	调整基数或材料	调整系数
1	水泥砂浆接口	90°	120°定额基价	1.330
2	水泥砂浆接口	135°	120°定额基价	0.890
3	钢丝网水泥砂浆接口	90°	120°定额基价	1.330
4	钢丝网水泥砂浆接口	135°	120°定额基价	0.890
5	企口管膨胀水泥砂浆接口	90°	定额中水泥砂浆	0.750
6	企口管膨胀水泥砂浆接口	120°	定额中水泥砂浆	0.670
7	企口管膨胀水泥砂浆接口	135°	定额中水泥砂浆	0.625
8	企口管膨胀水泥砂浆接口	180°	定额中水泥砂浆	0.500
9	企口管石棉水泥接口	90°	定额中水泥砂浆	0.750
10	企口管石棉水泥接口	120°	定额中水泥砂浆	0.670
11	企口管石棉水泥接口	135°	定额中水泥砂浆	0.625
12	企口管石棉水泥接口	180°	定额中水泥砂浆	0.500

注：现浇混凝土外套环、变形缝接口，通用于平口、企口管。

7）定额中的水泥砂浆接口、钢丝网水泥砂浆接口均不包括内抹口，如设计要求内抹口时，按抹口周长每100延米增加水泥砂浆 0.042m^3、人工 9.22 工日计算。

8）"管道铺设"所需模板执行"模板、井字架工程"相应定额。钢筋加工执行第一册

《通用项目》相应定额。

(二) 工程量计算规则

1) 管道铺设按井中至井中的中心扣除检查井长度，以延长米计算工程量。每座检查井扣除长度：矩形检查井按管线方向井内径计算，圆形检查井按管线方向井内径每侧减15cm计算。雨水口井所占长度不予扣除。

【例7-1】某段管线工程，Y1为矩形检查井1750mm×1000mm，主管为 DN1200；支管为 DN500，单侧布置，具体如图7-21所示。试计算该污水井中管道扣除长度。

【解】DN1200管道工程量在Y1处应扣除长度为1m；DN500管道工程量在Y1处应扣除长度为 $1.75m/2=0.875m$。

【例7-2】某段管线工程，Y2为圆形检查井 ϕ1800，主管为 DN1200；支管为 DN500，单侧布置，具体如图7-22所示。试计算该污水井中管道扣除长度。

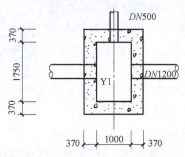

图7-21 矩形检查井示意图

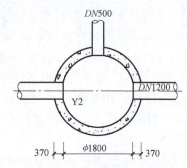

图7-22 圆形检查井示意图

【解】DN1200管道工程量在Y2处应扣除长度为 $(1.8-0.15\times2)m=1.5m$；DN500管道工程量在Y2还应扣除长度为 $(1.8/2-0.15)m=0.75m$。

2) 管道接口区分管径和做法，以实际接口个数计算工程量。

3) 管道闭水试验以实际闭水长度计算，不扣各种井所占长度。

4) 管道检测长度按检查井间的中心长度以"100m"计算。当检测长度小于或等于100m时，按100m计算；当检测长度大于100m时，按实际检测长度计算。

三、井、渠（管）道基础及砌筑

(一) 定额说明

1) "井、渠（管）道基础及砌筑"定额包括井垫层和底板，井砌筑、浇筑抹灰，井盖（箅）制作安装，渠（管）道垫层及基础，渠道砌筑，渠道抹灰与勾缝，渠道沉降缝，钢筋混凝土盖板、过梁的预制安装，排水管道出水口，方沟闭水试验，共10节233个子目。

2) "井、渠（管）道基础及砌筑"项目均不包括脚手架，当井深超过1.5m时，执行井字脚手架子目；砌墙高度超过1.2m，抹灰高度超过1.5m所需脚手架执行第一册《通用项目》相关子目。

3) "井、渠（管）道基础及砌筑"所列各项目所需模板的制作、安装、拆除执行"模板、井字架工程"相应定额，钢筋（铁件）的加工执行第一册《通用项目》相应定额。

4) 井砖砌流槽工程量并入井室砌体工程量内计算。

5) 石砌体均按块石考虑，如采用片石时，石料与砂浆用量分别乘以系数1.09和1.19，其他不变。

6) 井室不分内外抹灰，均套用井抹灰子目。
7) 砖砌检查井降低执行第一册《通用项目》拆除构筑物相应定额。
8) 井砌筑中铁爬梯按实际用量，执行第一册《通用项目》相应定额。
9) 混凝土枕基和管座不分角度均按相应定额执行。
10) 管道基础伸缩缝套用第一册《通用项目》相关定额。
11) 嵌石混凝土定额中的块石含量按 25% 计算，如实际不符，应进行调整。
12) 干砌、浆砌出水口的平坡、锥坡、翼墙按第一册《通用项目》相应子目执行。
13) "井、渠（管）道基础及砌筑"小型构件是指单件体积在 0.05m³ 以内的构件，凡大于 0.05m³ 的检查井过梁，执行混凝土过梁制作、安装定额。
14) 拱（弧）形混凝土盖板的安装，按相应体积的矩形板定额人工、机械乘以系数 1.15 执行。
15) 定额中砖砌、石砌一字式、门字式、八字式排水管道出水口按《给排水标准图集》（2002）合订本 S2 的设计进行编制。
16) 术语有关说明。
① 管道管座：是指在管道平基以上部分的混凝土，如图 7-23 所示。
② 管道混凝土枕基：是指在管道接口处边缘布置的混凝土垫块，安装时塞入，防止管道滑动，如图 7-24 所示。

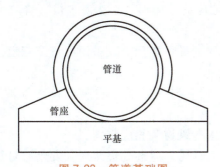

图 7-23　管道基础图

图 7-24　管道枕基图

（二）工程量计算规则

1) "井、渠（管）道基础及砌筑"所列各项目的工程量应按施工图示尺寸计算，其中：
① 砌筑（不扣除管径 500mm 以内管道所占体积）按体积以"m³"为单位计算。
② 抹灰、勾缝按面积以"m²"为单位计算。
③ 各种井的预制构件按实体积以"m³"计算。
④ 井、渠（管）道垫层、基础按实体积以"m³"计算（基础长度按管道安装长度计算）。
⑤ 沉降缝应区分材质按沉降缝的断面积或铺设长度分别以"m²"和"m"为单位计算。
⑥ 各类混凝土盖板的制作按实体积以"m³"计算，安装应区分单件（块）体积，以"m³"计算。

2) 各类井的井深按井底基础以上至井盖顶计算。

3）管道出水口区分型式、材质及管径，以"处"计算。

4）方沟（包括存水井）闭水试验的工程量，按实际闭水长度的用水量，以"m^3"计算。

四、不开槽施工管道工程

（一）定额说明

1）"不开槽施工管道工程"定额适用于雨、污水管（涵）以及外套管的不开槽埋管工程。包括人工挖工作坑、交汇坑土方、安拆顶进后座及坑内平台、安拆敞开式顶管设备及附属设施、安拆封闭式顶管设备及附属设施、敞开式管道顶进、封闭式管道顶进、安拆中继间、顶进触变泥浆减阻、压浆孔封拆、钢筋混凝土沉井洞口处理、钢管顶进、铸铁管顶进、方（拱）涵顶进、水平定向钻牵引管道。

2）工作坑垫层、基础执行"井、渠（管）道基础及砌筑"相应定额，其中人工乘以系数1.10，其他不变。如果钢管、铸铁管需设置导向装置，方（拱）涵管需设滑板和导向装置时，另行计算。

3）工作坑人工挖土方按土壤类别综合考虑。工作坑回填土视其回填的实际做法，执行第一册《通用项目》相应定额。

4）工作坑内管（涵）明敷应根据管径、接口做法执行"管道铺设"的相应定额，人工、机械乘以系数1.10，其他不变。

5）"不开槽施工管道工程"定额是按无地下水考虑的，如遇地下水时，排（降）水费用按相应定额另行计算。

6）"不开槽施工管道工程"定额材料消耗量中的电量包括顶管设备用电量及管道顶进过程中的照明用电量。

7）顶进施工的方（拱）涵断面大于$4m^2$的，按第三册《桥涵工程》箱涵顶进部分有关定额或规定执行。

8）工作坑如设沉井，其制作、下沉套用"给排水构筑物"相应定额。

9）"不开槽施工管道工程"定额未包括土方、泥浆场外运输处理费用，发生时可执行第一册《通用项目》相应定额或其他有关规定。

10）单位工程中，管径$\phi1650$以内敞开式顶进在100m以内、封闭式顶进（不分管径）在50m以内时，顶进定额中的人工费与机械费乘以系数1.30。

11）顶管采用中继间顶进时，各级中继间后面的顶管人工与机械数量乘以表7-2中系数分级计算。

表7-2 中继间顶进人工费、机械费调整系数表

中继间顶进分级	一级顶进	二级顶进	三级顶进	四级顶进	超过四级
人工费、机械费调整系数	1.20	1.45	1.75	2.1	另计

12）顶管工程中的材料是按50m水平运距、坑边取料考虑的，如因场地等情况取用料水平运距超过50m时，根据超过距离和相应定额另行计算。

13）钢板桩基坑支撑使用数量均已包括在安、拆支撑设备定额子目中。

14）安、拆顶管设备定额中，已包括双向顶进时设备调向的拆除、安装以及拆除后设

备转移至另一顶进坑所需人工和机械台班。

15）安、拆顶管后座及坑内平台定额已综合取定，适用于敞开式和封闭式施工方法，其中钢筋混凝土后座模板制作、安装、拆除执行"模板、井字架工程"相应定额。

16）全挤压不出土顶管定额适用于软土地区不出土挤压式施工。

17）水平定向钻牵引管道定额适用于市政排水工程塑料管牵引项目，如采用其他管材，另行补充。

18）水平定向钻牵引如使用钢筋辅助管道拖位，钢筋制安套用《通用项目》相应定额。

19）水平定向钻牵引定额未包括管材接口材料及连接费用，发生时按"给排水构筑物"相应定额执行。

【例7-3】 某 $\phi1200$ 管道顶管，总长度为250m，采用泥水平衡顶进，设置3级中继间顶进，每100m定额人工222.926工日，如图7-25所示。求其人工消耗量和机械台班消耗量。

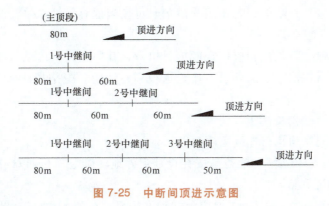

图7-25 中断间顶进示意图

【解】 其顶管总人工消耗量计算如下：

$(0.8+0.6\times1.2+0.6\times1.45+0.5\times1.75)\times222.926$ 工日 $=727.85$ 工日。

相应的机械台班量也按此种方法计算。

（二）工程量计算规则

1）工作坑土方区分挖土深度，以挖方体积计算。

2）各种材质管道的顶管工程量，按实际顶进长度，以"延长米"计算。

3）安拆中继间工程量按不同顶管管径以"套"计算。

4）触变泥浆减阻每两井间的工程量，按两井间的净距离，以"延长米"计算。

5）水平定向钻牵引工程量按井中到井中的中心距离以"延长米"计算，不扣除井所占长度。

6）水平定向钻牵引，清除泥浆工程量按管外径体积乘以0.67考虑。

【例7-4】 某定向钻管道采用 $DN400$ HDPE双壁缠绕管，管壁 $t=2cm$，每段管节长10m，电热熔接口如图7-26所示。试计算W1~W3定向钻工程量，并套用定额，泥浆外运与检查井砌筑不考虑。

【解】 1）管道长度（170+180）m=350m。

套定额[6-613]，基价4160.1元/10m。

2）管道接口（350/10-2）只=33只。

套定额[6-217]，基价766.09元/10只。

图7-26 平面图

五、给排水构筑物

(一) 定额说明

"给排水构筑物"定额包括沉井,现浇钢筋混凝土池,预制混凝土构件,折(壁)板制作安装,滤料铺设,防水工程,施工缝和井、池渗漏试验,共8节155个子目。

1. 沉井

1) 沉井工程系按深度12m以内,陆上排水沉井考虑的。水中沉井、陆上水冲法沉井以及离河岸近的沉井,需要采取地基加固等特殊措施者,可执行第一册《通用项目》相应子目。

2) 沉井下沉项目中已考虑了沉井下沉的纠偏因素,但不包括压重助沉措施,若发生可另行计算。

3) 沉井制作不包括外渗剂,若使用外渗剂时可按当地有关规定执行。

2. 现浇钢筋混凝土池类

1) 池壁遇有附壁柱时,按相应柱定额项目执行,其中人工乘以系数1.05,其他不变。

2) 池壁挑檐是指在池壁上向外出檐作走道板用;池壁牛腿是指池壁上向内出檐以承托池盖用。

3) 无梁盖柱包括柱帽及柱座。

4) 井字梁、框架梁均执行连续梁项目。

5) 混凝土池壁、柱(梁)、池盖是按在设计室外地坪以上3.6m以内施工考虑的,如超过3.6m者按以下规定调整。

① 采用卷扬机施工时,每10m^3混凝土增加卷扬机(带塔)和人工调整见表7-3。

表7-3 采用卷扬机施工人工、机械调整表

序号	项目名称	增加人工工日	增加卷扬机(带塔)台班
1	池壁、隔墙	7.83	0.59
2	柱、梁	5.49	0.39
3	池盖	5.49	0.39

② 采用塔式起重机施工时,每10m^3混凝土增加塔式起重机消耗量见表7-4。

表7-4 采用塔式起重机施工机械调整表

序号	项目名称	增加塔式起重机台班
1	池壁	0.319
2	隔墙	0.510
3	柱、梁	0.510
4	池盖	0.510

6) 池盖定额项目中不包括进人孔盖板,发生时另行计算。

7) 格型池池壁执行直型池壁相应项目(指厚度)人工乘以系数1.15,其他不变。

8) 悬空落泥斗按落泥斗相应项目人工乘以系数1.4,其他不变。

3. 预制混凝土构件

1) 预制混凝土滤板中已包括了所设置预埋件 ABS 塑料滤头的套管用工，不得另计。

2) 集水槽若需留孔时，按每 10 个孔增加 0.5 个工日计。

3) 除混凝土滤板、铸铁滤板、支墩安装外，其他预制混凝土构件安装均执行异型构件安装项目。

4. 施工缝

1) 各种材质填缝的断面取定见表 7-5。

表 7-5　材质填缝断面尺寸表

序号	项目名称	断面尺寸
1	建筑油膏、聚氯乙烯胶泥	3cm×2cm
2	油浸木丝板	2.5cm×15cm
3	紫铜板、钢板止水带	展开宽 45cm
4	氯丁橡胶止水带	展开宽 30cm
5	白铁盖缝	展开宽平面 590cm，立面 250cm
6	其他	15cm×3cm

2) 如实际设计的施工缝断面与表 7-5 不同时，材料用量可以换算，其他不变。

3) 各项目的工作内容为：

① 油浸麻丝：熬制沥青、调配沥青麻丝、填塞。

② 油浸木丝板：熬制沥青、浸木丝板、嵌缝。

③ 玛琋脂：熬制玛琋脂、灌缝。

④ 建筑油膏、沥青砂浆：熬制油膏沥青、拌和沥青砂浆、嵌缝。

⑤ 紫铜板、钢板止水带：钢板、铜板的剪裁、焊接成型、铺设。

⑥ 橡胶止水带：止水带制作、接头及安装。

⑦ 铁皮盖板：平面埋木砖、钉木条、木条上钉铁皮；立面埋木砖、木砖上钉铁皮。

5. 井、池渗漏试验

1) 井、池渗漏试验容量在 $500m^3$ 是指井或小型池槽。

2) 井、池渗漏试验注水采用电动单级离心清水泵，定额项目中已包括了泵的安装与拆除用工，不得再另计。

3) 如构筑物池容量较大，需从一个池子向另一个池注水作渗漏试验采用潜水泵时，其台班单价可以换算，其他均不变。

6. 执行其他册或章节的项目

1) 构筑物的垫层执行"井、渠（管）道基础及砌筑"相应项目，其中人工乘以系数 0.87，其他不变；如构筑物池底混凝土垫层需要找坡时，其中人工不变。

2) 构筑物混凝土项目中所需模板执行"模板、井字架工程"相应项目。

3) 需要搭拆脚手架时，搭拆高度在 8m 以内时，执行第一册《通用项目》相应项目，大于 8m 执行第四册《隧道工程》相应项目。

4) 泵站上部工程以及"给排水构筑物"未包括的建筑工程，执行《浙江省房屋建筑与装饰工程预算定额》相应子目。

5）构筑物中的金属构件支座安装，执行《浙江省安装工程预算定额》相应项目。

6）构筑物的防腐，内衬工程金属面，应执行《浙江省安装工程预算定额》相应项目，非金属面应执行《浙江省房屋建筑与装饰工程预算定额》相应子目。

7）沉井预留孔洞砖砌封堵套用第四册《隧道工程》第四章"盾构法掘进"相应子目。

（二）工程量计算规则

1. 沉井

1）沉井垫木按刃脚底中心线以"延长米"为单位。

2）沉井井壁及隔墙的厚度不同如上薄下厚时，可按平均厚度执行相应定额。

3）刃脚的计算高度，从刃脚踏面至井壁外凸（内凹）口计算，如沉井井壁没有外凸（内凹）口时，则从刃脚踏面至底板顶面为准。底板下的地梁并入底板计算。框架梁的工程量包括切入井壁部分的体积。井壁、隔墙或底板混凝土中，不扣除单孔面积 $0.3m^2$ 以内的孔洞所占体积。

4）沉井制作的脚手架安、拆，不论分几次下沉，其工程量均按井壁中心线周长与隔墙长度之和乘以井高计算。井高按刃脚底面至井壁顶的高度计算。

5）沉井下沉的土方工程量，按沉井外壁所围的平面投影面积乘以下沉深度（预制时刃脚底面至下沉后设计刃脚底面的高度），并乘以土方回淤系数 1.03 计算。

2. 钢筋混凝土池

1）钢筋混凝土各类构件均按图示尺寸，以混凝土实体积计算，不扣除单孔面积 $0.3m^2$ 以内的孔洞体积。

2）各类池盖中的进人孔、透气孔盖以及与盖相连接的结构，工程量合并在池盖中计算。

3）平底池的池底体积，应包括池壁下的扩大部分；池底带有斜坡时，斜坡部分应按坡底计算；锥形底应算至壁基梁底面，无壁基梁者算至锥底坡的上口。

4）池壁分别不同厚度计算体积，如上薄下厚的壁，以平均厚度计算。池壁高度应自池底板面算至池盖下面。

5）无梁盖柱的柱高，应自池底上表面算至池盖的下表面，并包括柱座、柱帽的体积。

6）无梁盖应包括与池壁相连的扩大部分的体积；肋形盖应包括主、次梁及盖部分的体积；球形盖应自池壁顶面以上，包括边侧梁的体积在内。

7）沉淀池水槽是指池壁上的环形溢水槽及纵横 U 形水槽，但不包括与水槽相连接的矩形梁，矩形梁执行梁的相应项目。

3. 预制混凝土构件

1）预制钢筋混凝土滤板按图示尺寸区分厚度以"m^3"计算，不扣除滤头套管所占体积。

2）除钢筋混凝土滤板外，其他预制混凝土构件均按图示尺寸以"m^3"计算，不扣除单孔面积 $0.3m^2$ 以内孔洞所占体积。

4. 折板、壁板制作、安装

1）折板安装区分材质均按图示尺寸以"m^2"计算。

2）稳流板安装区分材质不分断面均按图示长度以"延长米"计算。

5. 滤料铺设

各种滤料铺设均按设计要求的铺设平面乘以铺设厚度以"m^3"计算,锰砂、铁矿石滤料以"t"计算。

6. 防水、防腐工程

1)各种防水(腐)层按实铺面积,以"m^2"计算,不扣除单孔面积$0.3m^2$以内孔洞所占面积。

2)平面与立面交接处的防水层,其上卷高度超过500mm时,按立面防水层计算。

7. 施工缝

各种材质的施工缝填缝及盖缝均不分断面按设计缝长以"延长米"计算。

8. 井、池渗漏试验

井、池的渗漏试验区分井、池的容量范围,以水容量计算。

【例7-5】 如图7-27所示,某净水厂钢筋混凝土清水池净长32m,净宽15m,墙壁板厚0.45m,底板厚0.5m,C15垫层厚100mm,设计混凝土为C30抗渗S8,要求掺UEA外加剂每m^3混凝土掺量28kg,UEA单价850元/t。试计算该水池垫层、基础、钢板止水带、UEA外加剂、模板工程量。

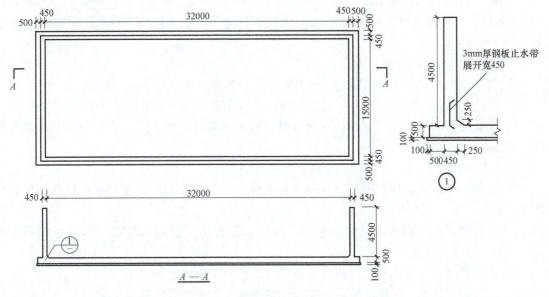

图7-27 净水厂清水池

【解】 1. 垫层工程量

$(32+0.45×2+0.5×2+0.1×2)×(15+0.45×2+0.5×2+0.1×2)×0.1m^3=58.31m^3$

2. 池底工程量

$(32+0.45×2+0.5×2)×(15+0.45×2+0.5×2)×0.5m^3=268.45m^3$

3. 池壁工程量

$(32.45×2+15.45×2)×4.5×0.45m^3+[15×2+(31-0.25)×2]×0.25m^3=196.85m^3$

4. 钢板止水带工程量

$(32.45×2+15.45×2)m=95.8m$

5. UEA 外加剂工程量

（268.45+196.85）×1.0158t/1000＝13.22t

6. 垫层模板工程量

[（32+0.45×2+0.5×2+0.1×2）×2+（15+0.45×2+0.5×2+0.1×2）×2]×0.1m² ＝ 10.24m²

7. 池底模板工程量

[（32+0.45×2+0.5×2）×2+（15+0.45×2+0.5×2）×2]×0.5m² ＝ 50.8m²

8. 池壁模板工程量

{（15.9×2+32.9×2）×4.5+（15×2+32×2）×4.25+0.25×1.414×[15×2+（32-0.25×2）]×2}m² ＝ 871.58m²

六、给排水机械设备安装

（一）定额说明

"给排水机械设备安装"定额包括拦污及提水设备，投药、消毒处理设备，水处理设备，排泥、撇渣和除砂机械，污泥脱水浓缩机械，除臭设备，膜处理设备，闸门及驱动装置和其他，共9节317个子目。

（1）"给排水机械设备安装"适用于给水厂、排水泵站及污水处理厂新建、扩建项目的专用设备安装。其他机械设备安装应套用《浙江省通用安装工程预算定额》（2018版）有关专业册的相应子目。

（2）设备、机具和材料的搬运

1）设备：包括自安装现场指定堆放地点运至安装地点的水平和垂直搬运。

2）机具和材料：包括施工单位现场仓库运至安装地点的水平和垂直搬运。

3）垂直运输基准面：在室内，以室内地平面为基准面；在室外，以室外安装现场地平面为基准面。

（3）工作内容

1）设备、材料及机具的搬运，设备开箱点件、外观检查，配合基础验收，起重机具的领用、搬运、装拆、清洗、退库。

2）划线定位，铲麻面、吊装、组装、联接、放置垫铁及地脚螺栓，找正、找平、精平、焊接、固定、灌浆。

3）施工及验收规范中规定的调整、试验及无负荷试运转。

4）工种间交叉配合的停歇时间、配合质量检查、交工验收，收尾结束工作。

5）设备本体带有的物体、机件等附件的安装。

（4）"给排水机械设备安装"除另有说明外，均未包括下列内容：

1）设备、成品、半成品、构件等自安装现场指定堆放点外的搬运工作。

2）因场地狭小、有障碍物，沟、坑等所引起的设备、材料、机具等增加的搬运、装拆工作。

3）设备基础地脚螺栓孔、预埋件的修整及调整所增加的工作。

4）供货设备整机、机件、零件、附件的处理、修补、修改、检修、加工、制作、研磨以及测量等工作。

5）非与设备本体联体的附属设备或构件等的安装、制作、刷油、防腐、保温等工作和脚手架搭拆工作。

6) 设备变速箱、齿轮箱的用油，以及试运转所用的油、水、电等。

7) 专用垫铁、特殊垫铁、地脚螺栓和产品图纸注明的标准件、紧固件。

8) 负荷试运转、生产准备试运转工作。

（5）设备的安装是按无外围护条件下施工考虑的，如在有外围护的施工条件下施工，定额人工机械应乘以系数1.15，其他不变。

（6）"给排水机械设备安装"定额是按国内大多数施工企业普遍采用的施工方法、机械化程度和合理的劳动组织编制的。

（7）一般起重机具的摊销费，执行安装工程预算定额的有关规定。

（8）各节有关说明

1) 拦污及提水设备

① 格栅组对的胎具制作，另行计算。

② 格栅制作是按现场加工制作考虑的。

2) 投药、消毒设备

① 管式药液混合器，以两节为准，如为三节，乘以系数1.3。

② 水射器安装以法兰式连接为准，不包括法兰及短管的焊接安装。

③ 加氯机为膨胀螺栓固定安装。

④ 溶药搅拌设备以混凝土基础为准考虑。

3) 水处理设备

① 曝气机以带有公共底座考虑，如无公共底座时，定额基价乘以系数1.3。如需制作、安装钢制支承平台时，应另行计算。

② 曝气管的分管以闸阀划分为界，包括钻孔。塑料管为成品件，如需粘接和焊接时，可按相应规格项目的定额基价分别乘以系数1.2和1.3。

③ 卧式表曝机包括泵（E）型、平板型、倒伞型和K型叶轮。

4) 排泥、撇渣及除砂机械

① 排泥设备的池底找平由土建负责，如需钳工配合，另行计算。

② 吸泥机以虹吸式为准，如采用泵吸式，定额基价乘以系数1.3。

5) 污泥脱水浓缩机械。设备安装就位的上排、拐弯、下排，定额中均已综合考虑，施工方法与定额不同时，不得调整。

6) 膜处理设备未包括膜处理系统单元以外的水泵、风机、曝气器、布空管、空压机、仪表、电气控制系统等附属配套设施的安装内容，执行"给排水机械设备安装"相应项目。

7) 闸门及驱动装置

① 铸铁圆闸门包括升杆式和暗杆式，其安装深度按6m以内考虑。

② 铸铁方闸门以带门框座为准，其安装深度按6m以内考虑。

③ 铸铁堰门安装深度按3m以内考虑。

④ 螺杆启闭机安装深度按手轮式为3m、手摇式为4.5m、电动为6m、汽动为3m以内考虑。

8) 集水槽制作安装

① 集水槽制作项目中已包括了钻孔或铣孔的用工和机械，执行时，不得另计。

② 碳钢集水槽制作和安装中已包括了除锈和刷一遍防锈漆、二遍调和漆的人工和材料，

不得另计除锈刷油费用。但如果油漆种类不同，油漆的单价可以换算，其他不变。

9）堰板制作安装

① 碳钢、不锈钢矩形堰执行齿形堰相应子目，其中人工乘以系数0.6，其他不变。

② 金属齿形堰板安装方法是按有连接板考虑的，非金属堰板安装方法是按无连接板考虑的。

③ 金属堰板安装项目，是按碳钢考虑的，不锈钢堰板按金属堰板安装相应项目基价乘以系数1.2，主材另计，其他不变。

④ 非金属堰板安装项目适用于玻璃钢和塑料堰板。

10）穿孔管、穿孔板钻孔

① 穿孔管钻孔项目适用于水厂的穿孔配水管、穿孔排泥管等各种材质管的钻孔。

② 工作内容包括：切管、划线、钻孔、场内材料运输。穿孔管的对接、安装应另按有关项目计算。

11）斜板、斜管安装

① 斜板安装定额是按成品考虑的，其内容包括固定、螺栓连接等，不包括斜板的加工制作费用。

② 聚丙烯斜管安装定额是按成品考虑的，其内容包括铺装、固定、安装等。

（二）工程量计算规则

1. 机械设备类

1）格栅除污机、滤网清污机、螺旋泵、搅拌机械、吸泥机、刮泥机、压榨机、带式压滤机、污泥脱水机、污泥浓缩机、污泥浓缩脱水一体机、污泥切割机、离子除臭设备等区分设备类型、材质、规格、型号和参数，以"台"计算；生物转盘区分设备重量，以"台"为计量单位，设备重量均包括设备带有的电动机的重量在内。

2）水射器、管式混合器、曝气器区分直径以"个"为计量单位。

3）滗水器区分不同型号及堰长以"台"计算。

4）闸门及驱动装置，均区分直径或长×宽以"座"为计量单位。

5）曝气管不分曝气池和曝气沉砂池，均区分管径和材质按"延长米"为计量单位。

6）膜处理设备区分设备类型、工艺形式、材质结构以及膜处理系统单元产水能力，以"套"计算。

2. 其他项目

1）集水槽制作、安装分别按碳钢、不锈钢，区分厚度按"m^2"为计量单位。

2）集水槽制作、安装以设计断面尺寸乘以相应长度以"m^2"计算，断面尺寸应包括需要折边的长度，不扣除出水孔所占面积。

3）堰板制作分别按碳钢、不锈钢区分厚度按"m^2"为计量单位。

4）堰板安装分别按金属和非金属区分厚度按"m^2"计量。金属堰板适用于碳钢、不锈钢，非金属堰板适用于玻璃钢和塑料。

5）齿形堰板制作、安装按堰板的设计宽度乘以长度以"m^2"计算，不扣除齿形间隔空隙所占面积。

6）穿孔管钻孔项目，区分材质按管径以"孔"为计量单位。钻孔直径是综合考虑取定的。

7）斜板、斜管安装仅是安装费，按"m^2"为计量单位。

8）格栅制作安装区分材质按格栅重量，以"t"为计量单位，制作所需的主材应区分规格、型号分别按定额中规定的使用量计算。

七、模板、井字架工程

(一)定额说明

"模板、井字架工程"定额包括现浇混凝土模板工程、预制混凝土模板工程、钢管井字架,共3节86个子目。

1)"模板、井字架工程"定额适用于《排水工程》及第五册《给水工程》中的"管道附属构筑物"和"取水工程"。

2)模板是分别按钢模钢撑、复合木模木撑、木模木撑区分不同材质分别列项的,其中钢模模数差部分采用木模。

3)定额中现浇、预制项目中,均已包括了钢筋垫块或第一层底浆的工、料及嵌模工日,套用时不得重复计算。

4)预制构件模板中不包括地、胎模,需设置者,土地模可按第一册《通用项目》平整场地的相应子目执行;水泥砂浆、混凝土砖地、胎模按第三册《桥涵工程》相应子目执行。

5)模板安拆以槽(坑)深3m为准,超过3m时,人工增加8%系数,其他不变。

6)现浇混凝土梁、板、柱、墙的模板,支模高度是按3.6m考虑的,超过3.6m时,超过部分的工程量另按超高的项目执行。

7)模板的预留洞,按水平投影面积计算,小于$0.3m^2$者:圆形洞每10个增加0.72工日;方形洞每10个增加0.62工日。

8)小型构件是指单件体积在$0.05m^3$以内的构件;地沟盖板项目适用于单块体积在$0.3m^3$内的矩形板;井盖项目适用于井口盖板,井室盖板按矩形板项目执行,预留口按第7)条规定执行。

(二)工程量计算规则

1)现浇混凝土构件模板按构件与模板的接触面积以"m^2"计算,不扣除单孔面积$0.3m^2$以内预留孔洞面积,洞侧壁模板亦不另行增加。

2)现浇小型构件以及预制混凝土构件模板按构件的实体积以"m^3"计算。

3)砖、石拱圈的拱盔和支架均按拱盔与圈弧形接触面积计算,并执行第三册《桥涵工程》相应子目。

4)各种材质的地模胎膜,按施工组织设计的工程量,并应包括操作等必要的宽度以"m^2"计算,执行第三册《桥涵工程》相应子目。

5)井字架区分搭设高度以"架"为单位计算,每座井计算一次。

6)井底流槽模板按混凝土与模板的接触面积计算。

任务三 国标工程量清单计价

一、工程量清单项目设置

《市政工程工程量计算规范》(GB 50857—2013)附录E管网工程中,设置了5个小节51个清单项目,5个小节分别为:管道铺设、管件阀门及附件安装、支架制作及安装、管道附属构筑物、相关问题及说明。管网工程包括市政排水、给水、燃气、供热等，这里主要介绍市政排水管网工程相关内容。

（一）管道铺设

"管道铺设"根据管（渠）道材料、铺设方式的不同，设置了20个清单项目：混凝土管、钢管、铸铁管、塑料管、砌筑方沟、混凝土方沟、砌筑渠道、混凝土渠道、水平导向钻进、夯管、顶管、顶（夯）管工作坑、预制混凝土工作坑、隧道（沟、管）内管道、直埋式预制保温管、管道架空跨越、临时放水管线、新旧管连接、土壤加固、警示（示踪）带铺设。其中铸铁管、直埋式预制保温管、管道架空跨越、临时放水管线等清单项目主要存在于给水、燃气、供热等管网工程。

管道铺设清单列项及计量

（二）管道附属构筑物

"管道附属构筑物"共设置了9个清单项目：砌筑井、混凝土井、塑料检查井、砖砌井筒、预制混凝土井筒、砌体出水口、混凝土出水口、雨水口、整体化粪池。

（三）其他

管道附属构筑物清单列项与计量

除上述分部分项清单项目以外，排水管网工程通常还包括《市政工程工程量计算规范》（GB 50857—2013）附录A土石方工程、附录J钢筋工程中的有关分部分项清单项目。如果是改建排水管网工程，还包括附录K拆除工程中的有关分部分项清单项目。

排水管网工程的土石方工程清单项目主要有：挖沟槽土方、挖沟槽石方、回填方、余方弃置。

排水管网工程的钢筋工程清单项目主要有：现浇构件钢筋、预制构件钢筋、预埋铁件。改建排水管网工程的拆除工程清单项目主要有：拆除管道、拆除砖石结构、拆除混凝土结构、拆除井。

二、清单工程量计算规则

（一）管道铺设

常见的清单项目包括：混凝土管、塑料管、水平导向钻进、顶管、顶管工作坑、砌筑渠道、混凝土渠道等。

① 混凝土管、塑料管：按设计图示中心线长度以延长米计算，不扣除附属构筑物、管件及阀门所占长度，计量单位为m。

② 水平导向钻进：按设计图示长度以延长米计算，扣除附属构筑物（检查井）所占长度，计量单位为m。

③ 顶管：按设计图示长度以延长米计算，扣除附属构筑物（检查井）所占长度，计量单位为m。

④ 顶管工作坑：按设计图示数量计算，计量单位为座。

⑤ 砌筑渠道、混凝土渠道：按设计图示尺寸以延长米计算，单位为m。

（二）管道附属构筑物

常见的清单项目包括：砌筑井、混凝土井、塑料检查井、雨水口、砌体出水口、混凝土出水口。

① 工程量计算规则：按设计图示数量计算，计量单位为座。

② 工程量计算方法：管道附属构筑物工程量减去附属构筑物的数量。

【例 7-6】 某段雨水管道平面图如图 7-28 所示，管道均采用钢筋混凝土管，承插式橡胶圈接口，基础均采用钢筋混凝土条形基础，管道基础结构如图 7-29 所示。试计算该段雨水管道清单项目名称、项目编码及其工程量。

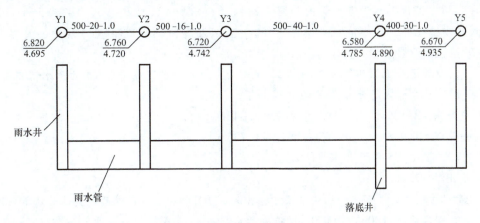

图 7-28 雨水管道平面图

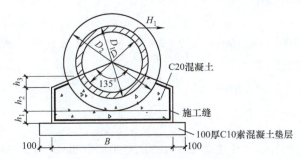

图 7-29 管道基础结构

D/mm	D_1/mm	D_2/mm	H_1/mm	B/mm	h_1/mm	h_2/mm	h_3/mm	C20 混凝土/(m^3/m)
200	260	365	30	465	60	86	47	0.07
300	1380	510	40	610	70	129	54	0.11
400	490	640	45	740	80	167	60	0.17
500	610	780	55	880	80	208	66	0.22
600	720	910	60	1010	80	246	71	0.28
800	930	1104	65	1204	80	303	71	0.36
1000	1150	1346	75	1446	80	374	79	0.48
1200	1380	1616	90	1716	80	453	91	0.66

【解】

由管道平面图可知，该段管道有两种规格：D400 管道、D500 管道，所以有两个清单项目，工程量分开计算。

（1）项目名称：D400 混凝土管（橡胶圈接口、C20 钢筋混凝土条形基础、C10 素混凝土垫层）

项目编码：040501001001

清单工程量=30m

（2）项目名称：D500混凝土管道铺设（橡胶圈接口、C20钢筋混凝土条形基础、C10素混凝土垫层）

项目编码：040501001002

清单工程量=(20+16+40)m=76m

【例7-7】 某段雨水管道平面图如图7-28所示，已知Y1、Y2、Y3、Y4、Y5为1100mm×1100mm砖砌检查井，其中落底井落底为50cm。试计算该段管道检查井清单项目名称、项目编码及清单工程量。

【解】 由管道平面图可知：Y1、Y2、Y3、Y5均为雨水流槽井，Y4为雨水落底井。根据平面图所示标高计算各井的井深如下。

Y1井井深=2.125m　　Y2井井深=2.040m

Y3井井深=1.978m　　Y5井井深=1.735m

Y1、Y2、Y3、Y5平均井深=1.97m

Y4井井深=2.4m

该段雨水管检查井根据井的结构、尺寸、井深等项目特征，可设置两个具体的清单项目。

（1）项目名称：1100mm×1100mm砖砌雨水检查井（不落底井，平均井深1.97m）。

项目编码：040504001001

清单工程量=4座

（2）项目名称：1100mm×1100mm砖砌雨水检查井（不落底井，井深2.4m）

项目编码：040504001002

清单工程量=1座

三、排水工程实例

【例7-8】 某市政单独污水管道工程，采用D500×3000mm钢筋混凝土承插管（O型胶圈接口），人机配合下管，管道基础及纵断面如图7-30和图7-31所示（起、终点为新建检查井，检查井规格均为1000mm×1000mm落底方井）。管道铺设完成后，需进行闭水试验。已知：沟槽土方为三类干土，采用机械开挖（沿沟槽方向），距沟底20cm，采用人工清底。土方开挖后就地堆放，待管沟土方回填至路基标高后夯实。井室开挖所增加的土方工程量按沟槽开挖土方工程量计算的2.5%考虑。

试根据以上条件，结合《建设工程工程量清单计价规范》（GB 50500—2013）及浙江省现行定额有关规定，完成下列内容：

（1）计算并编制该污水管道的土方开挖机管道铺设项目工程量清单。

（2）完成土方开挖机管道铺设项目的清单综合单价计算表。

其中，D500钢筋混凝土管管材单价为500元/m，其余人、材、机均按定额单价考虑。管理费和利润根据浙江省最新计价依据相关规定执行，相应费率按中值计取，不计风险费用。清单项目特征描述时，假定管道平均埋深2.55m。

【解】 根据条件，可知企业管理费费率为17.0490，利润费率为9.9990。该污水管道的土方开挖机管道铺设项目工程量清单、工程量计算书和综合单价计算表分别见表7-6~表7-8。

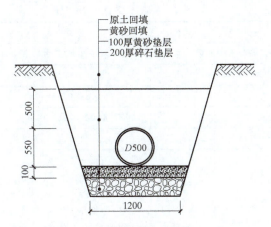

图 7-30 管道基础图(单位:mm)

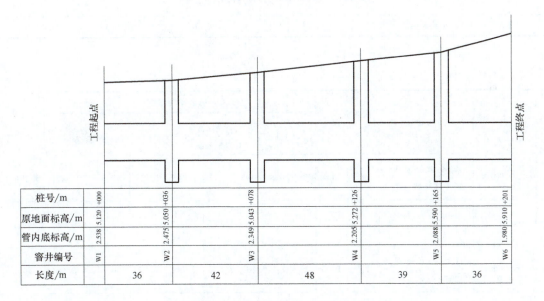

图 7-31 管道纵断面图(单位:m)

表 7-6 分部分项工程量清单表

工程名称:某市政污水管工程

序号	项目编码	项目名称	项目特征描述	计量单位	工程数量
1	040101002001	挖沟槽土方	三类土,平均挖深2.93m	m³	642.22
2	040103001001	回填方	回填土,压实度97%	m³	500.49
3	040103002001	余方弃置	余土外运,运距投标人自定	m³	66.66
4	040501001001	混凝土管	D500×3000mm 钢筋混凝土承插管(O形胶圈接口)135°混凝土(C25)管道基础;C15混凝土垫层100mm;平均埋设深度2.557m	m	200
5	040504001001	砌筑井	1000mm×1000mm 砖砌矩形检查井,M1水泥砂浆,落底高度0.5m,平均井深3.057m;碎石垫层400mm,C15素混凝土垫层100mm	座	4

表 7-7　工程量计算书

序号	项目名称	单位	计算公式	数量
	D500 钢筋混凝土管道铺设清单所涉及的定额子目列项，并计算全部工程量			
1	C15 素混凝土垫层	m^3	1.08 和 0.1×(200−5×1)	21.06
2	C25 混凝土平基	m^3	0.88×0.06×195	10.3
3	C25 混凝土管座	m^3	0.224×195−10.30	33.38
4	D500 管道铺设	m	200−5×1	195
5	O 形胶圈接口	个	(36−1)根/3 = 12 根，11 个接口 (48−1)根/3 = 16 根，15 个接口 (42−1)根/3 = 14 根，13 个接口 (35−1)根/3 = 12 根，11 个接口 (39−1)根/3 = 13 根，12 个接口 11+15+13+11+12	62
6	管道闭水试验	m	200	200

表 7-8　工程量清单综合单价计算表

工程名称：某市政污水管工程

| 序号 | 编码 | 名称 | 计量单位 | 数量 | 综合单价/元 | | | | | | 合计/元 |
					人工费	材料费	机械费	管理费	利润	风险费用	小计	
1	040501001001	混凝土管道铺设（项目特征同上表）	m	200	33.971	247.905	0.333	5.845	3.427	0	291.48	58296.14
2	6-292	非泵送 C15 混凝土垫层	m^3	21.06	30.294	408.892	1.477	5.41	3.17	0	449.25	9461.22
3	6-299h	C25 非泵送商品混凝土平基	m^3	10.3	46.494	410.403	0.784	8.06	4.72	0	470.46	4845.74
4	6-304h	C25 非泵送商品混凝土管座	m^3	33.38	37.098	468.887	0.784	6.46	3.78	0	517.01	17257.74
5	6-30	D500 管道铺设	m	195	14.661	104.03	0	2.50	1.46	0	122.65	23917.50
6	6-188	O 形胶圈接口	个	62	13.203	6.672	0	2.25	1.32	0	23.44	1453.51
7	6-227	管道闭水试验	m	200	3.8077	1.9578	0.0058	0.65	0.38	0	6.80	1360.42

老造价员说

"磨刀不误砍柴工"

工程量计算是做好工程造价不可或缺的坚实基础，无论造价员通过手工计算还是专业软件建模辅助出量，前提都是必须熟练掌握施工图识图技能，理解计算规则，并有清晰的计算流程思路，所以初学者花费大量的时间在积累经验，增强识图能力和理解计算规则是必要且有意义的。

复习思考与练习题

1. 如何区分定型混凝土管道基础和非定型混凝土管道基础？

2. 某排水工程在支撑下串管铺设 DN500 塑料排水管道，应如何套用定额？

3. DN600 钢筋混凝土平口管道，采用 135°管座基础，内抹口采用干混抹灰砂浆 DP M20.0，已知 10 个口的内抹口周长为 18.9m，试套用定额。

4. 某排水工程采用干混砌筑砂浆 DM M7.5 水泥砂浆片石砌筑渠道墙身，已知片石单价 86.16 元/t，试套用定额。

5. 某排水管道工程，采用 DN400 的混凝土管道，120°混凝土带状基础，长度 200m，有 6 座 ϕ700 的圆形检查井（假定该排水管道两端各有一座检查井）。试计算管道铺设的工程量。

6. 混凝土管道铺设的工程量计算规则中，混凝土基础的长度如何计算？

7. 检查井砌筑是否扣除管道所占体积？如果扣，如何扣除？

8. 结合本情境所学内容，谈谈你对"人与自然和谐共生、污染治理、生态保护"等理念的理解和认识。

情境八

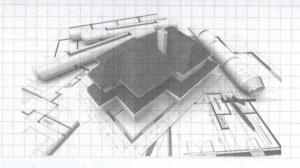

市政燃气工程计量计价

【学习目标】

1. 熟悉市政燃气工程项目的基础知识。
2. 掌握市政燃气工程项目工程量计算方法。
3. 掌握市政燃气工程项目清单编制方法及定额应用。

任务一 基础知识

一、燃气管道系统组成

燃气包括天然气、人工燃气和液化石油气。燃气经长距离输气系统输送到燃气分配站（也称作燃气门站），先在燃气分配站将压力升至城市燃气供应系统所需的压力，然后再由城市燃气管网系统输送分配到各用户。

因此，城市燃气管网系统是指自气源厂或燃气分配站到用户引入管时的室外燃气管道。现代化的城市燃气输配系统一般由燃气管网、燃气分配站、调压站、储配站、监控与调度中心、维护管理中心组成，城市燃气管网系统根据所采用的压力级别的不同，可分为一级管网系统、二级管网系统、三级管网系统和多级管网系统四种。

1）一级管网系统仅用低压管网来输送和分配燃气，一般适用于小城镇的燃气供应系统，如图 8-1 所示。

2）二级管网系统由低压和中压 B 或低压和中压 A 两级管网组成，如图 8-2、图 8-3 所示。

3）三级管网系统由低压、中压和高压三级管网组成，如图 8-4 所示。

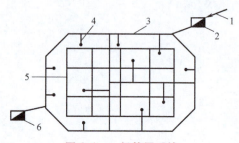

图 8-1 一级管网系统

1—长输管线 2—城市燃气分配站及高压罐站 3—中压管网
4—中低压调压站 5—中压管网 6—低压罐站

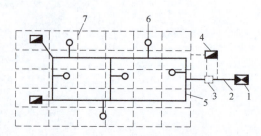

图 8-2 低压和中压 B 二级管网系统

1—气源厂 2—低压管道 3—压气站 4—低压储气站
5—中压 B 管道 6—区域调压站 7—低压管网

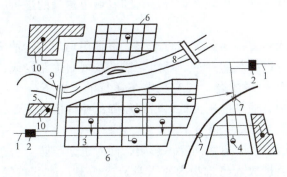

图 8-3 低压和中压 A 二级管网系统

1—长输管线　2—城市燃气分配站　3—中压 A 管网　4—区域调压站　5—专用调压站
6—低压管网　7—穿越铁路的套管敷设　8—过河穿越管道　9—沿河敷设的架空管道　10—工厂

4）多级管网系统由低压、中压 B、中压 A 和高压 B，甚至高压 A 管网组成，如图 8-5 所示。

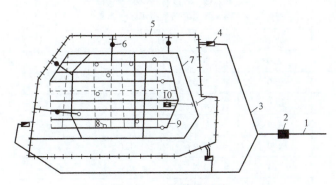

图 8-4 三级管网系统

1—长输管线　2—城市燃气分配站　3—郊区高压管道
4—储气站　5—高压管网　6—高、中压调压站　7—中压管网
8—中、低压调压站　9—低压管网　10—制气厂

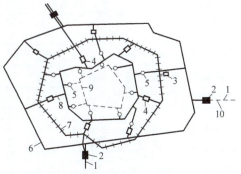

图 8-5 多级管网系统

1—长输管线　2—城市燃气分配站　3—调压计量站
4—储气站　5—调压站　6—高压 A 管网　7—高压 B
管网　8—中压 A 管网　9—中压 B 管网　10—储气库

　　选择城市燃气管网系统时，应综合考虑城市规划、气源情况、既有城市燃气供应设施、不同类型的用户用气要求、城市地形和障碍物情况、地下管线情况等因素，通过技术经济比较，选用经济合理的最佳方案。

二、城市燃气管道布置

　　城市燃气管道和给水排水管道一样，也要敷设在城市道路以下，它在平面上的布置要根据管道内的压力、道路情况、地下管线情况、地形情况、管道的重要程度等因素确定。

　　高、中压输气管网的主要作用是输气，并通过调压站向低压管网配气。因此，高压输气管网宜布置在城市边缘或市内有足够埋管安全距离的地带，并应形成环网，以提高输气的安全性与可靠性。

　　中压输气管网应布置在城市用气区便于低压环网连接的规划道路下，并形成环网，以提高输气和配气的安全可靠性。但中压管网应尽量避免沿车辆来往频繁或闹市区的道路敷设，以免造成施工和维护管理困难。在管网建设初期，根据实际情况，高、中压管网可布置成半环形或枝状形,并与规划环网有机联系。之后,随着城市建设的进行,再将半环形或枝状形管网改造成环状网。

低压管网的主要作用是直接向各类用户配气,根据用户的实际情况,低压管网除以环状网为主体布置外,还允许以枝状网并存。低压管道应按规划道路定线,与道路轴线或建筑物的前沿平行,并沿道路的一侧敷设。在有轨电车通行的道路下,当道路宽度大于 20m 时,应双侧敷设。低压管网中,输气的压力低,沿程压降的允许值也较低,因此低压环网的每环边长不宜太长,一般控制在 300~600m。

为保证在施工检修时市政管道之间互不影响,同时也为了防止由于燃气的泄漏而影响相邻管道的正常运行,甚至扩散入建筑物内对人身造成伤害,地下燃气管道与建(构)筑物基础或相邻管道之间应保持一定的最小水平净距,见表 8-1。

表 8-1 地下燃气管道与建(构)筑物基础或相邻管道之间的最小水平净距

(单位:m)

名称		地下燃气管道与建(构)筑物或相邻管道之间的最小水平净距			
		低压	中压	高压 B	高压 A
建筑物基础		2.0	3.0	4.0	6.0
热力管的管沟外壁、给水管、排水管		1.0	1.0	1.5	2.0
电力电缆		1.0	1.0	1.0	1.0
通信电缆	直埋	1.0	1.0	1.0	1.0
	在导管内	1.0	1.0	1.0	2.0
其他燃气管道	管径≤300mm	0.4	0.4	0.4	0.4
	管径>300mm	0.5	0.5	0.5	0.5
铁路钢轨		5.0	5.0	5.0	5.0
有轨电车道的钢轨		2.0	2.0	2.0	2.0
电杆(塔)的基础	≤35kV	1.0	1.0	1.0	1.0
	>35kV	5.0	5.0	5.0	5.0
通信照明电杆中心		1.0	1.0	1.0	1.0
街树中心		1.2	1.2	1.2	1.2

三、燃气管道分类

(一)按输气压力 P(MPa)分类

1)$0.8\text{MPa}<P\leqslant1.6\text{MPa}$,称为高压 A 级燃气管道。
2)$0.4\text{MPa}<P\leqslant0.8\text{MPa}$,称为高压 B 级燃气管道。
3)$0.2\text{MPa}<P\leqslant0.4\text{MPa}$,称为中压 A 级燃气管道。
4)$0.005\text{MPa}<P\leqslant0.2\text{MPa}$,称为中压 B 级燃气管道。
5)$P\leqslant0.005\text{MPa}$,称为低压燃气管道。

(二)按用途分类

1)城市燃气管道按不同用途分为:

① 城镇输气干管。

② 配气管。配气管与输气干管连接，将燃气送给用户的管道。

③ 室内燃气管道。室内燃气管道将燃气引入室内，分配给各个燃具。

2) 按敷设方式分为：

① 地下燃气管道。

② 架空燃气管。

四、燃气管材及附属设备

（一）燃气常用管材

用于输送燃气的管材种类很多，应根据燃气的性质、系统压力和施工要求来选用，并要满足强度、抗腐蚀、抗震及气密性等要求。一般而言，常用的燃气管材主要有以下三种。

1. 钢管

常用的钢管主要有普通无缝钢管和焊接钢管。焊接钢管中常用于输送燃气的是直焊缝钢管，常用管径为 $DN15 \sim DN150$。对于大口径管道，可采用直缝卷焊管（$DN200 \sim DN1800$）和螺旋焊接管（$DN200 \sim DN700$），大口径管道的管长为 $6 \sim 12m$。

钢管壁厚应根据埋设地点、土壤和路面荷载情况确定，一般不小于 3.5mm，在道路红线内不小于 4.5mm。当管道穿越重要障碍物以及土壤腐蚀性较强的地段时，管道壁厚应不小于 8mm。

钢管的优点是承载力大，可塑性好，管壁较薄而便于连接；缺点是耐腐蚀性较差，须采取可靠的防腐措施。

2. 铸铁管

用于燃气输配管道的铸铁管，一般为铸模浇注或离心浇注铸铁管，铸铁管的抗拉强度、抗弯曲和抗冲击能力不如钢管，但其耐腐蚀性比钢管好，在中、低压燃气管道中被广泛采用。燃气管道常用普压连续铸铁直管、离心承插直管及相关管件，直径为 $DN75 \sim DN1500$，壁厚为 $9 \sim 30mm$，长度为 $6 \sim 12m$。

为了提高铸铁管的抗震性能，降低接口操作难度与劳动强度，柔性接口铸铁管已推广使用，直径为 $DN100 \sim DN500$，气密性试验压力可达 0.3MPa。

3. 塑料管

塑料管具有耐腐蚀、质量轻、流动阻力小、使用寿命长、施工简便、抗拉强度高等优点，已在燃气输配系统中得到了广泛应用，应用最多的是中密度聚乙烯和尼龙塑料管。塑料管的刚性较差，施工时必须夯实槽底土，才能保证管道的敷设坡度。

此外，铜管和铝管也应用于燃气输配管道上，但由于其价格昂贵，使用受到了一定程度的限制。

（二）附属设备

为保证燃气管网安全运行，并考虑到检修的方便，在管网的适当位置要设置必要的附属设备，常用的附属设备主要有以下几种：

1. 阀门

（1）阀门及无缝钢管直径表示方法　通常阀门的公称直径就是其实际内径；而钢管的公称直径与其内径、外径都不相等，而是与内径相似的一个整数。

无缝钢管采用外径乘壁厚的形式表示，而不采用公称直径表示。
管道和管道附件的公称直径系列见表 8-2。

表 8-2 管道和管道附件的公称直径系列

公称直径 DN/mm	相应无缝钢管（外径×壁厚）/mm	公称直径 DN/mm	相应无缝钢管（外径×壁厚）/mm
10	18×2.5	125	133×4.5
15	22×3	150	159×4.5
20	25×3	200	219×6
25	32×3.5	250	273×8
32	38×3.5	300	325×8
40	45×3.5	350	377×9
50	57×3.5	400	426×9
70	76×4	450	480×10
80	89×4	500	530×10
100	108×4	600	630×10

（2）燃气管道上常用阀门的种类　在燃气管道上常用阀门的种类有闸阀、截止阀、球阀、蝶阀、旋塞阀。

1）闸阀靠阀门腔内闸板的升降来控制流量通断和调节流量大小，阀门内的闸板有楔式和平行式两种。

2）截止阀依靠阀瓣的升降来达到开闭和节流的目的，截止阀使用方便、安全可靠，但阻力较大。

3）球阀的体积较小，流通断面与管径相等，动作灵活，阻力损失较小。截止阀和球阀主要用于液化石油气和天然气管道上，闸阀和有驱动装置的截止阀、球阀只允许装在水平管道上。

4）蝶阀是将闸板安装在中轴上，靠中轴的转动带动闸板转动来控制气流。

5）旋塞阀是一种动作灵活的阀门，阀杆转 90°即可达到启闭的目的，广泛用于燃气管道上。

2. 补偿器

补偿器是消除管道因胀缩所产生的应力的设备，常用于架空管道和需要进行蒸气吹扫的管道上。此外，补偿器安装在阀门的下游，利用其伸缩性能，方便阀门的拆卸与检修。在埋地燃气管道上多用钢制波形补偿器，其补偿量约为 10mm。为防止补偿器中存水锈蚀，由套管的注入孔灌入石油沥青，注意安装时注入孔应在下方。补偿器的安装长度应是螺杆不受力时补偿器的实际长度，否则不但不能发挥其补偿作用，反而使管道或管件受到不应有的应力。

橡胶-卡普隆补偿器，是带法兰的螺旋软管，软管是用卡普隆布作夹层的胶管，外层用粗卡普隆绳加强，其补偿能力在拉伸时为 150mm，压缩时为 100mm。其优点是纵（横）方向均可变形，常用于通过山区、坑道和地震多发区的中低压燃气管道上。

3. 凝水缸

凝水缸又称为排水器，是燃气管道上必要的附件，一般安装在管道坡度段的最低处。安装时应垂直摆放，缸底地基应夯实。直径较大的凝水器，缸底应预先浇筑混凝土基础，用于承受缸体及所存冷凝水的荷载。

（1）凝水缸分类

1）凝水缸根据燃气的输气压力可分为低压凝水缸和中压凝水缸。其中，低压铸铁凝水缸是指输出气体压力为低压，且由铸铁制造而成的凝水缸；中压铸铁凝水缸是指输出气体的压力为中压，且由铸铁制造成的凝水缸。

2）凝水缸根据结构可分为立式凝水缸和卧式凝水缸。

3）凝水缸根据材料可分为钢制凝水缸和铸铁凝水缸。高压、中压管道上的凝水缸一般用钢板制作，低压管道上的凝水缸可用铸铁制作。低压、中压管道上的碳钢凝水缸是由碳钢材料制成的凝水缸。

一般低压管道上采用铸铁凝水缸，高压、中压管道上应采用钢制凝水缸。

（2）凝水缸的用途

1）收集燃气中的冷凝水或天然气管道中的凝析油，以及施工过程中进入管内的水。

2）充气启动或检修管道时，用抽水管作为吹洗管和放空管。抽水管可作为测压管使用。

4. 放散管

放散管是一种专门用来排放管道内部的空气或燃气的装置。在管道投入运行时，利用放散管排除管道空气；在检修管道或设备时，利用放散管排除管道内的燃气，防止在管道内形成爆炸性的混合气体。放散管应安装在阀门井中，在环状管网中的阀门前后方都应安装，在单向供气的管道上则安装在阀门前。

5. 阀门井

为保证管网的运行安全与操作方便，市政燃气管道上的阀门一般设置在阀门井中。阀门井一般用砖石砌筑，要坚固耐久并有良好的防水性能，其大小要方便工人检修，井筒不宜过深，其构造如图 8-6 所示。

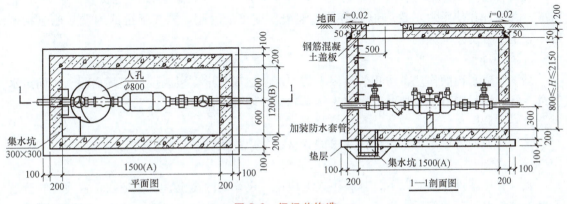

图 8-6 阀门井构造

6. 调压器

调压器主要有活塞式调压器、T 形调压器、雷诺式调压器及自力式调压器。其中，活塞式调压器、T形调压器广泛布置于各类燃气的各种压力级别的城市燃气管网中；雷诺式调压器一般仅用于人工燃气管网的中压、低压燃气调压站，室内工艺布置也与前者大不相同；自力式调压器则较多用于天然气站或储配站。

7. 鬃毛过滤器

鬃毛过滤器是可自动卷绕滤料的过滤器，由箱体滤料和固定滤料部分、传动部分、控制部分等组成，滤料采用化纤组合毡或涤纶无纺布等。当滤料积尘到一定程度，由过滤器的自控系统自动卷绕并更新滤料，每卷滤料一般可使用半年以上，可以减少人工更换滤料的工作量和提高运行管理水平，使用过的滤料可用水清洗后再用，但其过滤效率较新滤料略有降低。有的鬃毛过滤器型号可以按处理风量的要求多台并联使用，而自动控制装置共用一套，是一种粗效过滤器。

8. 萘油分离器

分离器是用来把管道内输送的物料从高速的两相流中分离出来的设备，常用的有容积式分离器和旋风式分离器，前者主要用来分离粗粒状物料；后者主要用来分离细粒状物料。萘油分离器是用于分离萘油的一种分离器。

9. 安全水封、检漏管

安全水封是指水封管顶部设有弹性自动复位装置的泄压阀，底部设有连接进气管的单向进气阀，单向进气阀上方设有带孔的分气板，水封管出气管路中设有滤水器。其主要作用是定压，当发生燃气爆鸣时，高压气体从泄压阀泄出，单向阀和水层阻断火焰同进气管路的连通，防止回火，安全性能较好。检漏管的用途是检查燃气管道可能出现的渗漏，所以其具体设置位置如下：

1）地质条件不良的地段。
2）不易检查的重要焊缝处。
3）重要地段的套管或地沟端部。

五、燃气管道构造

燃气管道为压力输送管道，在施工时只要保证管材及其接口强度满足要求，做好防腐、防冻，并保证在使用中不致因地面荷载引起损坏即可。因此，燃气管道的构造一般包括基础、管道、覆土三部分。

（一）基础

燃气管道基础的作用是防止管道因不均匀沉陷造成管道破裂或接口损坏而漏气。同给水管道一样，燃气管道一般情况下也有天然基础、砂基础、混凝土基础三种基础。

（二）管道

这里所说的管道是指采用设计要求的管材，常用的燃气管材前已述及。

（三）覆土

燃气管道埋设在地面以下，其管顶以上应有一定厚度的覆土，以保证在正常使用时管道不会因各种地面荷载作用而损坏。燃气管道宜埋设在土层冰冻线以下，在车行道下的覆土厚度不得小于0.8m；在非车行道下的覆土厚度不得小于0.6m。

（四）管道工作压力单位关系

公称压力是指管道和管道附件在基准温度下的允许最大工作压力，也叫名义压力，用

PN 表示，其值需符合《管道元件 公称压力的定义和选用》（GB/T 1048—2019）的规定。

试验压力是指对管道和管道附件进行水压强度和材料严密性检验的压力，用 P_s 表示。在一般情况下，试验压力为公称压力的 1.5 倍。

任务二　定额工程量清单计价

一、定额说明

燃气与集中供热工程定额适用于市政工程新建、改建和扩建的城镇燃气和集中供热等工程，内容包括管道安装，管件制作、安装，法兰、阀门安装，燃气用设备安装，燃气集中供热用容器具安装，管道试压、吹扫及桥管制作、安装，共 7 章 987 个子目。定额未包括以下项目：

1）管道沟槽土、石方工程及搭、拆脚手架，按《市政定额》第一册《通用项目》相应定额执行。

2）过街管沟的砌筑、顶管、管道基础及井室，按《市政定额》第六册《排水工程》相应定额执行。

3）带气碰接参照《浙江省通用安装工程预算定额（2018 版）》相应定额以及具体施工方案执行。

4）《市政定额》第七册定额中煤气和集中供热的容器具、设备安装缺项部分，按《浙江省通用安装工程预算定额（2018 版）》相应定额执行。

5）《市政定额》第七册定额不包括管道穿（跨）越工程。

6）刷油、防腐、保温和焊缝探伤，按《浙江省通用安装工程预算定额（2018 版）》相应定额执行。

7）管道支墩、铸铁管安装除机械接口外，其他接口形式按《市政定额》第五册《给水工程》相应定额执行。

8）管件的氩电联焊，异径管、三通制作，刚性套管和柔性套管制作、安装及管道支架制作、安装按《浙江省通用安装工程预算定额（2018 版）》相应定额执行。

本节内容与《浙江省通用安装工程预算定额（2018 版）》的界线划分：安装工程范围为厂区范围内的车间、装置、站、罐区及其相互之间各种生产用介质的输送管道，以及厂区有一个连接点以内的生产用（包括生产与生活共用）给水、排水、蒸汽、燃气输送管道的安装工程。燃气工程以调压柜（站）为界，界线以外为市政工程。

《市政定额》第七册是按无地下水条件考虑的，$Dg \leqslant 1800mm$ 是按沟深 3m 以内考虑的，$Dg>1800mm$ 是按沟深 5m 以内考虑的，超过时另行计算。定额中各种燃气管道的输送压力按中压 B 级及低压考虑。如安装中压 A 级煤气管道和高压煤气管道，定额人工乘以系数 1.3，碳钢管道、管件安装均不再做调整。

二、管道安装

（一）定额说明

1）管道安装中不包括整体气密性试验和强度试验。

2）新旧管道带气接头未列项目，各地区可按煤气管理条例和施工组织设计以实际发生的人工、材料、机械台班的耗用量和煤气管理部门收取的费用结算。

3）预制直埋保温管未包括塑封的费用。

4）螺纹钢管安装参照碳钢管定额相应子目。

5）定额中承插燃气铸铁管是以 N1 型和 X 型接口形式编制的。如果采用 N 型和 SMJ 型接口时，人工乘以系数 1.05。

6）埋地钢管使用套管时（不包括顶进的套管），按套管管径套用同一安装项目。套管封堵的材料费可按实际耗用量进行调整。

（二）工程量计算规则

各种管道的工程量均按延长米计算，不扣除管件、阀门、法兰所占长度。

三、管件制作、安装

（一）定额说明

1）焊接弯头、异径管、钢板水井、管架的制作中，已将清理焊板的砂轮片用量考虑在内，不得另行计算。

2）异径管安装以大口径为准，长度综合取定。

3）中频煨弯不包括煨制时的胎膜更换。

4）挖眼接管加强筋已在定额中综合考虑。

（二）工程量计算规则

1）焊接弯头制作工程量按不同弯头角度、管外径×壁厚，以制作焊接弯头的数量计算。弯头角度一般有 30°、45°、60°、90°四种。

2）弯头（异径管）安装工程量按不同管外径×壁厚，以安装弯头（异径管）的数量计算。管外径以大口径为准。

3）三通安装工程量按不同管外径×壁厚，以安装三通的数量计算。

4）挖眼接管工程量按不同管外径×壁厚，以挖眼接管的数量计算。

5）钢管煨弯（机械煨弯）工程量按不同钢管外径，以钢管煨弯的数量计算。

6）钢管煨弯（中频弯管机煨弯）工程量按不同钢管公称直径，以钢管煨弯的数量计算。

7）铸铁管件安装（机械接口）工程量按不同铸铁管管件公称直径，以铸铁管件安装件数计算。

8）盲堵板安装工程量按不同盲堵板公称直径，以安装盲堵板的组数计算。

9）钢塑过渡接头安装工程量按不同管外径，以安装钢塑过渡接头的数量计算。

10）防雨环帽制作以及安装工程量均按不同单个环帽质量，以防雨环帽的总质量计算，计量单位为 100kg。

11）直埋式预制保温管管件安装工程量按不同保温管管件公称直径，以安装保温管管件的数量计算。

四、法兰、阀门安装

（一）定额说明

1. 法兰安装

1）中压螺纹法兰安装，可按低压螺纹法兰安装相应定额计算，其人工乘以系数 1.2。

2）用法兰连接的管道安装，管道与法兰分别计算工程量，并分别套用相应定额。
3）定额内垫片均按橡胶石棉板考虑，如垫片材质与实际不符时，可按实调整。
4）法兰安装不包括安装后系统试运转中的冷（热）紧，发生时可作补充。

2. 法兰阀门

1）阀门解体、检查和研磨已包括一次试压，均按实际发生的数量按相应项目执行。
2）阀门压力试验介质是按水考虑的，如设计要求其他介质，可按实调整。

3. 螺栓

各种法兰、阀门安装，定额中只包括一个垫片，不包括螺栓使用量，平焊法兰和对焊法兰安装用螺栓用量参考分别见表8-3、表8-4。

表8-3 平焊法兰安装用螺栓用量

（外径×壁厚）/mm	规格	质量/kg	（外径×壁厚）/mm	规格	质量/kg
57×4	M12×50	0.319	377×10	M20×75	3.906
159×6	M16×60	1.338	426×10	M20×80	5.420
76×4	M12×50	0.319	720×10	M22×90	10.668
219×6	M16×65	1.404	478×10	M20×80	5.420
89×4	M16×55	0.635	820×10	M27×95	19.962
273×8	M16×70	2.208	529×10	M20×85	5.840
108×5	M16×55	0.635	920×10	M27×100	19.962
325×8	M20×70	3.747	630×8	M22×85	8.890
133×5	M16×60	1.338	1020×10	M27×105	24.633

表8-4 对焊法兰安装用螺栓用量

（外径×壁厚）/mm	规格	质量/kg	（外径×壁厚）/mm	规格	质量/kg
57×3.5	M12×50	0.319	325×8	M20×75	3.906
76×4	M12×50	0.319	377×9	M20×75	3.906
89×4	M16×60	0.669	426×9	M20×75	5.208
108×4	M16×60	0.669	478×9	M20×75	5.208
133×4	M16×65	1.404	529×9	M20×80	5.420
159×58	M16×65	1.404	630×9	M22×80	8.250
219×6	M16×70	1.472	720×9	M22×80	9.900
273×8	M16×75	2.310	820×10	M27×85	18.804

（二）工程量计算规则

低压、中压、高压管道、管件、阀门上的各种法兰安装，应按不同压力、材质、规格和种类，分别以"副"为计量单位计算工程量。

五、燃气用设备安装

（一）定额说明

1. 凝水缸安装

1）碳钢、铸铁凝水缸安装如使用成品头部装置时，只允许调整材料费，其他不变。

2）碳钢凝水缸安装未包括缸体、套管、抽水管的涂装、防腐，应按不同设计要求另行套用其他定额相应项目计算。

3）凝水缸安装中，定额内标注"（）"的未计价的材料，如实际未发生时，则不得计算。

2. 调压器安装

1）雷诺式调压器、T形调压器（TMJ、TMZ）安装是指调压器成品安装，调压站内组装的各种管道、管件、阀门根据不同要求，套用定额的相应项目另行计算。

2）各类型调压器安装均不包括过滤器、萘油分离器（脱萘筒）、安全放散装置（包括水封）安装，发生时可执行定额相应项目另行计算。

3）检漏管定额子目是按在套管上钻眼攻丝安装考虑的，工作内容已包括水井砌筑，不需重复计算。

4）调长器与阀门连接是将调长器和阀门一同安装在阀门井内。定额基价内既包括了调长器安装，也包括了阀门安装，还包括了阀门、调长器与管道连接的一副法兰安装。

5）调长器及调长器与阀门连接，包括一副法兰安装，螺栓规格和数量以压力为0.6MPa的法兰装配，如压力不同时可按设计要求的数量、规格进行调整，其他不变。

6）煤气调长器是按焊接法兰考虑的，如采用直接对焊时，应减去法兰安装用材料，其他不变。

7）煤气调长器是按三波考虑的，如安装三波以上，其人工乘以系数1.33，其他不变。

（二）工程量计算规则

1）低压碳钢凝水缸、中压碳钢凝水缸制作工程量，均按不同凝水缸公称直径，以碳钢凝水缸制作组数计算。

2）雷诺式调压器、T形调压器安装工程量，按不同调压器型号，以调压器安装的组数计算。

3）箱式调压器安装工程量，按不同调压器规格，以箱式调压器安装的组数计算。

4）鬃毛过滤器安装工程量，按不同过滤器公称直径，以鬃毛过滤器安装的组数计算。

5）萘油分离器安装工程量，按不同分离器公称直径，以分离器安装的组数计算。

6）检漏管安装工程量，按其安装组数计算。

7）调长器安装及调长器与阀门连接按其接管直径不同以"个"为单位计算工程量。

六、管道试压、吹扫

（一）定额说明

1）管道压力试验不分材质和作业环境均执行本定额。试压水如需加温，热源费用及排水设施另行计算。

2）强度试验、气密性试验项目均包括了一次试压的人工、材料和机械台班的耗用量。

3）液压试验是按普通水考虑的，如试压介质有特殊要求，介质可按实调整。

4）管线聚乙烯热收缩套（带）的消耗量按表8-5中的有效节长取定，其中损耗率取3%。

5）管道试压不分材质均执行同一压力定额。

6）管线管径同定额所列管径不同时，按管径比例采用比例内插法计算。

表 8-5　钢管有效节长

规格	DN100	DN150	DN200	DN250	DN300	DN350	DN400	DN450	DN500
有效节长/m	6	6	6	8	10	10	10	10	10

(二) 工程量计算规则

1) 先进行强度试验，合格后再进行严密性试验。均区分不同管径，以"m"为计量单位计算工程量。

2) 强度试验、气密性试验项目，分段试验合格后，如需总体试压和发生二次或二次以上试压时，应再套用定额相应项目计算试压费用。

3) 管道长度未满 10m 的，以 10m 计量，超过 10m 的按实际长度计量。

4) 管道总试压按每 1km 为一个打压次数，执行定额相关项目，不足 0.5km 的按实计算，每超过 0.5km 计算一次。

5) 集中供热高压管道压力试验执行低压、中压相应定额，其人工乘以系数 1.3。

"实践出真知"

只做好计量计价工作的造价员不是好造价员。对于造价工作来说，计量与计价只是专业基础工作。造价人员的主要责任是对一个新项目工程费用的计算与梳理，比如工程预算及成本核算；或者工程完工后对实际产生的费用进行造价咨询（审计）工作，而要掌握这些知识需要通过大量的工程实践。在预算过程中，部分预算人员仅凭借设计图纸进行预算，与设计人员没有有效沟通，导致对成本无法进行积极控制；在结算审计工作中，由于对相关施工技术知识与经验的缺乏，可能疏漏某些结算问题，导致工程成本被人为增加。这些技能都要造价从业人员通过长期的工程实践与积累之后得以精进。

复习思考与练习题

1. 燃气管道系统由哪些内容组成？其布置形式有哪些？
2. 常用的燃气管材有哪些？各有什么优缺点？
3. 燃气管道的布置要求有哪些？
4. 结合本情境所学内容，谈谈你对"建筑节能、绿色建筑和低碳经济"等概念的理解。

参 考 文 献

［1］ 中华人民共和国住房和城乡建设部，中华人民共和国国家质量监督检验检疫总局. 建设工程工程量清单计价规范：GB 50500—2013［S］. 北京：中国计划出版社，2013.
［2］ 中华人民共和国住房和城乡建设部. 市政工程工程量计算规范：GB 50857—2013［S］. 北京：中国计划出版社，2013.
［3］ 浙江省建设工程造价管理总站. 浙江省市政工程预算定额（2018 版）［M］. 北京：中国计划出版社，2018.
［4］ 浙江省建设工程造价管理总站. 浙江省建设工程计价规则（2018 版）［M］. 北京：中国计划出版社，2018.
［5］ 浙江省建设工程造价管理总站. 浙江省建设工程工程量清单计价指引：第四篇 市政工程［M］. 北京：中国计划出版社，2013.
［6］ 何辉，吴瑛. 建筑工程计量与计价［M］. 北京：中国建筑工业出版社，2021.
［7］ 郭良娟. 市政工程计量与计价［M］. 2 版. 北京：北京大学出版社，2017.